普通高校"十四五"规划教材

民用航空应用型人才培养特色教

杰普逊航图及应用

(第2版)

李明娟　主编

北京航空航天大学出版社

内 容 简 介

本书旨在帮助航空从业人员尤其是飞行学员深入、具体地理解杰普逊航图的内容，并在此基础上，达到熟练掌握、灵活运用航图的目的。

本书共8章，内容主要包括杰普逊航图概述、机场图、航路图、标准仪表离场图、标准仪表进场图、仪表进近图、导航数据库介绍与应用及FAA航图简介，并在第2、4、5、6、8章的附录中给出了美国加利福尼亚州的雷丁市立机场、桑福德国际机场、旧金山国际机场等各类终端区的实用训练杰普逊航图和FAA终端区航图。在书后的附录中列出了《杰普逊航路手册》中常用的简缩字，方便读者查阅使用。

本书可以作为高等院校飞行技术、空中交通管理、签派等专业的教材，也可以作为情报专业人员和航图知识业余爱好者的阅读材料，还可以作为航空企事业单位、民航局及其下属管理局相关工作人员的培训教材，尤其对于即将赴美国IASCO航校、Aerosim航校、Hillsboro航校等进行飞行训练的学员具有很好的参考价值。

图书在版编目(CIP)数据

杰普逊航图及应用 / 李明娟主编. -- 2版. -- 北京 ：北京航空航天大学出版社，2020.8

ISBN 978-7-5124-3320-5

Ⅰ. ①杰… Ⅱ. ①李… Ⅲ. ①民用航空—导航图 Ⅳ. ①V249.3

中国版本图书馆CIP数据核字(2020)第142597号

杰普逊航图及应用(第2版)

李明娟　主编

责任编辑　刘晓明

*

北京航空航天大学出版社出版发行

北京市海淀区学院路37号(邮编100191)　http://www.buaapress.com.cn

发行部电话:(010)82317024　传真:(010)82328026

读者信箱: goodtextbook@126.com　邮购电话:(010)82316936

北京时代华都印刷有限公司印装　各地书店经销

*

开本:787×1 092　1/16　印张:15.5　字数:397千字

2020年9月第2版　2024年12月第3次印刷　印数:5001～6000册

ISBN 978-7-5124-3320-5　定价:45.00元

若本书有倒页、脱页、缺页等印装质量问题，请与本社发行部联系调换。联系电话:(010)82317024

前　　言

不管是真实飞行还是模拟飞行，航图资料都是从飞行准备到飞机航行直至落地关车每一步都不可或缺的基本资料，它包括了飞行关键数据、航路信息、导航台资料、机场资料和飞行规则等内容，与飞行过程息息相关、密不可分。既然航图对飞行如此重要，那么如何看懂这些由数字和线条组合而成的既单调又复杂的内容，就成为航空从业人员普遍关心的问题。鉴于此，本书将对航空用图涵盖的内容及各类航图的识读方法与应用做详细的说明，供飞行相关人员参考。

目前，民航飞行中使用的航图主要有杰普逊航图、FAA 航图和各个国家根据实际情况制作的航图。杰普逊公司是一家专门经营航行情报服务的公司，它汇总了各个国家提供的航行资料汇编，制作成统一样式，作为世界范围内通用的航行资料，且进行情报技术服务和飞行技术培训等。因此，杰普逊航图是世界民用航空领域通用的空中航行导航图。杰普逊航图的图面信息采用英语进行标注和说明，同时图中包含大量的简缩字、缩略语及特殊符号，因此对于中国民航飞行人员来说，具有一定的难度；尤其对于要赴国外进行飞行训练的民航高等院校的飞行学员来说，更是一件非常棘手的事情。本书旨在帮助民航飞行人员，尤其是飞行学员正确识读、具体深入地理解杰普逊航图内容，并达到熟练掌握、灵活运用的目的（识读—理解—应用）。本书主要以国外航校飞行训练 iPad JEPPFD 航图为实例，在介绍《杰普逊航路手册》各组成部分的基础上，按照一个完整飞行过程中各类航图的使用顺序，分章节重点对机场图、航路图、标准仪表离场图、标准仪表进场图和仪表进近图的基本布局及各部分的图面信息进行较为详细的介绍；同时，结合滨州学院飞行学院 2010 级、2011 级飞行技术专业（驾驶方向）学员在美国 IASCO 航校、Aerosim 航校等为期约一年的飞行训练实践，重点阐述各类航图的使用方法。针对飞行学员赴国外航校训练的实际需求，本书主要结合美国航校飞行训练机场（雷丁市立机场、桑福德国际机场和基西米机场等）的机场图、离场图、进场图和进近图，在详解图面信息的基础上，重点阐述图中相应离场程序、进场程序和仪表进近程序的实施过程与方法，从而达到熟练应用杰普逊航图的目的。

本书共分为 8 章，内容包括杰普逊航图概述、机场图、航路图、标准仪表离场图、标准仪表进场图、仪表进近图、导航数据库介绍与应用以及 FAA 航图简介。

考虑到读者实用性的需求,本书在编写过程中使用较新的航图资料进行讲解和说明。此外,书中在第2、4、5、6、8章的附录中给出了美国加利福尼亚州的雷丁市立机场和桑福德国际机场、旧金山国际机场等各类终端区航图。这些航图普遍应用于美国IASCO航校和Aerosim航校等飞行学员的飞行训练过程中。书后列出了《杰普逊航路手册》常用的简缩字,以方便读者查阅使用。

《杰普逊航图及应用》(第2版)是在第1版的基础上进行了较为全面的修订,内容方面进行了补充和扩展,如第1章"杰普逊航图概述"中对《杰普逊航路手册》的组成部分进行了补充,使其更加全面和完整;增加了第7章"导航数据库介绍与应用"和第8章"FAA航图简介"两部分内容。"导航数据库介绍与应用"使得读者对杰普逊航图的学习更加完善;"FAA航图简介"一方面能够帮助赴美国Hillsboro航校进行飞行训练的学员了解FAA航图,同时也有助于学员对比杰普逊航图和FAA航图之间的差异,进一步提高学员识读航图的能力。此外,本次修订为每章内容都增加了"复习思考题",有助于学员在课程内容学习完成后进行自主复习和检测,进一步保证良好的学习效果。本书在文字叙述和航图讲解方面力求通俗易懂,便于自学者阅读与使用。

本书由滨州学院飞行学院李明娟主编,在编写过程中得到了滨州学院飞行学院领导的大力支持。其中第7章"导航数据库介绍与应用"由滨州学院飞行学院田茂鹏编写,滨州学院飞行学院的苑永月为本书的编写提出了一些建设性的意见和建议,并为本书进行文字统稿和校对,在此向学院领导和两位老师表示诚挚的谢意!

本书参考了相关研究论文、国外航校飞行训练相关资料、国内其他民航院校相关教材、航空企事业单位的培训教材及行业标准等,尤其是方学东、由扬主编的《杰普逊航图教程》为本书的编写提供了极有意义的参考,在此向这些参考文献的作者及两位老师表示由衷的感谢!

另外,本书编写过程中,作者多次与滨州学院飞行学院2010级和2011级飞行技术专业曾在美国IASCO航校和Aerosim航校进行飞行训练的学员陈琛、鲍磊和卜为龙等进行交流,就他们在飞行训练中使用的杰普逊航图及飞行程序的实施过程与方法展开深入讨论;此外,本书各章节及附录中的杰普逊航图由鲍磊从iPad JEPPFD软件获取,FAA航图由2015级飞行技术专业学生王彬提供,在此一并对他们表示感谢!

本书突出了简洁性、实用性和前沿性的特点,针对性强。与其他同类教材相比,每章选取飞行训练中所需要的重要知识点内容进行具体讲解,更有助于飞行学员自主学习，且易于理解；同时，侧重杰普逊航图的使用方法，实践性较强。

本书可以作为高等院校飞行技术、空中交通管理、签派等专业的教材，也可以作为情报专业人员和航图知识业余爱好者的阅读材料，还可以作为航空企事业单位、民航局及其下属管理局相关工作人员的培训教材，尤其对于即将赴美国IASCO航校、Aerosim航校和Hillsboro航校等进行飞行训练的学员具有很好的参考价值。

由于本书编写过程中可参考的资料相对较少、编者水平有限以及时间紧迫，书中难免存在错误和不足之处，恳请广大读者批评指正。

本书获“2017年度教育部人文社会科学研究专项任务项目（工程科技人才培养研究）”的支持。项目编号：17JDGC017。

编　者
2020年4月

北航科技图书

扫描识别二维码，关注“北航科技图书”公众号，回复“3320”获取本书配套资料及全书彩图下载地址，或回复“3320彩图”查看全书彩图。

目　录

第1章　杰普逊航图概述

1.1　杰普逊航图简介

1.1.1　杰普逊公司

杰普逊·桑德森公司(JEPPESEN SANDERSON,LNC.),简称杰普逊公司,成立于1934年,专门为世界各订购国家提供航行情报服务,是世界上最大的航图制作公司,同时也是世界航行情报服务中心。公司总部设在美国科罗拉多州丹佛市,分部设在德国的法兰克福。公司拥有先进的自动化航图制作设备,公司掌握有世界各国大量的、详细的航行资料,这些资料经过加工、计算、处理、绘制、编辑、审校和印刷后,便向世界各订购国家销售,其每周平均需要对近200种世界范围内的航图进行修订。

杰普逊公司是波音民用飞机集团旗下民用航空服务的子公司,它是一家为全球商业航空公司提供飞行与导航信息服务的专业公司,在为航空公司和飞行人员提供航图和航行资料等传统服务和产品方面已有70多年的历史。杰普逊公司在全球约有3 000名员工,其服务网络遍布全球。

伴随着全球航空事业的发展,杰普逊公司在为航空公司提供准时、精确和完整的飞行资料,以及飞行和航务运行信息管理和控制技术方面积累了丰富的经验,在确保航空飞行的安全性和航空公司的高效运作方面做出了积极贡献。其产品和服务包括全球航图出版、电子信息服务、导航数据、计算机飞行计划、性能分析、运行控制系统、航空气象数据,以及机组管理系统和飞行人员训练等。其诸多产品及技术已成为航空行业标准,尤其是在数字化航空信息服务的研发和应用方面,杰普逊公司始终保持技术上的领先地位。目前,公司将继续从单一的技术主导型信息服务向一体化解决方案提供商的方向转型,致力于未来飞行运行信息系统的开发和革新,为全球范围航空公司提供一步到位、全方位的客户化产品和服务,以全面支持航空公司的飞行安全和高效运行。除了商业航空公司外,杰普逊公司的客户群还包括通用航空、政府和军方航空部门。

在其传统的航图设计和出版领域,全球市场份额超过80%,而在中国的市场份额(国际航线)更是达到了100%。自1999年杰普逊公司在中国设立代表处以来,业务已从单一的航图服务过渡到向航空公司提供全方位的飞行和航务数据产品及服务,客户遍及了国内所有的航空公司。杰普逊公司已经成为国内商业航空公司在航务信息方面的重要合作伙伴。

令人瞩目的是,杰普逊公司的服务领域正在向航空以外的领域延伸,包括机场、物流、海运和铁路。每天,人们依赖于杰普逊的服务来推动世界的前进。无论在航空、航海还是在陆路业务中,杰普逊的品牌已经成为行业中发扬创新精神和坚守服务承诺的象征。确保杰普逊公司在每一个所涉及行业中的主导地位和来之不易的品牌价值并将之发扬光大,是公司肩负的使命。

1.1.2 杰普逊航图

杰普逊公司作为一家专门经营航行情报服务的公司,汇总各个国家提供的航行资料汇编(AIP),然后制作成统一样式。杰普逊航图是由杰普逊公司所制作的航图,是世界范围通用的航行资料,供国际飞行使用。各阶段的仪表飞行杰普逊航图由杰普逊·桑德森公司出版发行,是用于民用飞机和大部分军用飞机仪表飞行操作的航图。

杰普逊航图采用最适用的航空图和地形图编制而成。航图采用兰勃特正圆锥投影,主要考虑供以驾驶舱的仪表和无线电设备为依据的航路仪表飞行之用;所有航图均符合 FAA 要求。

1. 航图分类

① 机场图——AIRPORT CHART;

② 航路图/区域图——ENROUTE CHART/AREA CHART;

③ 标准仪表离场图——STANDARD INSTRUMENT DEPARTURE CHART(SID);

④ 标准仪表进场图——STANDARD INSTRUMENT ARRIVAL;

⑤ 标准终端进场图——STANDARD TERMINAL ARRIVL ROUTE CHART(STAR);

⑥ 仪表进近图——INSTRUMENT APPROACH CHART(IAC)。

2. 航图索引号

航图索引号代表航图的类型,新格式航图的索引号位于标题栏上方正中位置的椭圆形框中。终端区航图总体上可以分为区域图、离场图、进场图、机场图等 0 系列航图和进近图两类。

(1) 0 系列航图索引号

0 系列航图的索引号格式为"A0-BC"。其中 A 为从 1 开始的数字,表示同一个城市的机场编号,B 为除了进近图以外的终端区航图类型,为数字;当机场只有 1 张某一类型的终端区航图时,C 为空,当机场有多张某一类型的终端区航图时,从第二张航图开始,C 为从 A 开始顺序编号的大写字母。如图 1.1 所示,0 系列航图的索引号为"10-2A"。

KMLB/MLB
MELBOURNE INTL
JEPPESEN
14 SEP 12
10-2A
Eff 20 Sep
MELBOURNE, FLA
STAR

图 1.1 0 系列航图索引号

0 系列终端区航图类型表示如下:

- 1——区域图;
- 2——标准仪表进场图;
- 3——标准仪表离场图;
- 4、5、7——减噪程序图;
- 6——滑行路线图;
- 8——机场减噪信息图;
- 9——机场图。

(2) 进近图索引号

新格式进近图的索引号标示在进近图边信息的椭圆形框中,以方便航路手册归档和飞行

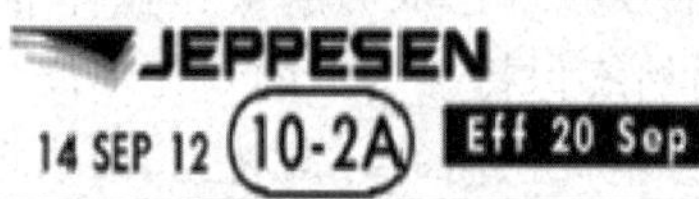

员查找使用。进近图索引号一般用 3 位数字来表示，第一位数字代表同一城市的不同机场编号，第二位数字代表进近程序类型，第三位数字代表同一类进近程序的顺序号，按照跑道编号从低到高依次排序。飞行员应注意，若同类进近图还有次级的划分类型，则其编号就在第三位数字后面从 A 开始编号。如图 1.2 所示，该进近图索引号为“41-2”，其中“4”表示桑福德机场为奥兰多的第四个机场，“1”表示进近程序类型为 ILS 或者 LOC，“2”表示同一类型的顺序号。

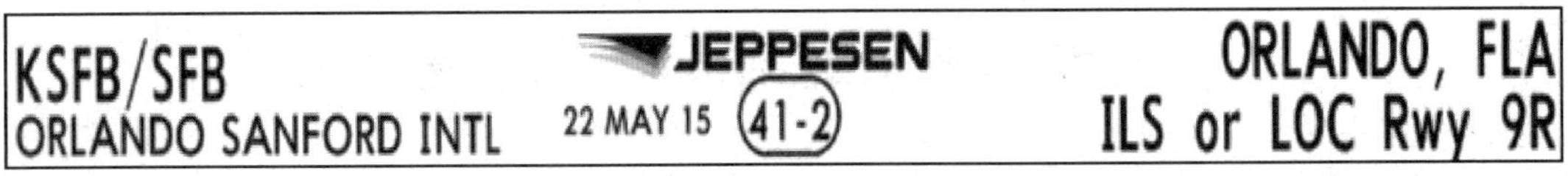

KSFB/SFB
ORLANDO SANFORD INTL
JEPPESEN
22 MAY 15 (41-2)
ORLANDO, FLA
ILS or LOC Rwy 9R

图 1.2　进近图中的索引号

进近程序的类型表示如下：

- 1——ILS，MLS，GLS，LOC；
- 2——GPS；
- 3——VOR；
- 6——NDB；
- 8——PAR，ASR，SRA，SRE；
- 9——RNAV，Visual，Vicinity。

3. 航图的使用

使用杰普逊航图，首先需要读懂航图术语、简缩字和大量的航图图例。另外，还需要牢记以下使用惯例：

① 速度的单位是节(kn)；

② 时间是世界协调时(UTC)；

③ 垂直距离的单位是英尺(ft)；

④ 水平距离的单位是海里(n mile)；

⑤ 航向是磁航向，若航向数值带后缀“T”，则表示为真航向。

杰普逊航路手册的终端区图部分主要为飞行提供机场图、标准仪表离场图(SID)、标准仪表进场图(STAR)和仪表进近图(IAP)等。这些终端区图描述了终端区运行的全过程，从起飞机场的停机位到着陆机场的停机位。例如，机场图帮助航空器从停机位滑行到起飞的跑道。起飞离场时，标准仪表离场图帮助航空器过渡到航路图中的航路系统，临近目的地机场时，标准仪表进场图帮助航空器从航路结构过渡到进近，然后按照进近图中描述的进近程序完成最后进近与着陆。航空器落地后，通过机场图滑行到停机位。

通常，在飞机起动发动机前需要使用停机位置图、机场平面图、标准仪表离场图；在航路巡航阶段需要使用高空航路图、低空航路图以及高/低空航路图；在飞机下降高度前需要使用标准仪表进场图、仪表进近图、机场平面图和机场停机位置图。

1.1.3　杰普逊航图的特点

① 及时性：杰普逊公司将每周五确定为向用户分发邮寄资料或完成航图修订的法定日期，几十年来从未耽误过。

② 准确性：杰普逊公司采取了极为严格、科学的审查制度，确保了航行资料的准确性，使

得航图现时性好,准确性高。

③ 灵活性:除提供标准型资料以外,杰普逊公司还可以根据各国航空公司的不同要求,提供独立使用航图的制作服务。

④ 方便性:杰普逊公司采用24 h服务,用户可以在任何时候在杰普逊官网订购所需要的相关资料。

1.2 《杰普逊航路手册》介绍

《杰普逊航路手册》是杰普逊公司以各种方式、通过各种渠道向全世界各国的政府机构收集资料并进行汇编而来的。公司认真编辑审核出版后,向驾驶员提供准确、及时、完整的最新飞行资料,也是一部包括飞行使用的各种航行资料的完整技术资料。

《杰普逊航路手册》以航图为基本内容,其中使用了大量的技术术语和简缩字,使资料内容简洁、明确。其全部内容装订在特制的活页皮夹中。

航路图单独装在夹内的塑料袋中,其余资料全部为活页,并按各部分内容以明显的标签分隔。《杰普逊航路手册》每周修订一次。

为了便于携带和在飞行中查阅,制作人员将全球划分为若干区域,并按区域制作成标准手册;每个标准本手册包括13部分。为了使用方便,杰普逊公司还同时出版客户化航线手册(Tailored Route Manual),内容由客户按照需求自己选定,用以替代标准版航路手册。《杰普逊航路手册》如图1.3所示。

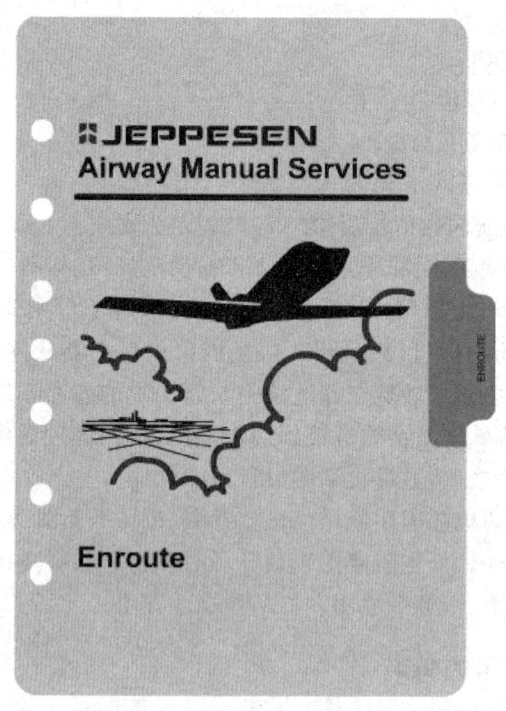

图1.3 杰普逊航路手册

1.2.1　简介公告和用户公告

简介公告和用户公告(Briefing and Customer Service Bulletin)为航路手册必读部分,也是用户使用和管理《杰普逊航路手册》的入门篇。简介公告以短小的公告形式,告知用户有关手册本身的变革和某些航行技术或要求的预告和规定等。如采用新的仪表进近格式、航路图图幅范围的重新划分、新航图符号的使用、RVSM 运行区域、拦截程序的更改等内容。

简介公告编号由"JEP+2 位数字年份+1 个英文字母"组成;每年第一期为英文字母 A,然后为 B,依次排序;如"JEP 02-D"表示 2002 年的第四期公告,内容是介绍杰普逊进离场图的新格式和进近图的改进情况。

简介公告的有效性分为以下三种情况:在资料的最下方明确标明有效日期;按照通知取消该公告;用户自己确定该资料的存留期限。

用户公告主要是通知客户资料管理方面的事项,如修订单的使用、订购资料的要求和续订手续的改变等。用户尤其是航空公司的航行情报部门应该及时了解以上变化,将变化的内容作为重要提示告知本公司的飞行人员和航务人员,有助于在飞行前准备和飞行中正确使用航行资料,以便于提高工作效率,安全正常地飞行。

需要注意的是,用户公告是管理资料的人员应该经常关注的内容,但是这种资料一般无有效性的要求。

1.2.2　引　言

引言(Introduction)向用户介绍使用手册必须了解的基本知识。正确理解引言部分列出的内容,便掌握了使用杰普逊航图的钥匙。

引言部分包括了如下内容:航图术语(Chart Glossary)、简缩字(Abbreviatioin)、航路图图例(Enroute Chart Legend)、高空航路图图例(Enroute Chart Legend-High Altitude Charts)、区域图图例(Area Chart Legend)、B 类空域图图例(Class B Airspace Chart Legend)、进离场图图例(SID and STAR Legend)、进近图图例(Approach Chart Legend)、进近图新格式说明(Approach Chart Legend New Format)、ICAO 推荐的机场和跑道识别标志(ICAO Recommended Airport Signs and Runway Markings)、美国机场标记牌系统和美国仪表跑道标志(US Airport Sign Systems and US Instrument Runway Markings)、进近图图解 JAR-OPS1 机场最低标准(Approach Chart Legend JAR-OPS1 Aerodrome Mininums)、航行资料导航数据库和航图(Aeronautical Information Navdate Datebase and Charts)。

1.2.3　航图航行通告

当航图中的内容发生变化时,相关国家会采取重新印发航图或发布航行通告(NOTAM)的方式进行修订。杰普逊公司将以很短的周期进行相应的修改;但由于制作周期和资料传递及其他不可控的因素,很难同步修订相关国家公布的修改内容,因此,《杰普逊航路手册》中以航图航行通告的方式,将不能收入正式资料的内容呈现给用户,以通告本航路手册中内容与实际不符的情况。

在实际运作中,不是将所有影响航图内容的临时航行通告都以航图通告的方式发布,而只将在用户收到航图通告后至少 14 天内保持有效的重要情报作为航图航行通告印发。这些内容主要涉及导航设施失效(尤其 ILS 或其部分设施失效)、导航设施的临时替换、机场关闭、临时危险区、航路临时关闭或调整等情况。由于出版时间和各用户收到的时间长短不一,使用时的资料变化情况有新的差异,因此,在飞行前必须查阅相关国际发布的原始航行通告,按照国家发布的资料执行。

航图航行通告包括以下内容:

① 夏令时/冬令时变更(Sunmer-Winter Time Changeover);

② 航路图(Enroute Charts);

③ 终端区图(Terminal Charts);

④ 特殊飞行规定和注意事项,包括某些国家和地区在非常规条件下的特殊规定,如《巴尔干共同运行区内通用航空运行规定》和《对进入阿富汗的飞行人员的特别通知》等。

1.2.4 航 路

航路(Enroute)部分包括航路飞行阶段涉及的航路和空中交通服务等相关资料和图表。值得注意的是,各个国家的空域划分、飞行程序和特殊规定是跨国飞行必须熟知的资料。杰普逊公司将收集的资料整理、分类,详尽地表示在航图上,清楚地显示航路飞行的相关资料,为用户查阅资料提供了很大的方便。

1. 航路文字资料

航路文字资料一般情况下都包括以下几个方面:

① 空中交通服务航路代号及其在话音通信中的使用;

② ICAO 空中交通服务空域分类;

③ 航路图索引图;

④ 二次雷达程序;

⑤ 本分册内各国的飞行特殊程序。

2. 航路图

航路图在飞行过程中使用的时间最长,即便使用导航数据库,目前航路图也仍然是情报人员制作领航记录表、导航数据库管理员管理数据库、飞行人员飞行前准备和具体飞行的主要依据。因此,飞行人员和情报人员读懂航路图并能正确使用航路图是十分重要的。

常见的航路图包括下述类型:

① 飞行计划图(Flight Planing Chart);

② 方位图(Orientation Chart);

③ 区域导航航路图(Area Navigatioin Enroute Chart);

④ 作业图(Plotting Chart);

⑤ 高/低空航路图(High/Low Altitude Enroute Chart);

⑥ 高空航路图(High Altitude Enroute Chart);

⑦ 低空航路图(Low Altitude Enroute Chart)。

1.2.5 无线电设备

空中航行要依靠无线电设备(Radio Aids)提供的设备、导航和监视服务,按照无线电导航设备发出的信号保持在航路上,或实时地上升、下降、切入航道或开始复飞。对飞行人员来说,正确使用导航设备是熟练驾驶航空器的一个重要环节。

目前使用的无线电导航设施包括：NDB、VOR、TACAN、DME、MKR、ILS、SDF、MLS、LORAN、OMEGA、OMEGA/VLF、VHF/DF、INS、Doppler Radar、FMS 和 GPS 等。

《杰普逊航路手册》中无线电设备部分通常包括下列内容。

1. 无线电通信、导航基本知识

① 无线电设施类别代码、频段的划分、频率的指配、无线电传播的有效距离、信号发射的类型等。

② 目前使用的无线电导航设施。其中包括 NDB、VOR、TACAN、VORTAC、DME、MKR、ILS、SDF、MLS、ISMLS、LORAN、OMEGA、OMEGA/VLF、VHF/DF、INS、Doppler Radar、FMS、GPS 等的基本工作原理和飞行员在使用过程中应了解的注意事项。

③ 雷达服务和程序。介绍雷达的工作原理和使用限制，包括一次雷达、二次监视雷达、机场监视雷达、航路监视雷达和精密进近雷达。文中以图解的方式介绍雷达屏幕上所显示的内容，有助于读者理解雷达的信息及应用。

④ 定向程序。

2. 导航设施资料

① 导航设施图例。提供解释导航设施代号含义的资料。

② 地名顺序导航设施表。导航设施表中，国家按名称字母顺序排序，每一国家内的导航台也按名称字母顺序排序。表中列出了本手册中所有国家的导航台的详细数据，包括导航台的名称、识别代号、频率、类别、坐标、磁差和台址标高。

③ 识别代号顺序导航设施表。按导航台识别的字母顺序列出本手册覆盖范围内的导航台名称及所在的国家。

1.2.6　气　象

《杰普逊航路手册》气象(Meterology)部分摘录了国际民用航空公约附件 3《国际航空气象服务》相关章节的内容和气象报告的译码信息。航路手册气象资料中的简缩字、气象实况图和重要天气图上使用的符号都是查阅气象时不可缺少的重要资料。各国提供的气象服务资料更是用户了解有关国家飞行环境和组织飞行必需的材料。用户可以查阅各国提供的气象数据，内容包括：

① 各国规定与国际民航组织编码格式的差异；

② 可用气象广播，列出了为本手册范围内机场提供气象广播服务的气象台名称；

③ 明语气象广播，公布了各气象台的气象广播信息，包括识别、频率、广播时间、格式、内容与顺序；

④ 自动终端情报服务(ATIS)，公布了 ATIS 服务的机场名称、工作频率及时间等。

1.2.7　数据表格和代码

航空运行中常使用一些换算表，《杰普逊航路手册》将这些航空领域中经常使用的工具性资料进行整理，变成表格和代码(Tables and Codes)部分，供使用者随时方便地查阅或进行换算。航路手册表格和代码部分主要包括以下内容：

① 高度表拨正(Altimeter Setting)；

② 英文字母读音及莫尔斯电码(Phonetic Alphabet and Morse Code)；

③ 风向角(Wind Component Table);

④ 公制计量单位表(Metric Multiples and Sub-Multiples);

⑤ 气压高度(Pressure Altitude);

⑥ 换算表(Conversions);

⑦ 航行通告(NOTAMS);

⑧ 航行通告代码(NOTAM Code);

⑨ 雪情通告(SNOWTAM);

⑩ 对时标准频率和对时信号(Standard Frequencies and Time Signal);

⑪ 无线电对时信号(Radio Time Signal);

⑫ 日出、日落表(Sunrise and Sunset Tables);

⑬ 世界各地的当地时间(Worldwide Local Time);

1.2.8 空中交通管制

《杰普逊航路手册》的空中交通管制(Air Traffic Control)部分向在国际间飞行的飞行员提供国际民航组织(ICAO)的标准和建议措施。对于首次飞行一个国家或地区的飞行人员来说,熟悉这个国家或地区的空中交通管理规定是非常必要的。该部分包括通用信息、国家规则和程序两部分。国家规则和程序部分按照地理区域,叙述各国的飞行规则和程序,以及与ICAO 的规则和程序之间的差异。

① 节选国际民用航空公约附件和文件中的一些内容,使读者可以查阅相关国际标准和建议措施的原文。

② 国家规定和程序(State Rules and Procedures Pages)包含适用于特定国家的飞行资料,主要依据该国的航行资料汇编(AIP)整理编辑而成。该资料以"国家的名称+页码"显示(例如"澳大利亚-1"),其内容为手册内各国有关空中交通管制的规定和程序,包括总则、飞行程序、特殊要求和规定、与国际民航组织标准程序的差异等。

1.2.9 进入规定

进入规定(Entry Requirements)部分叙述航路手册中包含的各国的入境要求,主要涉及护照(Passport)、签证(VISA)、检疫(Health)、航空器进入规定(Aircraft Entry Requirements)、定期航班(Scheduled Air Traffic)、非定期航班(Non-Scheduled Air Traffic)、军用飞机(State Aircraft Flights)、进入机场规定(Airports of Entry)和特殊通知(Special Notice)等。使用者根据这部分内容了解进入这些国家的一些要求。本部分内容相对比较稳定,但是,有的国家因特殊情况会有一些临时变动,或者颁布一些临时性规定。用户应当注意相关资料的变化。

1.2.10 紧急情况

紧急情况(Emergency)部分涉及到飞行安全和旅客生命安危,飞行中必须全力处置。为此,世界各国都在航行资料汇编(AIP)中公布紧急程序及相关的规定。本部分介绍国际民航组织标准的紧急通信或遇险通信的程序,并汇集了各国有关紧急情况规定与国际民航组织规定的差异、特殊程序的详细内容。

① ICAO 紧急情况有关规定。

② 各国与国际民航组织的差异或国家特别程序。

该部分公布手册内各国有关紧急情况的规定和程序与国际民航组织规定的差异及特殊程序(按字母顺序排列)。

③ 搜寻与救援设施。

以图形公布本手册覆盖范围内的搜寻援救区、搜寻援救中心和搜寻援救设施。

1.2.11　机场指南

机场指南(Airport Directory)部分将各国机场列入机场目录表,表示机场的数据、设施和服务、承重强度、使用限制、开放时间等内容。为使用方便,资料中提供了 PCN/CAN、LCN/LCG 的应用方法、各种数据表和机场代码,通常包括以下几个部分:

① 机场指南的说明和图例。

- 机场目录表说明和图例;
- 救援和消防系统;
- 跑道承载类别和航空器对应图;
- ACN/PCN 方法。

② 机场目录表。

其中包括本手册内所有的机场,按国家名称和地名排序。

③ ICAO 四字地名代码译码表(本手册所包含的机场)。

④ IATA 三字地名代码译码表(本手册所包含的机场)。

1.2.12　终端区

终端区(Terminal)部分在航路手册中所占比例最大,包括终端区飞行中进场、离场、进近和起飞等几个阶段使用的航图;这些航图表示飞行路线、飞行高度和各种规定限制,是反映航空器上升、下降和进近着陆过程的重要资料。

终端区图以机场为单元,按页码编号顺序汇集排列;页码编号为区域图(10-1)、进场图(10-2)、离场图(10-3)、减噪程序(10-4)、机场平面图/滑行路线图/停机位置图(10-9)、JAA 机场运行标准(10-9X)、进近图(11/12/13/14/16/17/18/19-1)。手册中各机场按城市名称由字母 A～Z 顺序排列。航图编号顺序并不意味着每一个终端区必须具有全部图,而是按照机场实际运行情况公布。

美国航路手册中,美国的民用机场先按州名的字母顺序排列,再按城市名称的字母顺序排列。此外,终端区图还包括梯度与爬升/下降率转换表、机场标高的百帕/毫巴等同值、高度修正和雷达着陆标准等资料。

1.2.13　修订单/修订记录

关于修订单/修订记录(Revision Letter/Record of Revision)。虽然资料修订是杰普逊公司自己的规定,但是用户必须了解这些规定,以便于管理好自己的手册,保持资料现行有效。

杰普逊公司每周寄发一次修订资料,修订日期为每周星期五,由该公司按照客户指定的地址寄发。

杰普逊公司规定终端区图,包括 SID 和 STAR,通常隔周修订一次;航路图、区域图和 B 类空域图,每 56 天修订一次;J-AID(Jeppesen-Airport Information Directory)每 56 天修订一次;联邦航空法根据需要修订。

按照杰普逊公司的分工,修订资料分别寄自德国的法兰克福(Frankfurt)和美国的丹佛(Denver)。

1. 修订方法

每期的修订资料均附有修订单(Revision Letter),便于客户检查收到资料的情况。修订单内容包括:修订期数(Revision Number)、发行日期(Issue Date)、修订方法和修订目录。

资料修订分为下面三种情况:

① 修订单通知上标出。

修订通知单上标“A ▶”表示为增加的新页(Add Sheet);标“◀ D”表示取消该页(Destroy Sheet);“All Other Sheets Revised”表示其余各页均为一页换一页的修订;标“#”表示拆页资料(Folded Chart),放在修订的最后。

② 黄颜色纸页资料表示临时性资料。

③ 资料页中的“→”符号表示资料的变更处。

航路图的主要修订内容在封面上说明,终端区的航路图在左下角以简洁的文字说明主要变化。修订目录按各手册内容顺序排列;有些资料页后注有“EFF(Effective Date)”,换页时应按标明的日期换入该页,而不得提前或推后换入,以免错用资料造成不良后果。

2. 填写修订记录

修订记录一般放在手册的首页;每次修订完资料后,应在记录表格中填写修订资料的日期和修订人。情报人员应经常根据顺序编号检查资料的连续性,以确定手册是否现行有效;如发现断期或缺页等错漏情况,应及时填写用户意见表(Customer Comment Slip)。

当遇到资料页错漏时,用户要及时查找每期修订中的用户意见表,按照表中的要求填写用户手册的名称、缺少的期数和份数、用户号及详细收件地址等内容,及时寄送杰普逊公司,以便免费索取短缺的资料。但是,超过 60 天通知的遗漏资料,将作为收费业务处理。

情报人员可以在手册前面找到杰普逊公司用户服务部门的电话、传真和地址。作为情报部门的情报人员,如遇遗漏情况或有其他意见,应不失时机地及时告知杰普逊公司,以保护自身利益。

3. 资料检查

杰普逊公司每年都会在修订中寄发用户订购手册的检查单(Checklist),用户根据此检查单检查所持手册的有效性。

检查单中列出了手册所有资料页的发行日期,用户可依此检查手册是否完整、手册内的资料日期与检查单内相应页号的日期是否一致。需要特别注意页码相同而日期不一样的情况,避免遗漏最新日期的资料。

4. 注意事项

每年订购期满时,用户将会在到期之前收到两次续订通知,可根据自己的情况,决定是否续订。如需续订,应及时填写订单,按照正确地址寄回杰普逊公司。如第二次通知后,仍未寄发续订单,则自逾期之日起将停止供应资料。

《杰普逊航路手册》中资料的及时与准确性关系到飞行的安全,因此,用户必须及时修订换页，并且要有专人负责，经常检查。

1.3　航图软件介绍

1.3.1　FliteDeck 航图软件

1. FliteDeck 航图软件的特点

FliteDeck 软件由波音子公司和著名的飞行与导航信息服务提供商杰普逊公司开发。这种 iPad 上的无纸化航图解决方案是业内第一种具有互动功能的飞行路径应用软件，尤其将为通用航空和公务航空带来巨大的变化。针对航空公司用户，杰普逊公司还推出了 FliteDeck 的专业版 FliteDeck Pro，具有更强大的功能。

FliteDeck 航图软件目前已经推出 iPad 版，已成为一个非常方便的导航工具。利用 iPad 可以查看完整的机场、离场、进场和进近航图；查看航图变更通知；iPad 版航图与纸质和 PC 版航图工具一样，具有一致的全彩色、高质量、完整的航线数据、完美的细节和缩放功能。

FliteDeck 的主要亮点体现在以下几个方面：

① 矢量地图成像和仿真显示；

② 直接获取杰普逊航图数据；

③ 提供指定地区的航线手册文字信息；

④ 健全的全球航图数据库，并集成了多种文档；

⑤ 数据驱动的最新 IFR 和 VFR 终端航图；

⑥ 先进的航线规划功能，可由用户添加导航点；

⑦ 可锁定特定视野的屏幕显示等。

2. Jeppesen FliteDeck 的使用方法

杰普逊公司是专业的航空服务提供商，目前除中国（按中国民航总局 CAAC 规定，中国的民航飞行必须使用 CAAC 发布的航图，由于一些特殊原因，JeppView 中只包含了中国主要机场的航图）等少数国家外的所有地区的民航飞行都使用该公司提供的航图及气象数据服务。

为确保飞行安全，其航图更新频率较高，通常终端区图每月更新两次，导航数据通常每月更新一次。在未来的先进飞机中，如 B787 和 A380 等甚至现在的 B777 座舱中，都已配置了 JeppView 工具。该工具包括两个部分，一是 Jeppesen JeppView，也就是常用的航图工具；二是 Jeppesen FliteDeck，是飞行员制作飞行计划用的。

这两款工具都是免费应用，飞行学员可以在 App Store 中搜索 jeppesen mobile TC 和 jeppesen mobile FD 下载安装（第一个可以不用下载，经过测试，jeppesen mobile FD 完全包含 jeppesen mobile TC 的功能）。安装完成后运行，要求输入姓名和序列号，还有一个 Demo 按钮，按 Demo 按钮进入程序。需要注意的是，安装完成后首先在 Demo 模式下运行一次程序，这样后面的工作才有效。进入程序后发现只有几个机场的过期航图可用，可以先初步体验一下使用 iPad 航图，如图 1.4 所示。

图 1.4　iPad 在飞行中的应用

1.3.2　JEPPFD 在飞行中的应用

1. 制订飞行计划

安装完成以后,下载相应的文件并将文件中的内容全部导入,这样软件安装就完成了。拿起 iPad,四指向上拖动或者双击 Home 键打开后台,长按这个 JEPPFD 程序,结束进程以后,再进入,弹框全部点击 Demo。先下拉,第一个框输入起飞机场(ICAO 四字识别代码),第二个框输入目的地机场(ICAO 四字识别代码),第三个框和第四个框都输入备降机场(ICAO 四字识别代码);右边框输入在 routefinder 查找到的航路,空格分开,则会显示航路;点击左下角 Wx 按钮,打开天气的开关,显示天气信息、风向和云量等。从 KMIA 机场飞至 TNCM 机场的飞行计划如图 1.5 所示。

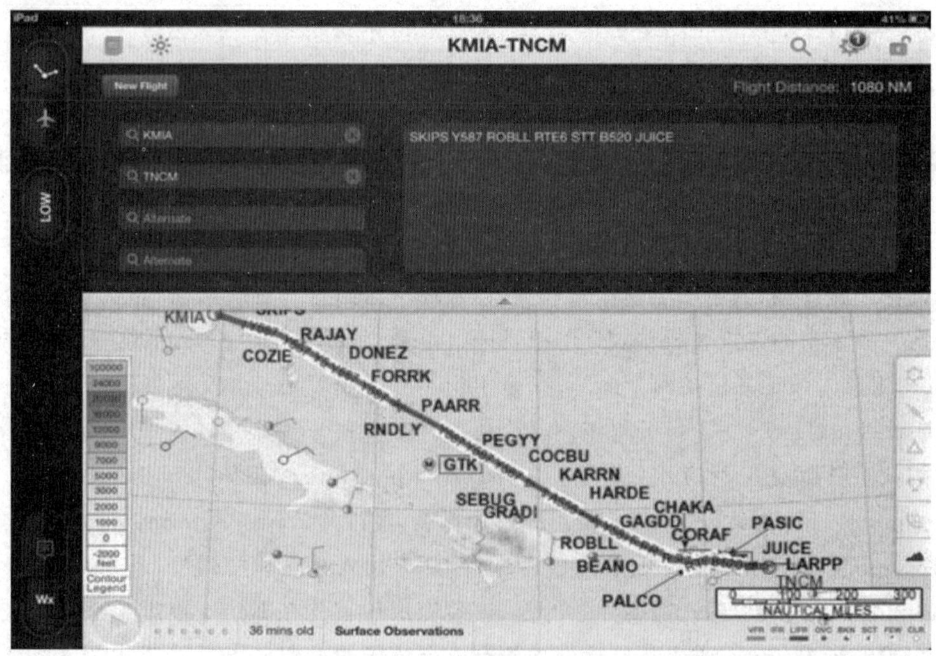

图 1.5　JEPPFD 在飞行计划中的应用

Aerosim 航校从 KOCF 飞至 KSFB 机场的飞行路线如图 1.6 所示，其飞行计划航线可以在图中具体标出。点击左下角 Wx 按钮，可以显示飞行过程中具体的风向和云量等天气信息。

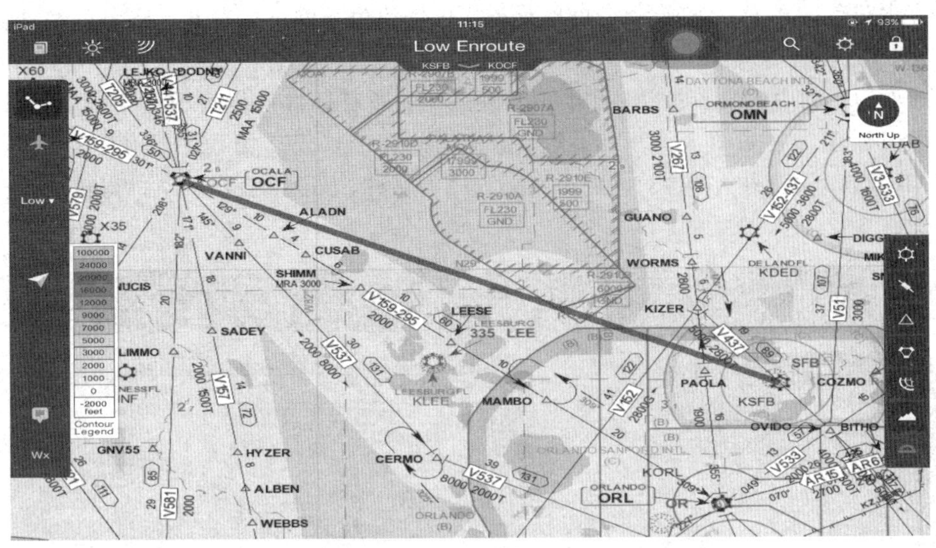

图 1.6　KOCF 机场飞至 KSFB 机场的低空航图

2. JEPPFD 查看杰普逊终端区航图

JEPPFD 软件在 iPad 中下载安装完成后，可以查看机场的终端区航图。点击飞机图标可以查看机场的各类航图，包括机场图（TAXI）、标准仪表离场图（SID）、标准仪表进场图（STAR）和仪表进近图（APP）等。利用 JEPPFD 软件查看桑福德国际机场（KSFB）的各类终端图航图，如图 1.7 所示。点击左边灰色边框中的飞机按钮，则在左边一列会出现 REF、

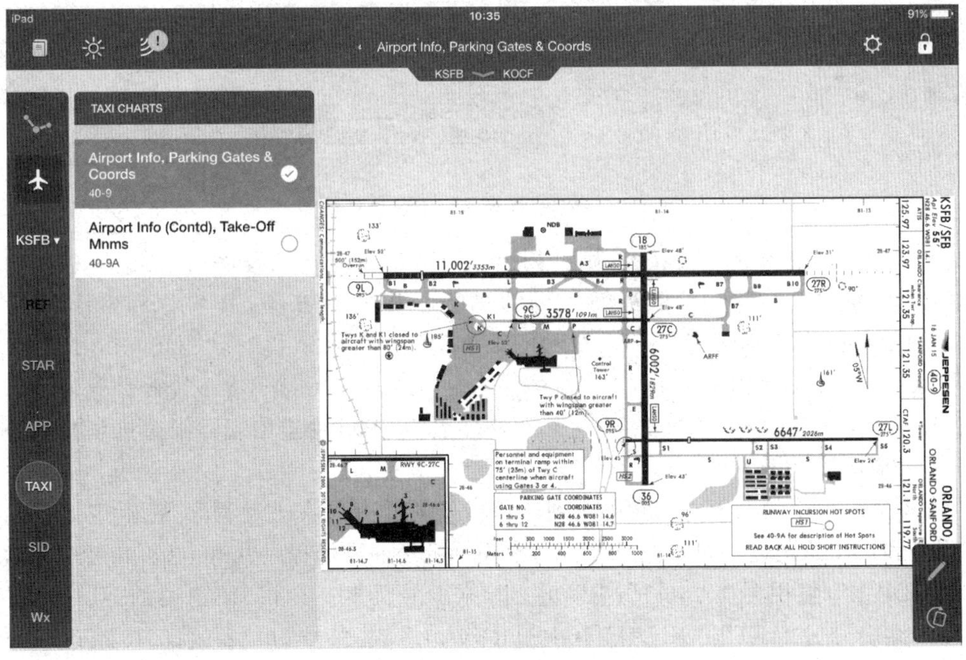

图 1.7　JEPPFD 查看机场图

STAR、APP、TAXI、SID 和 Wx 选项。点击 TAXI 按钮,右边区域出现机场信息、停机坪、地理位置坐标和机场图索引号;点击蓝色区域,则会出现桑福德机场的机场图(包括标题栏和平面图);点击蓝色区域下方选项,则会出现桑福德机场的附加跑道信息和起飞备降最低标准的图示。

点击左边一列中的 SID 按钮,则会列出该机场的所有标准仪表离场程序,包括离场程序的名称及其索引号。如图 1.8 所示,桑福德机场的标准仪表离场程序只有 1 条,其名称为"SANFORD 5",索引号为"40-3"。点击离场程序的名称,iPad 中会出现桑福德机场的标准仪表离场图。

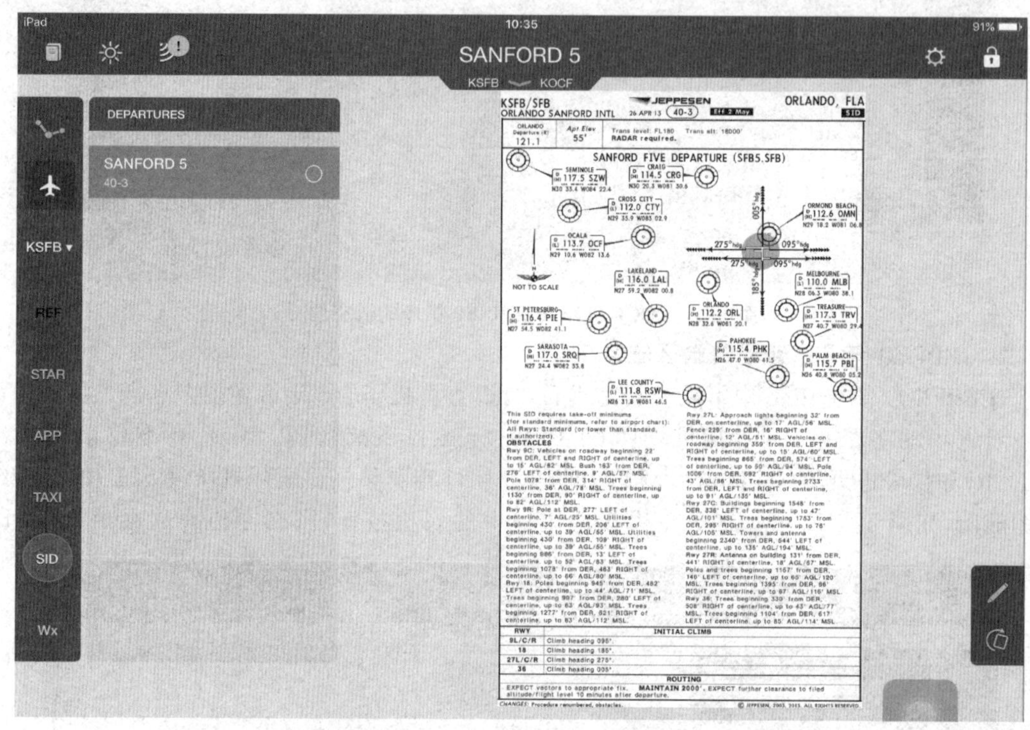

图 1.8 JEPPFD 查看标准仪表离场图

点击左边一列中的 STAR 按钮,则会列出该机场的所有进场程序,包括进场程序的名称及其索引号。如图 1.9 所示,桑福德机场的进场程序共有 6 条,其名称和索引号分别为"BAIRN 3 RNAV",索引号为"40-2";"CORLL 1",索引号为"40-2A";"COSTR 3 RNAV",索引号为"40-2A-1";"CWRLD 4 RNAV",索引号为"40-2B";"GOOFY 6",索引号为"40-2C";"MINEE 5",索引号为"40-2D"。点击进场程序的名称,iPad 中会出现桑福德机场与程序名称和索引号对应的该进场图。

点击左边一列中的 APP 按钮,则会列出该机场的所有仪表进近程序,包括进近程序的名称、索引号和适用的跑道。如图 1.10 所示,桑福德机场的进场程序共有 7 条,其名称和索引号分别为"NDB-B",索引号为"46-1";"NDB-C",索引号为"46-2";09L 跑道的"ILS OR LOC Rwy 9L",索引号为"41-1";"RNAV (GPS) Rwy 9L",索引号为"42-1";09R 跑道"ILS OR LOC Rwy 9R",索引号为"41-2";"RNAV (GPS) Rwy 9R",索引号为"42-2";18 跑道的"RNAV (GPS) Rwy 18",索引号为"42-3"。点击进近程序的名称,iPad 中会出现桑福德机场与进近程序名称和索引号相对应的进近图。

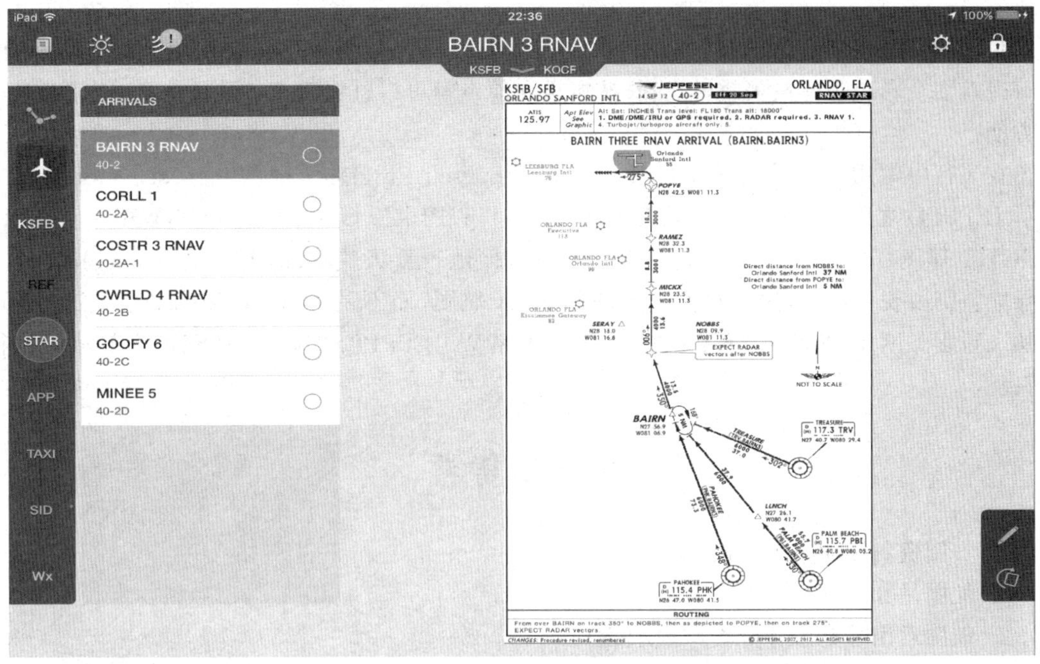

图 1.9　JEPPFD 查看标准仪表进场图

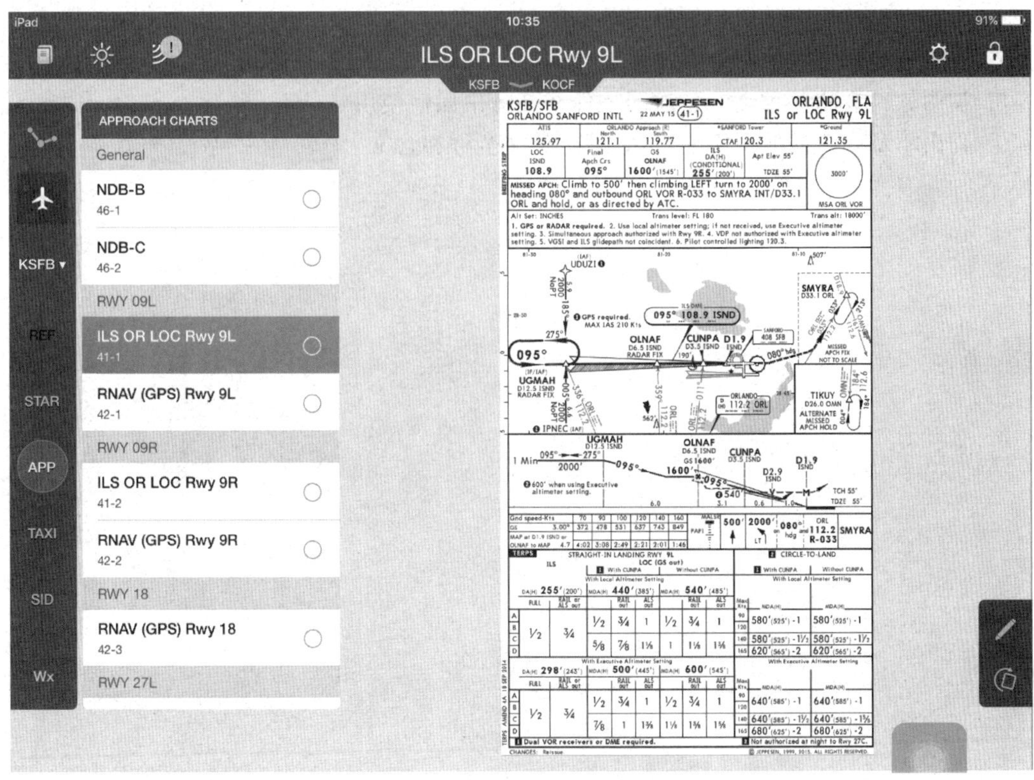

图 1.10　JEPPFD 查看仪表进近图

1.3.3 其他航图软件

目前,美联航钢管飞机的驾驶员和 Aerosim 航校的飞行学员已经在使用 JEPPFD 软件,杰普逊航图全彩色可缩放矢量,点击长按机场和航点等可以查看频率等具体信息,使用起来非常方便。

在飞行中常用的杰普逊航图的软件就是 Jeppesen FliteDeck 中的 jeppesen mobile FD。除了 JEPPFD 之外,还有美国公司开发的 FLIGHT PLAN GO、FLIGHT AWERE、FOREFLIGHT 等飞行导航软件,利用这些软件可以方便地查看天气状况,制订飞行计划和实施飞行导航。需要说明的是,这些软件查看的是 FAA 航图,而不是查看杰普逊航图。此外,还可以从飞行服务网站 WWW. SKYVECYOR 和 WWW. JEPPPESEN. COM 获取大量相关飞行资料。

复习思考题

1. 查阅资料说明杰普逊航图的来历。
2. 航图是如何分类的?
3. 航图索引号是怎样分类与表示的?
4. 杰普逊航图的特点有哪些?
5. 杰普逊航图的使用惯例是如何规定的?
6. 杰普逊航路标准手册包括哪些部分?
7. 杰普逊航图资料的修订方法是怎样的?
8. 航图软件有哪些种类? 各航图软件在飞行中如何使用?
9. 列出本章相关的航图简缩字,并写出英文全称和含义。

第 2 章　机场图

2.1　概　述

在飞行中，飞行员利用电子飞行仪表系统来确认飞机的位置。但是，航空器在机场场面上运行时，飞行员需要自主导航。设计机场图的目的是为了帮助飞行员正确地沿着 ATC 指定的滑行道滑行、将飞机停靠到指定的停机位或者滑入指定的跑道准备起飞离场。

机场图一般作为一张独立的航图放在进近图之前。目前，在国际上广泛使用的机场图是简令格式的机场图，其相关信息在航图标题栏部分按照从左到右的顺序进行排列，以方便飞行员阅读与使用。

2.2　机场图的基本布局

杰普逊格式的机场图从上到下主要包括标题栏、平面图、跑道附加信息和起飞/备降最低标准四部分，如图 2.1 所示。

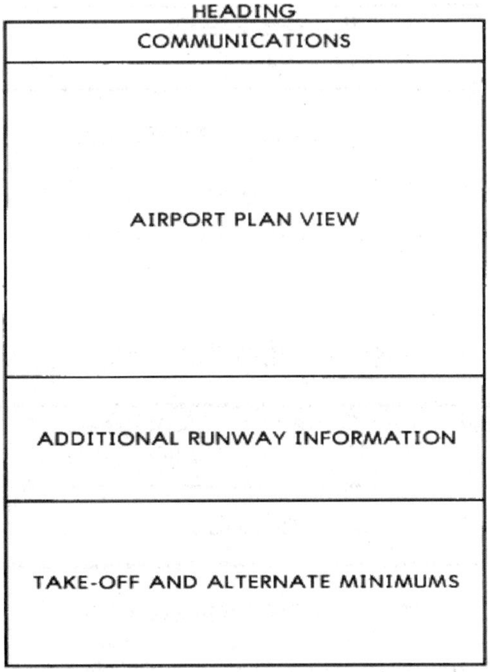

HEADING
COMMUNICATIONS
AIRPORT PLAN VIEW
ADDITIONAL RUNWAY INFORMATION
TAKE-OFF AND ALTERNATE MINIMUMS

图 2.1　机场图的基本布局

2.2.1 标题栏

标题栏位于机场图的最上面,包括图边信息和通信频率两部分。

1. 图边信息

图边信息位于标题栏部分的最上面,包括机场名、地名、索引号、航图日期、机场代码、机场标高和机场基准点(ARP)的坐标等信息。机场图的图边信息部分同时提供 ICAO 指定的机场四字代码和 IATA 指定的机场三字代码。机场基准点指的是机场内所有可用跑道的几何中心,其地理位置坐标精确到 0.1′。图边信息部分所包含的具体信息如图 2.2 和图 2.3 所示。

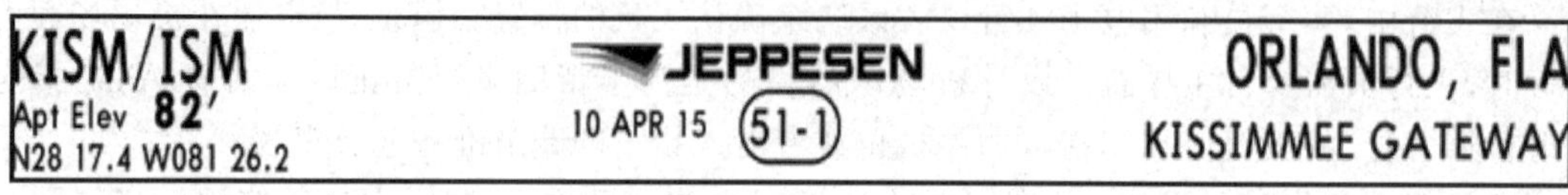

图 2.2 基西米机场图的图边信息

图 2.2 中"ORLANDO,FLA"是机场所在的地名,"KISSIMMEE GATEWAY"是机场名。"51-1"为机场图索引号,飞行员根据此索引号可以在航路手册中快速找到该幅机场图。"10 APR 15"说明该机场图的修订日期为 2015 年 4 月 10 日,该机场图应在收到之日即生效。"KISM"是基西米机场的 ICAO 四字代码,"ISM"是 IATA 指定的三字机场代码,"Apt Elev 82′"为机场标高 82 ft,"N28 17.4 W081 26.2"表示机场基准点的坐标为北纬 28°17.4′,西经 81°26.2′。

KSFB/SFB
Apt Elev 55′
N28 46.6 W081 14.1
JEPPESEN
16 JAN 15
40-9
ORLANDO, FLA
ORLANDO SANFORD INTL

图 2.3 桑福德机场图的图边信息

如果机场名称较长,在图上可以使用明语简缩字作为前缀或后缀进行说明。如图 2.3 所示,机场名称为"ORLANDO SANFORD INTL",后缀"INTL"为"International"的简缩字,说明该机场为国际机场。

2. 通信频率

在机场图上,通信频率按照离场时的使用顺序依次列出,如图 2.4 和图 2.5 所示。

ATIS (AWOS-3 when Twr inop) 128.77	*KISSIMMEE Clearance 121.7	ORLANDO Clearance 119.95 when Twr inop.	*Ground 121.7
*Tower CTAF 124.45	UNICOM 122.95	ORLANDO Departure (R) 119.4	

图 2.4 基西米机场图的通信频率

图 2.4 中,第一行从左到右依次给出了自动终端情报服务频率 128.77 MHz(如果塔台关闭,则使用自动天气观测系统 AWOS-3)、基西米放行许可频率 121.7 MHz、奥兰多放行许可频率 119.95 MHz(塔台不工作时使用)、地面管制频率 121.7 MHz;第二行从左向右依次列出了塔台管制共用交通咨询频率 124.45 MHz、航空咨询服务频率 122.95 MHz、奥兰多离

场管制频率 119.4 MHz。其中前缀符号星号“＊”代表部分时段工作，后缀符号“R”代表雷达可用。

ATIS	ORLANDO Clearance	when Twr inop.	*SANFORD Ground	*Tower	ORLANDO Departure (R) North	South
125.97	123.97	121.35	121.35	CTAF 120.3	121.1	119.77

图 2.5　桑福德机场图的通信频率

图 2.5 为桑福德机场图的通信频率，该栏从左到右依次给出自动终端情报服务频率 125.97 MHz、奥兰多放行许可频率 123.97 MHz(塔台不工作时许可频率 121.35 MHz)、桑福德地面管制频率 121.35 MHz(部分时段工作)、塔台管制共用交通咨询频率 120.3 MHz(部分时段工作)、飞机向北离场时奥兰多离场管制频率 121.1 MHz、飞机向南离场时奥兰多离场管制频率 119.77 MHz。

2.2.2　平面图

1. 平面图符号

机场图通常按一定的比例尺来绘制。图中标绘了机场的总体轮廓，用图示的方法提供了跑道、滑行道、停机坪和灯光系统信息。在学习平面图具体信息之前，首先需要熟练掌握机场图的平面图中包含的各种图例符号的含义，如图 2.6 所示。

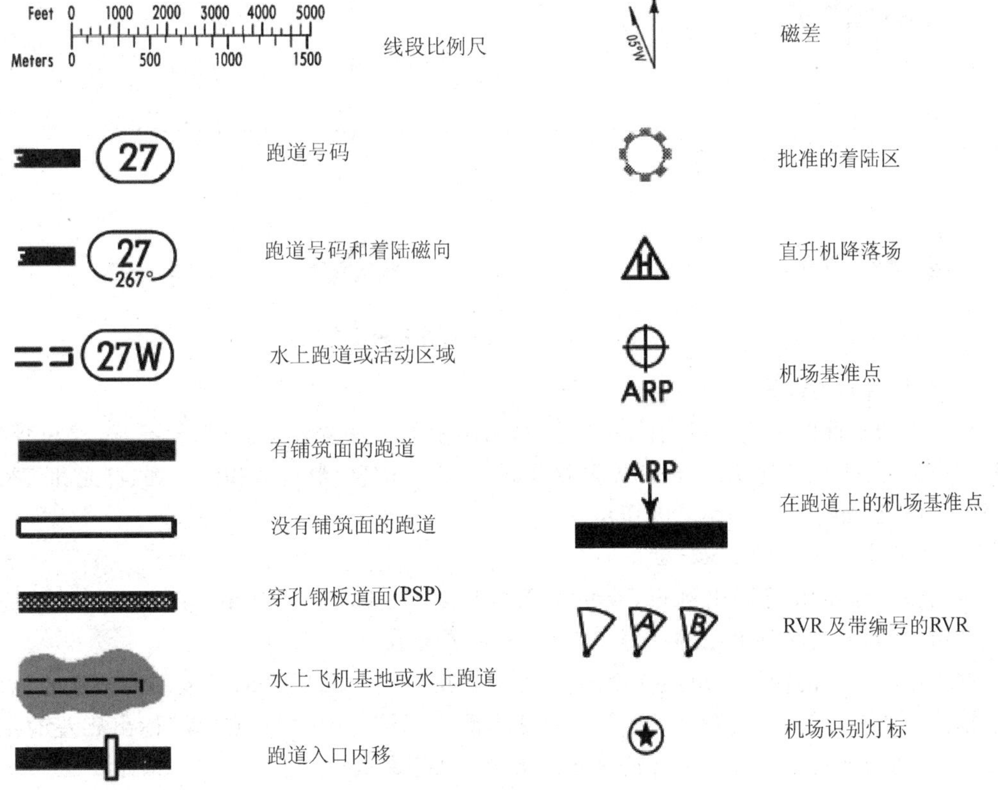

图 2.6　平面图中的图例及其含义

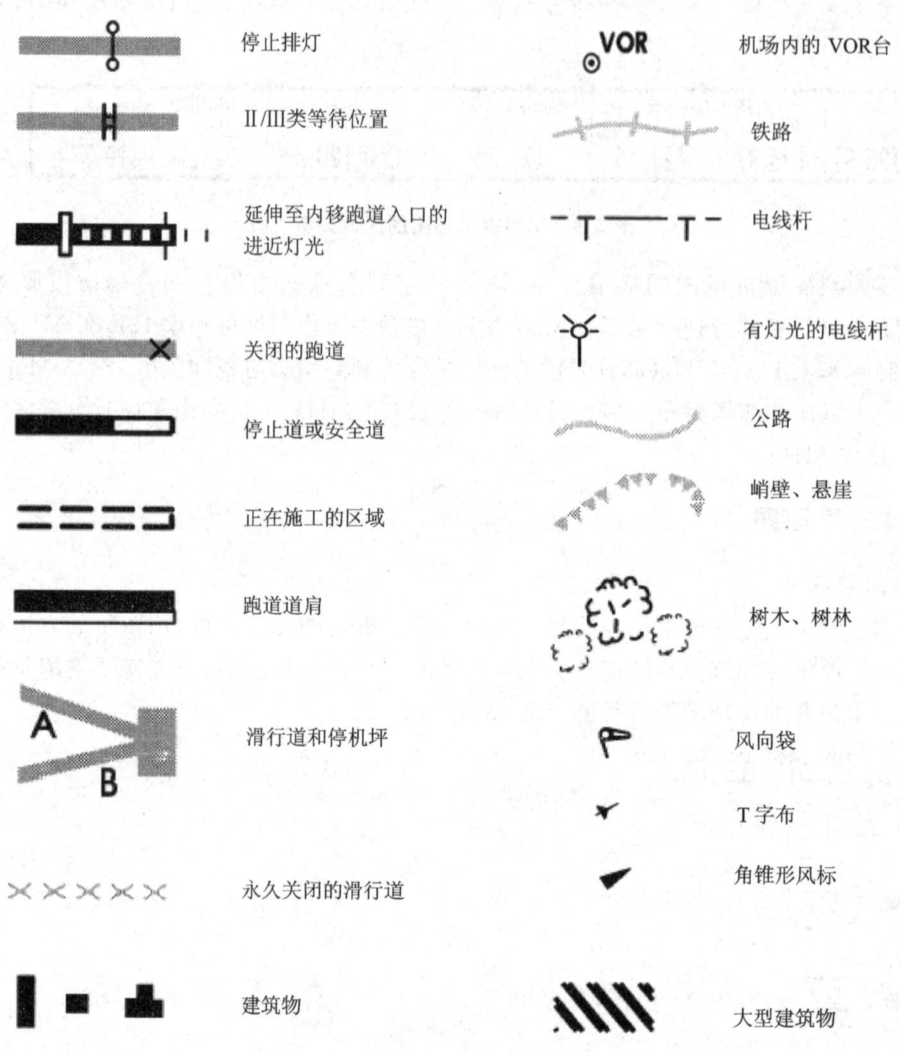

图 2.6　平面图中的图例及其含义(续)

2. 平面图的具体信息

机场图的平面图标绘了机场的总体轮廓,用图示的方法提供了跑道、滑行道、停机坪和灯光系统信息,总体包括比例尺、经纬度网格及磁差、跑道信息、滑行道和停机坪、灯光和灯标、注释说明等信息,如图 2.7 和图 2.8 所示。

(1) 比例尺、经纬度网格和磁差

机场图一般使用图解比例尺,在机场图的底部分别标出以 ft 和 m 为单位的比例尺。图 2.7 中,基西米机场平面图的比例尺为“1 in=1 000 ft”。

在机场平面图的四周标出经纬度网格,可以帮助飞行员确定平面图范围内某点的地理位置坐标。机场的磁差在平面图中用真北和磁北箭头标绘,并用“E”或“W”标出磁差的正负。图 2.7 中,基西米机场平面图中标绘磁差箭头,“05°W”表示磁差为“−5°”。

(2) 跑道信息

机场平面图中提供了跑道轮廓、跑道长度、道面情况及标高信息。

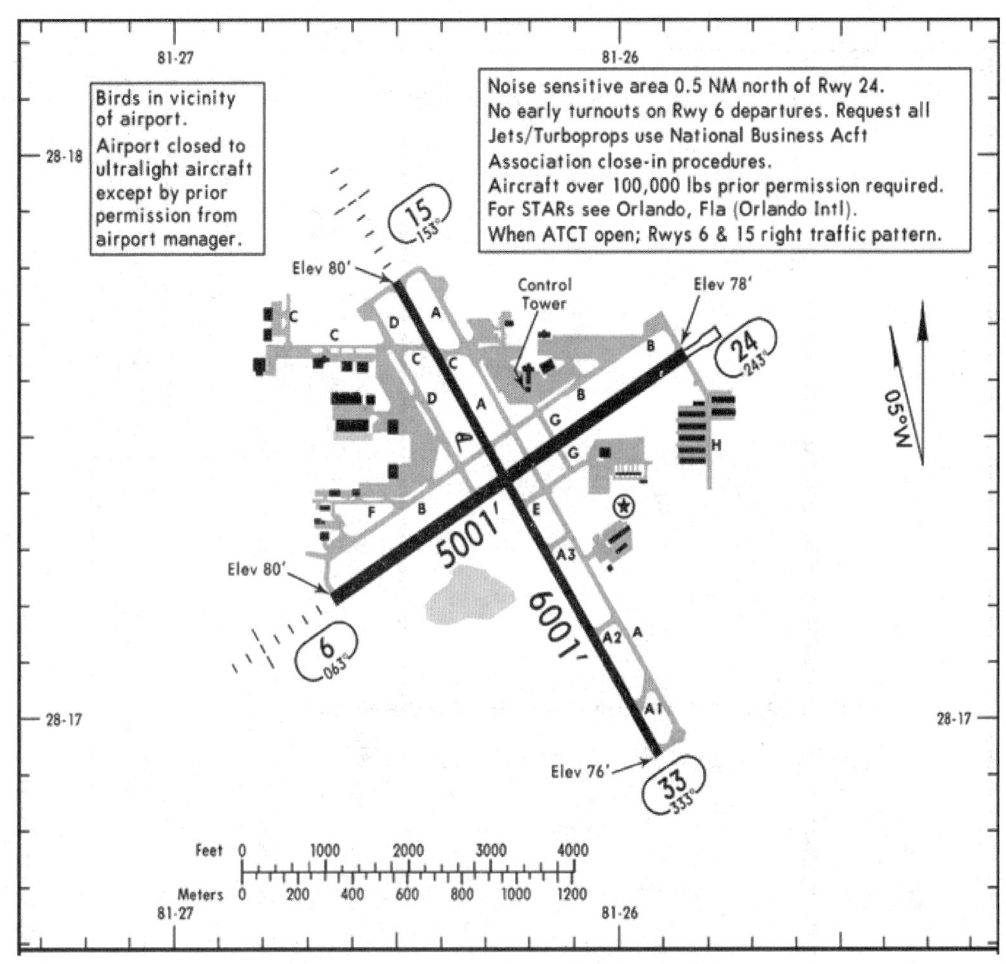

图 2.7 基西米机场图的平面图

为便于飞行员在飞机起飞滑跑时检查航向指示器，在跑道中心延长线上标注了跑道编号和跑道磁航向。在跑道端和跑道中部分别标注了跑道入口标高和跑道的长度。从图 2.7 中可见，基西米机场共有 2 条跑道，相应的跑道号和磁航向分别为 6 号跑道、磁航向 063°，24 号跑道、磁航向 243°，15 号跑道、磁航向 153°，33 号跑道、磁航向 333°。6 号跑道和 24 号跑道的长度为5 001 ft，跑道入口标高分别为 80 ft 和 78 ft；15 号和 33 号跑道的长度为 6 001 ft，跑道入口标高分别为 80 ft 和 76 ft。

如果跑道入口内移，在平面图上要有标注。停止道供飞机起飞过程中，中断起飞减速时使用。停止道的宽度至少与跑道相同。另外，在平面图中用不同的图形标绘不同的跑道道面，包括铺筑道面、未铺筑道面、穿孔钢板道面、水上道面和施工道面等。

(3) 滑行道和停机坪

滑行道用于连接机场跑道和停机坪，其中心线为连续的黄色线条，方便飞行员识别与使用。在机场图上，为了与深黑色标绘的跑道相区分，用浅灰色来标绘滑行道和停机坪，并在滑行道旁边标注编号；对于永久关闭的滑行道，用一串浅灰色的叉号来表示。有的机场图的滑行道还标示出停止排灯和Ⅱ类/Ⅲ类等待位置。图 2.7 中的 A1、A2、A3 等为滑行道的编号。

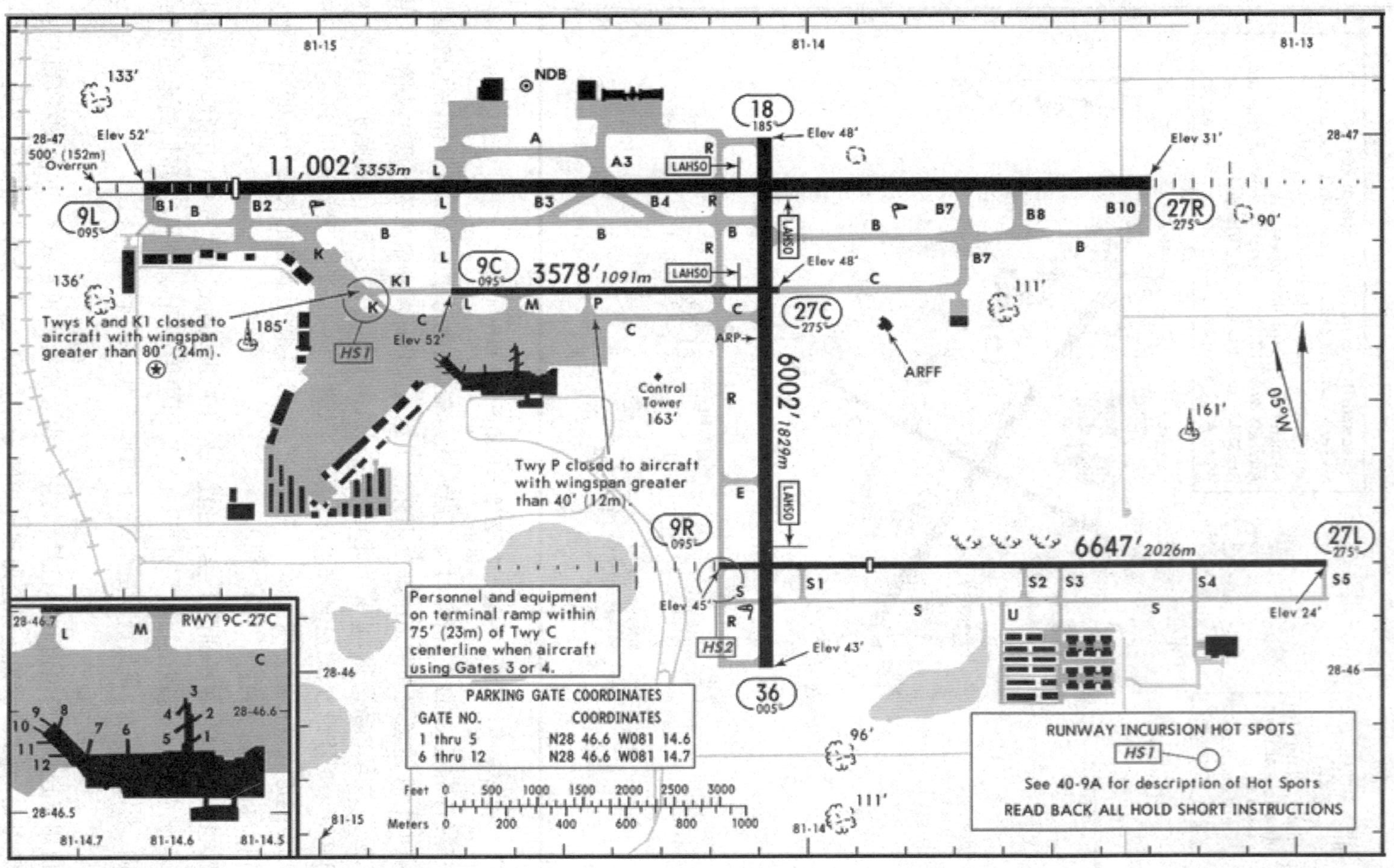

图2.8　桑福德机场图的平面图

(4) 机场设施

机场内的主要建筑物以及机场设施以不同的符号标绘在机场图的平面图中,包括各类建筑物、机场基准点、机场灯标、机场内的导航设施、跑道视程测量仪、风向袋、T 字布、角锥形风标等。图 2.7 中,15 号跑道附近标注了风向袋。

(5) 灯光和灯标

机场图上的主要灯光符号有进近灯光和灯标。进近灯光根据其在机场的实际构型在机场图上标绘,包括有顺序闪光灯的进近灯光系统(ALSF-Ⅰ)、有顺序闪光灯和最后 1 000 ft 有红色翼排灯的进近灯光系统(ALSF-Ⅱ)、有对准跑道指示灯的中强度进近灯光系统(MALSR)、有顺序闪光灯的中强度进近灯光系统(MALSF)、全向进近灯光系统(ODALS)、跑道对准指示灯光(RAIL)等。图 2.7 中,6 号跑道和 15 号跑道端安装有顺序闪光灯的中强度进近灯光系统。

机场图的平面图上除了标绘进近灯光以外,还标绘灯标和各种人工和天然地标。人工地标主要包括建筑物、塔、不明建筑物、铁路、公路、电线杆、有灯光的电线杆等;天然地标包括悬崖、树林和标高点等,如图 2.8 所示。图 2.7 和图 2.8 中都标绘了机场识别灯标。

(6) 注释说明

机场图的平面图中除了上述符号与信息以外,根据机场具体情况可能会包含与跑道和滑行道等相关内容的注释说明。图 2.7 中,基西米机场平面图中左上角方框中注释说明的含义为:"机场附近有鸟;超轻型飞机不能在该机场起降,除非预先得到机场管理员的批准。"右上角长方形的框中给出的注释说明包括机场噪声、机型、跑道及离场与进场程序等多个方面。

图 2.8 中滑行道的注释说明的含义为:"滑行道 K1 对于翼展大于 80 ft(24 m)的航空器关闭;滑行道 P 对于翼展大于 40 ft(12 m)的航空器关闭";另外,还给出了停机位的地理位置坐标和跑道入侵危险地区的说明等。

2.2.3　附加跑道信息

如果在机场图平面图上因为空间有限,难以标绘全部需要的机场信息,则此时可以将部分信息以附加信息的形式标注在附加跑道信息栏内。附加跑道信息栏中提供机场图的平面图中标绘的每一条跑道的附加信息。具体内容包括灯光系统和设施,以及跑道的可用长度、跑道宽度和跑道限制的注释等。具体信息如图 2.9 和图 2.10 所示。

1. 灯光系统和设施

灯光系统主要包括跑道灯光系统和进近灯光系统。跑道灯光系统包括高强度跑道灯(HIRL)、跑道中线灯(CL)、接地地带灯(TDZ)和快速脱离道灯(HST)等。进近灯光系统主要包括 ALSF-Ⅰ、ALSF-Ⅱ、MALSR、PAPI、MALSF、ODALS、RAIL 等。

当特定跑道安装有测量跑道视程的设备时,在机场图的附加跑道信息部分就会标注"RVR",不带识别字母或编号。平面图中的跑道视程测量仪符号可能会带识别字母或编号。一般情况下,跑道视程测量仪安装在接地地带、跑道中点或跑道末端。如图 2.9 所示,进近灯光系统包括中强度跑道边灯(MIRL)、有顺序闪光灯的中强度进近灯光系统(MALSF)和精密进近航道指示器(PAPI)。

2. 跑道可用长度

当跑道可用长度不同于机场平面图中标注的长度时,应在附加跑道信息栏中列出特定条件下的可用长度。如果为空白栏,则表示跑道可用长度与平面图中提供的跑道长度一致。如

ADDITIONAL RUNWAY INFORMATION					
		USABLE LENGTHS			
		LANDING BEYOND			
RWY		Threshold	Glide Slope	TAKE-OFF	WIDTH
6	❶ MIRL ❷ MALSF ❷❸ PAPI-L grooved				150′
24	❶ MIRL ❷ PAPI-L grooved				
15	❶ MIRL ❷ MALSF ❷❸ PAPI-L grooved		5061′		100′
33	❶ MIRL ❷❸ PAPI-L grooved				

❶ Preset to low intensity dusk-2200 LT.
Activate and increase intensity on 124.45 after 2200 LT.
❷ Activate on 124.45.
❸ Angle 3.0°

图 2.9 基西米机场图的附加跑道信息

ADDITIONAL RUNWAY INFORMATION						
		USABLE LENGTHS				
		LANDING BEYOND				
RWY		Threshold	Glide Slope	LAHSO Distance	TAKE-OFF	WIDTH
9L ❶	❷ HIRL MALSR ❷ PAPI-L (angle 3.0°) grooved	10,002′ 3048m	8930′ 2722m	18/36 5500′ 1676m		150′ 46m
27R	❷ HIRL MALSR ❷ PAPI-R (angle 3.0°) grooved		9945′ 3031m			

❶ Primary runways for air carrier operations.
❷ Activate on 120.3 when Twr inop.

RWY		Threshold	Glide Slope	LAHSO Distance	TAKE-OFF	WIDTH
9C ❸	HIRL REIL ❹ PAPI-L (angle 4.0°)			18/36 3150′ 960m		75′ 23m
27C	HIRL ❹ PAPI-L (angle 3.0°)					

❸ Non-air carrier use only.
❹ Activate on 120.3 when Twr inop.

RWY		Threshold	Glide Slope	LAHSO Distance	TAKE-OFF	WIDTH
9R ❺	❻ HIRL MALSR REIL ❻ PAPI-L (angle 3.0°)	5000′ 1524m	4007′ 1221m			75′ 23m
27L	❻ HIRL REIL ❻ PAPI-L (angle 3.0°)	❼ 6132′ 1869m				

❺ Non-air carrier use only.
❻ Activate on 120.3 when Twr inop.
❼ Last 515′ is unavailable for landing distance computations.

RWY		Threshold	Glide Slope	LAHSO Distance	TAKE-OFF	WIDTH
18 ❽	❾ MIRL REIL ❾ PAPI-L (angle 3.0°) grooved	5956′ 1815m		9R/27L 4600′ 1402m		150′ 46m
36				9L/27R 5170′ 1576m		

❽ Primary runways for air carrier operations.
❾ Activate on 120.3 when Twr inop.

图 2.10 桑福德机场图的附加跑道信息

果标注“NA”,则表示该跑道不允许用于起飞或着陆。如果跑道起飞长度有限制,则会在附加跑道信息的“TAKE-OFF”一列中列出,表明从起飞滑跑开始点到可用起飞道面结束点之间的距离。如果图中的“TAKE-OFF”一栏为空白,则说明起飞可用长度与平面图中公布的跑道长度一致。图 2.9 中,只有 15 号跑道在正切下滑台着陆以后的可用长度与平面图中标注的跑道长度不一致，为 5 061 ft；其他情况下，飞机在跑道入口着陆以后或在正切下滑台着陆以后的可用长度与平面图中标注的跑道长度一致。

对于某一机型来说，只有当跑道可用长度满足一定的要求时，飞行学员才可以做“Touch and Down”的飞行训练。

3. 跑道宽度

跑道宽度位于附加跑道信息的最后一列，了解机场跑道的宽度可以帮助飞行员补偿错觉。当在较宽的跑道着陆时，飞行员容易产生偏低的错觉，容易导致着陆目测高而重着陆；当在较窄的跑道着陆时，飞行员则容易产生偏高的错觉，下降高度时可能会导致低高度进近而危及飞行安全。图 2.9 中，6 号和 24 号跑道的宽度为 150 ft，15 号和 33 号跑道的宽度为 100 ft。

4. 跑道限制注释

跑道限制的注释位于附加跑道信息的下方，根据跑道具体情况以黑底圆圈加白色数字标注。如图 2.9 所示，注释❶的含义为 6 号跑道、24 号跑道、15 号跑道和 33 号跑道的中强度跑道边灯在当地时间 22:00 预先设置设低强度；当地时间 22:00 以后，飞行员通过 124.45 MHz 控制和提高机场灯光强度。注释❷的含义为飞行员通过 124.45 MHz 控制机场灯光强度。注释❸的含义为下滑角度为 3.0°。PAPI-L 表示精密进近航道指示器安装在跑道的左侧，各跑道均刻槽。

图 2.10 为桑福德国际机场的附加跑道信息，该部分内容比基西米机场的附加跑道信息多。其中，9L 跑道和 27R 跑道的灯光系统包括高强度跑道灯（HIRL）、有对准跑道指示灯的中强度进近灯光系统（MALSR）、精密进近航道指示器（PAPI）、跑道刻槽。其中 9L 跑道的 PAPI 安装在跑道左侧，27R 跑道的 PAPI 安装在跑道右侧，下滑角均为 3.0°；9C 跑道安装有高强度跑道灯（HIRL）、跑道末端识别灯（REIL）、精密进近航道指示器（PAPI），并且 PAPI 安装在跑道左侧，下滑角为 4.0°；27C 跑道安装有高强度跑道灯、精密进近航道指示器，PAPI 安装在跑道的左侧，下滑角为 3.0°；9R 跑道安装有高强度跑道灯、有对准跑道指示灯的中强度进近灯光系统、跑道末端识别灯、精密进近航道指示器，PAPI 安装在跑道的左侧，下滑角为3.0°；27L 跑道安装有高强度跑道灯、跑道末端识别灯、精密进近航道指示器，PAPI 安装在跑道的左侧，下滑角为 3.0°；18 号跑道和 36 号跑道刻槽，安装有中强度跑道边灯（MIRL）、跑道末端识别灯（REIL）、精密进近航道指示器，并且 PAPI 安装在跑道的左侧，下滑角为 3.0°。

9L 跑道在入口着陆的可用长度为 10 002 ft(3 048 m)，正切下滑台着陆以后的可用长度为 8 930 ft(2 722 m)；27R 跑道正切下滑台着陆以后的可用长度为 9 945 ft(3 031 m)；9R 跑道在入口着陆的可用长度为 5 000 ft(1 524 m)，正切下滑台着陆以后的可用长度为 4 007 ft (1 221 m)；27L 跑道在入口着陆的可用长度为 6 132 ft(1 869 m)；18 号跑道在入口着陆的可用长度为 5 956 ft(1 815 m)。

9L 跑道、27R 跑道、18 号跑道和 36 号跑道的宽度均为 150 ft(46 m)，9C 跑道、27C 跑道、9R 跑道和 27L 跑道的宽度均为 75 ft(23 m)。

各跑道限制的注释含义如下：

注释 1:9L 跑道和 27R 跑道主要为航空运输业务使用；

注释 2、4、6、9:塔台不工作时飞行员通过调谐 120.3 MHz 控制灯光，但要注意与跑道相对应；

注释 3:9C 跑道和 27C 跑道仅适用于非航空运输业务；

注释 5:9R 跑道和 27L 跑道仅适用于非航空运输业务；

注释 7:27L 跑道着陆距离计算时最后 515 ft 不可用；

注释8:18跑道和36跑道主要为航空运输业务使用。

2.2.4 起飞和备降最低标准

起飞和备降最低标准位于机场图的最底部,包括起飞最低标准、障碍物离场程序和备降最低标准三部分。

1. 起飞最低标准

起飞最低标准列出了起飞时必须达到的跑道视程和能见度,以确保起飞滑跑过程获得目视引导。一般情况下,杰普逊机场图上都标注起飞最低标准。

起飞最低标准可以分为标准起飞的最低标准、低于标准起飞的最低标准和高于标准起飞的最低标准三种。标准起飞的最低标准由各国民航主管部门规定,不考虑灯光或其他助航设施。低于标准的起飞最低标准根据不同的跑道标志、灯光以及RVR进行公布,在机场图起飞最低标准的各数据栏标题中列出各种限制条件。高于标准的起飞最低标准根据超障要求或其他因素进行公布。

基西米机场图的起飞和备降最低标准部分如图2.11所示。图中包括起飞最低标准和备降最低标准两部分。从起飞最低标准部分可见,15号跑道、24号跑道和33号跑道1、2发飞机标准起飞最低标准能见度为1 mile,3、4发飞机标准起飞最低标准能见度为(1/2) mile;取得足够目视参考的各类飞机起飞最低标准为(1/4) mile。其他情况下,6号跑道起飞最低标准为云高300 ft,能见度为1 mile。

TAKE-OFF				FOR FILING AS ALTERNATE Authorized Only When Local Weather Available		
	Rwys 15, 24, 33		Rwy 6			
	Adequate Vis Ref	STD			ILS Rwy 15	LOC Rwy 15 RNAV(GPS) Rwy 6 RNAV (GPS) Rwy 15 RNAV(GPS) Rwy 33 VOR DME-A
1 & 2 Eng	1/4	1	300-1	A B C D	600-2	800-2
3 & 4 Eng		1/2				

图2.11 基西米机场起飞和备降最低标准

2. 障碍物离场程序

障碍物离场程序帮助飞行员在非雷达管制条件下,从机场到航路的过渡过程中保持必需的超障余度,一般只标注在按照特定标准设计的美国机场图中。对于离场爬升时对超障有特殊要求的机场,在起飞最低标准的下方用文字标注出障碍物离场程序。如图2.12所示,桑福德机场图的起飞备降最低标准中的"OBSTACLE DP"为本机场的障碍物离场程序,图中列出了飞机从27R跑道、27C跑道、27L跑道和36跑道起飞离场时应该保持的航向和爬升的高度。

3. 备降最低标准

当目的地机场的天气条件低于民航主管部门制定的标准时,必须在飞行计划中列出一个

TAKE-OFF & OBSTACLE DEPARTURE PROCEDURE		
	All Rwys	
	Adequate Vis Ref	STD
1 & 2 Eng	1/4	1
3 & 4 Eng	1/4	1/2

OBSTACLE DP

Rwy 27R, 27C, climb via heading 275° to 900′ before proceeding northbound.
Rwy 27L, climb via heading 275° to 800′ before proceeding northbound.
Rwy 36, climb via heading 005° to 2000′ before proceeding on course.

FOR FILING AS ALTERNATE				
	Authorized Only When Tower Operating			Authorized Only When Local Weather Available
	Authorized Only When Local Weather Available			
	ILS Rwy 9L ILS Rwy 9R ILS Rwy 27R	LOC Rwy 9L LOC Rwy 9R LOC Rwy 27R	NDB-B NDB-C	RNAV (GPS) Rwy 9L RNAV (GPS) Rwy 9R RNAV (GPS) Rwy 18 RNAV (GPS) Rwy 27L RNAV (GPS) Rwy 27R
A B C D	600-2	800-2	800-2	800-2

图 2.12　桑福德机场起飞备降最低标准

备降机场。备降最低标准用于选择备降机场时确定所需的云高和能见度。在美国的机场图中直接公布填报备降机场时所需要达到的云高和能见度最低标准。如图 2.11 所示，当地气象信息可用时，填报基西米机场作为备降机场，向 15 跑道实施 ILS 进近时，A、B、C、D 四类航空器需满足的备降最低标准为云高 600 ft，能见度 2 mile；向 15 跑道实施 LOC 进近，向 6 跑道、15 跑道和 33 跑道实施区域导航（GPS）进近、VOR DME－A 进近时，A、B、C、D 四类航空器需满足的备降最低标准为云高 800 ft，能见度 2 mile。

2.3　机场图的识读与应用

在前面章节讲述机场图的基本布局和具体信息的基础上，本节结合具体的机场图实例来帮助读者进一步加深对机场图信息的理解，以便于在飞行运行中正确应用。

2.3.1　奇科机场图

1. 机场概述

奇科机场（英文名称：Chico Municipal Airport，IATA 三字代码：CIC；ICAO 四字代码：KCIC）是位于美国加利福尼亚州比尤特县奇科（CHICO）市中心以北 4 mile（6 km）处的公共机场，占地面积为 1 475 acre（6 km^2）。机场内有两条跑道和一个直升机场。该机场主要用于通用航空，但也有一家商业航空公司。机场的运营商 Northgate Aviation 提供燃料、维修服务、航班培训和租赁航班。机场所在城市奇科（CHICO）为北加州城市，人口 10 万，环境良好，又名“树木之城”。机场距离旧金山约 200 km。城市居民以白人居多。经济依靠市内啤酒厂、医院和州立大学。有人笑谈到，所有能让人过敏的植物都聚集在这个城市里了。奇科所在的地区属于典型的地中海气候。夏季气温往往在华氏 100 ℉以上，夏季干燥无雨。冬季一般比较温和湿润，几乎不会下雪，雨水较多，年平均降雨量为 26.04 in（661 mm）。另外，该机场在秋冬季节会有多雾天气。

2. 奇科机场图的识读

奇科机场图如图 2.13 所示，图中各标注的含义如下所述。

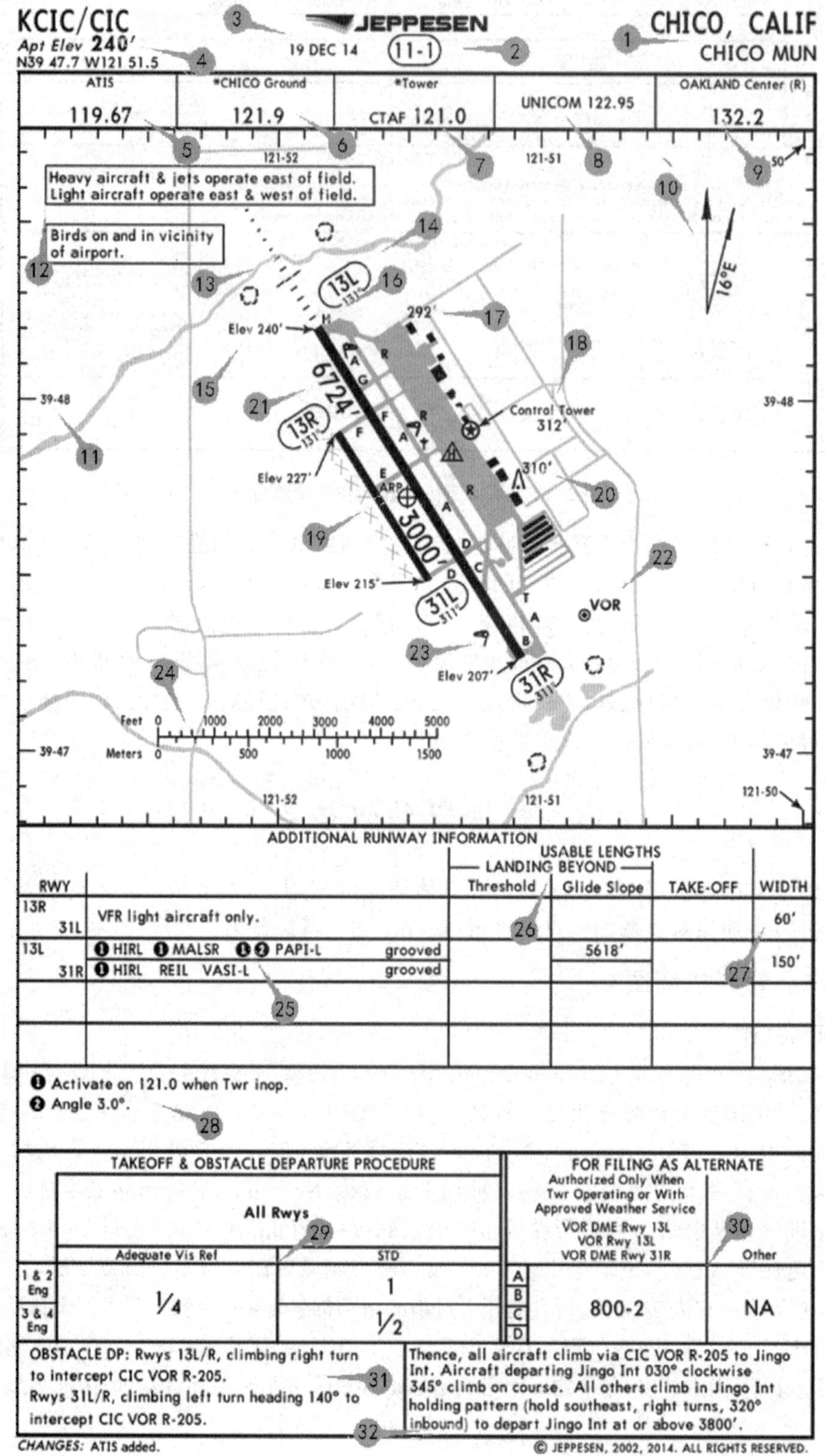
KCIC/CIC
Apt Elev 240′
N39 47.7 W121 51.5
JEPPESEN
19 DEC 14
11-1
CHICO, CALIF
CHICO MUN
ATIS 119.67
*CHICO Ground 121.9
*Tower CTAF 121.0
UNICOM 122.95
OAKLAND Center (R) 132.2
Heavy aircraft & jets operate east of field.
Light aircraft operate east & west of field.
Birds on and in vicinity of airport.
121-52
121-51
121-50
39-48
39-47
16°E
13L
131°
13R
131°
31L
311°
31R
311°
Elev 240′
Elev 227′
Elev 215′
Elev 207′
292′
Control Tower 312′
310′
6724′
3000′
ARP
VOR
Feet 0 1000 2000 3000 4000 5000
Meters 0 500 1000 1500
ADDITIONAL RUNWAY INFORMATION
USABLE LENGTHS
LANDING BEYOND
RWY
Threshold
Glide Slope
TAKE-OFF
WIDTH
13R 31L VFR light aircraft only. 60′
13L ❶ HIRL ❶ MALSR ❶❷ PAPI-L grooved 5618′
31R ❶ HIRL REIL VASI-L grooved 150′
❶ Activate on 121.0 when Twr inop.
❷ Angle 3.0°.
TAKEOFF & OBSTACLE DEPARTURE PROCEDURE
All Rwys
Adequate Vis Ref
STD
1 & 2 Eng 1/4 1
3 & 4 Eng 1/2
FOR FILING AS ALTERNATE
Authorized Only When Twr Operating or With Approved Weather Service
VOR DME Rwy 13L
VOR Rwy 13L
VOR DME Rwy 31R
Other
A B C D 800-2 NA
OBSTACLE DP: Rwys 13L/R, climbing right turn to intercept CIC VOR R-205.
Rwys 31L/R, climbing left turn heading 140° to intercept CIC VOR R-205.
Thence, all aircraft climb via CIC VOR R-205 to Jingo Int. Aircraft departing Jingo Int 030° clockwise 345° climb on course. All others climb in Jingo Int holding pattern (hold southeast, right turns, 320° inbound) to depart Jingo Int at or above 3800′.
CHANGES: ATIS added.
© JEPPESEN, 2002, 2014. ALL RIGHTS RESERVED.

图 2.13　奇科机场图

标注 1：机场所在的地名为奇科，加利福尼亚州；机场名称为奇科市立机场。

标注 2：机场图的索引号。

标注 3：该机场图的修订日期为 2014 年 12 月 19 日，没有给出具体生效日期，表明收到时生效。

标注 4：机场识别代码、机场标高及 ARP 的坐标。该机场 ICAO 四字识别代码为 KCIC，IATA 三字识别代码为 CIC，机场标高为 240 ft。ARP 的坐标为北纬 39°47.7′，西经 121°51.5′。

标注 5：自动终端情报服务频率为 119.67 MHz。

标注 6：地面管制频率为 121.9 MHz，“＊”号代表部分时段工作。

标注 7：塔台及塔台关闭后的共用交通咨询频率为 121.0 MHz，部分时段工作。

标注 8：航空资讯服务频率为 122.95 MHz。

标注 9：奥克兰中心管制频率为 132.2 MHz，为奇科机场的进近和离场管制频率。

标注 10：本机场磁差为“＋16°”。

标注 11：经纬度网格。

标注 12：注释说明表明重型飞机和喷气机在机场东面活动（主要是跑道原因），轻型飞机在机场东西面都可以活动；机场及其附近有鸟。

标注 13：进近灯光系统示意图。

标注 14：跑道编号和磁航向，13L 跑道，跑道磁航向为 131°。

标注 15：13L 跑道的跑道入口标高为 240 ft。

标注 16：滑行道标志。

标注 17：建筑物标高为 292 ft。

标注 18：管制塔台及塔台标高为 312 ft。

标注 19：机场基准点，代表该机场的地理位置。

标注 20：未判明的建筑物标高为 310 ft。

标注 21：13L 跑道和 31R 跑道的长度为 6 724 ft。

标注 22：机场内的 VOR 导航台。

标注 23：风袋。

标注 24：机场图的图解比例尺。

标注 25：各不同跑道安装的进近灯光及跑道灯光系统的情况。13R 跑道和 31L 跑道仅适用于 VFR 轻型飞机；13L 跑道安装有 HIRL、MALSRHE 和 PAPI，且 PAPI 安装在跑道左侧；31R 跑道安装有 HIRL、REIL 和 VASI，且 VASI 安装在跑道左侧。

标注 26：跑道可用长度。13L 跑道在入口着陆以后的可用长度为 5 618 ft。

标注 27：跑道宽度。13R 和 31L 跑道的宽度为 60 ft，13L 跑道和 31R 跑道的宽度为 150 ft。

标注 28：注释说明。当塔台关闭后，飞行员通过调谐 121.0 MHz 控制机场灯光，下滑角度为 3.0°。

标注 29：取得足够目视参考的起飞最低标准能见度为(1/4) mile；1、2 发飞机标准起飞最低标准能见度为 1 mile，3、4 发飞机标准起飞最低标准能见度为(1/2) mile。

标注 30：该机场只有在塔台工作时或者被批准天气服务时才可以作为备降机场，向 13L 跑道和 31R 跑道实施 VOR 进近或者向 31R 跑道实施 VOR DME 进近时，云高最低为 800 ft，能见度最低为 2 mile。

标注 31～32:障碍物离场程序。13L 跑和 13R 跑道爬升右转切入 CIC VOR 205°径向线。31L 跑道和 31R 跑道爬升左转航向 140°切入 CIC VOR 205°径向线。所有飞机沿 205°径向线爬升到 JINGO 交叉定位点,所有飞机离开 JINGO 定位点,航向从 030°顺时针转向至 345°,切到航路上。爬升至 Jingo 定位点的飞机,飞越 Jingo 定位点时的高度至少为 3 800 ft。

2.3.2 雷丁机场图

1. 雷丁机场概述

雷丁机场(英文名称 Redding Municipal Airport,机场 IATA 三字代码为 RDD;ICAO 四字代码为 KRDD)位于美国加利福尼亚州雷丁市东南 10 km。雷丁机场主要是用于通用航空,而且也是由两个商业航空公司运营。机场占地 641 hm^2,有 2 条沥青跑道,平均每天有 211 次航班。目前机场正准备扩建,包括航站楼、滑行道、安全缓冲区。机场航班由地平线航空公司和美国联合快运提供。

2. 雷丁机场图的识读

雷丁机场图如图 2.14 所示,图中各标注的含义如下所述。

标注 1:机场所在地名为雷丁,加利福尼亚州,机场名称为雷丁市立机场。

标注 2:该机场图的索引号。

标注 3:雷丁机场图的修订日期为 2013 年 6 月 21 日。

标注 4:机场代码、机场标高及 ARP 的坐标。ICAO 四字识别代码为 KRDD;IATA 三字识别代码为 RDD。机场标高为 505 ft,机场基准点的地理位置坐标为北纬 40°30.5′,西经 122°17.6′。

标注 5:通信频率。自动终端情报服务频率为 124.1 MHz,雷丁地面管制频率为 121.7 MHz(部分时段工作),塔台及共用交通咨询频率为 119.8 MHz(部分时段工作),航空咨询服务频率为 122.95 MHz,奥克兰中心管制频率为 132.2 MHz(雷达可用)。

标注 6:经纬度网格。

标注 7:磁差为“+18°”。

标注 8:注释说明。在本机场提供美国森林服务,在防火期会出现空中消防飞机。

标注 9:跑道号 16 及磁航向 162°。

标注 10:16 跑道和 34 跑道的长度为 7 003 ft。

标注 11:机场基准点。

标注 12:机场内的 VOR 导航设施。

标注 13:障碍物(树林)的高度为 565 ft。

标注 14:进近灯光系统。

标注 15:图解比例尺。

标注 16:不同跑道安装的跑道灯光及进近灯光系统。

标注 17:跑道可用距离。飞机从 34 跑道正切下滑台着陆以后的可用长度为 6 003 ft(跑道全长为 7003 ft)。

标注 18:各跑道宽度均为 150 ft。

标注 19:塔台关闭后,飞行员调谐频率为 119.8 MHz,下滑道角度为 3.00°。

标注 20～21:起飞最低标准。取得足够目视参考的起飞最低标准为能见度(1/4) mile,标准起飞最低标准能见度要求为 1、2 发飞机 1 mile,3、4 发飞机(1/2) mile。

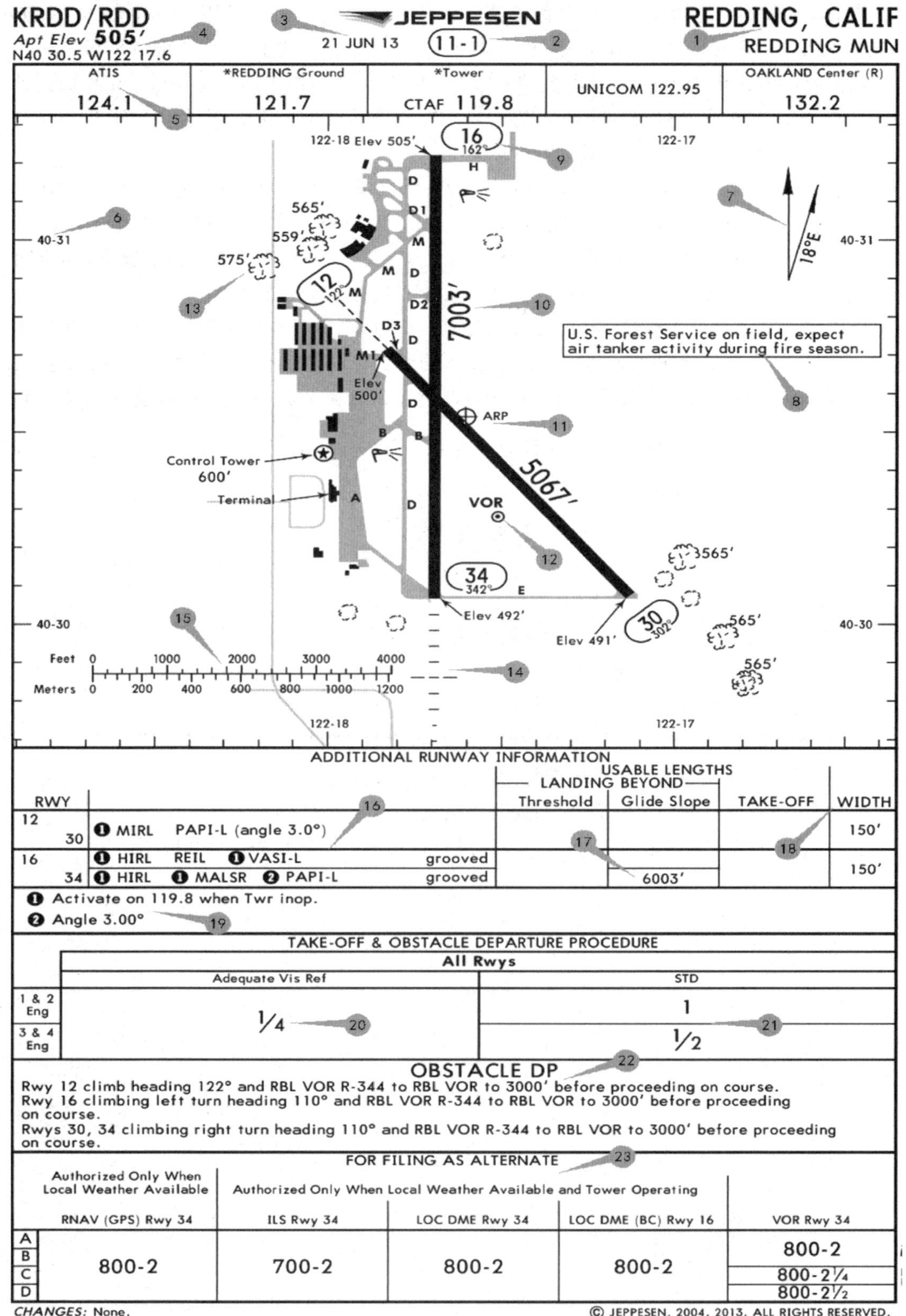

ATIS	*REDDING Ground	*Tower		OAKLAND Center (R)
124.1	121.7	CTAF 119.8	UNICOM 122.95	132.2

ADDITIONAL RUNWAY INFORMATION

RWY		USABLE LENGTHS LANDING BEYOND Threshold	Glide Slope	TAKE-OFF	WIDTH
12 / 30	❶ MIRL　PAPI-L (angle 3.0°)				150′
16	❶ HIRL　REIL　❶ VASI-L　grooved				150′
34	❶ HIRL　❶ MALSR　❷ PAPI-L　grooved		6003′		

❶ Activate on 119.8 when Twr inop.
❷ Angle 3.00°

TAKE-OFF & OBSTACLE DEPARTURE PROCEDURE

	All Rwys	
	Adequate Vis Ref	STD
1 & 2 Eng	1/4	1
3 & 4 Eng		1/2

OBSTACLE DP

Rwy 12 climb heading 122° and RBL VOR R-344 to RBL VOR to 3000′ before proceeding on course.
Rwy 16 climbing left turn heading 110° and RBL VOR R-344 to RBL VOR to 3000′ before proceeding on course.
Rwys 30, 34 climbing right turn heading 110° and RBL VOR R-344 to RBL VOR to 3000′ before proceeding on course.

FOR FILING AS ALTERNATE

	Authorized Only When Local Weather Available	Authorized Only When Local Weather Available and Tower Operating			
	RNAV (GPS) Rwy 34	ILS Rwy 34	LOC DME Rwy 34	LOC DME (BC) Rwy 16	VOR Rwy 34
A	800-2	700-2	800-2	800-2	800-2
B	800-2	700-2	800-2	800-2	800-2
C	800-2	700-2	800-2	800-2	800-2¼
D	800-2	700-2	800-2	800-2	800-2½

CHANGES: None.　

图 2.14　雷丁机场图

标注22:障碍物离场程序。12号跑道离场保持122°航向,沿着KRBL VOR台344°径向线飞向RBL VOR台,高度爬升至3 000 ft再回到计划好的航线上。16号跑道离场左转至110°航向,沿着KRBL VOR台344°径向线飞向RBL VOR台,高度爬升至3 000 ft再回到计划好的航迹上。30号和34号跑道离场右转110°航向,并沿着KRBL VOR台344°径向线飞向RBL VOR,直到3 000 ft再回到计划好的航迹上。

标注23:备降最低标准。填报雷丁机场作为备降机场,如果向34跑道实施RNAV(GPS)进近,则其云高须达到800 ft且能见度须达到2 mile(只有ATIS能用的时候才可以实施,假如塔台关闭,可以在奥克兰中心获取ATIS);在有塔台控制并且有ATIS的情况下,如果向34跑道实施ILS进近,则其云高须达到700 ft且能见度须达到2 mile。如果向34跑道实施LOC/DME进近或向16跑道实施LOC/DME(BC)进近,则其云高须达到800 ft且能见度须达到2 mile;如果向34跑道实施VOR进近,则备降最低标准与航空器的类型有关,A、B类飞机云高须达到800 ft且能见度须达到2 mile,C类飞机云高须达到800 ft且能见度须达到$2\frac{1}{4}$ mile,D类飞机云高须达到800 ft且能见度须达到$2\frac{1}{2}$ mile。

复习思考题

1. 机场图的目的和作用是什么?
2. 机场图的基本布局是怎样的?请画图说明。
3. 机场图的标题栏包含哪些基本信息?
4. 机场图的平面图包含哪些基本信息?
5. 机场图为什么要单独设置跑道附加信息?跑道附加信息包含哪些基本信息?
6. 机场图的起飞和备降最低标准包括哪些基本信息?
7. 列出机场图相关的航图简缩字,并写出英文全称和含义。
8. 结合本章附录中的图2.15~图2.21,进行机场图图面信息的识读和应用。

本章附录

图 2.15～图 2.21 为本章收录的部分杰普逊机场图。

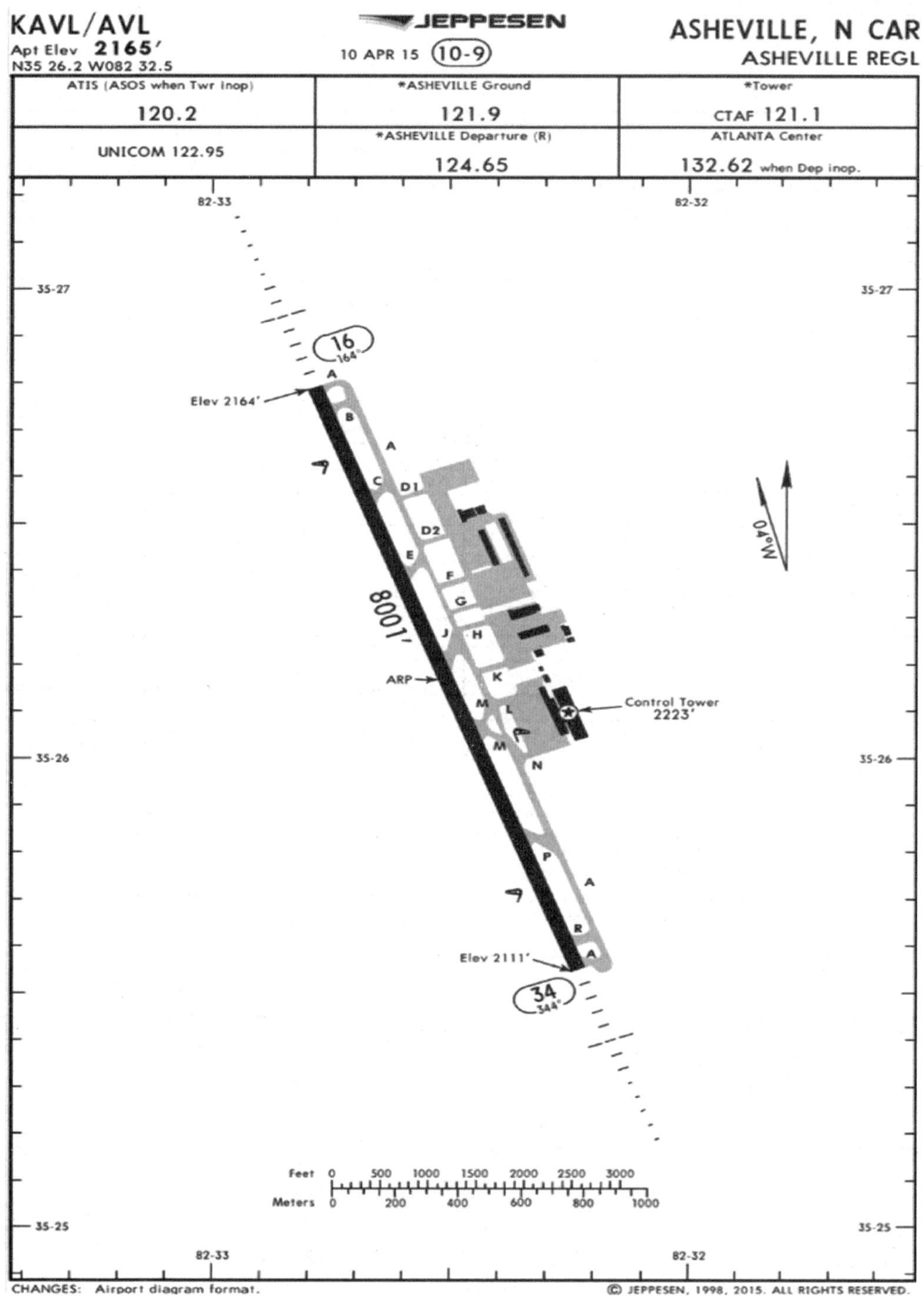

图 2.15　阿什维尔机场图的标题栏和平面图

KAVL/AVL JEPPESEN ASHEVILLE, N CAR
10 APR 15 (10-9A) ASHEVILLE REGL

GENERAL

Low-level wind shear alert system.
Rwy 34 right traffic pattern.
Birds on and in vicinity of airport.

ADDITIONAL RUNWAY INFORMATION

RWY		USABLE LENGTHS LANDING BEYOND Threshold	Glide Slope	TAKE-OFF	WIDTH
16 ❸	❶❷ HIRL CL ❷MALSR PAPI-L (angle 3.0°) RVR		6951'		150'
34	❶❷ HIRL CL ❷MALSR TDZ VASI-R RVR		7017'		

❶ Preset to off when tower closed.
❷ Increase intensity and activate on 121.1.
❸ Grooved.

TAKE-OFF & OBSTACLE DEPARTURE PROCEDURE

Rwy 16

With Mim climb of 250'/NM to 4500'					For climb in Visual Conditions
Both RVRs are required & controlling.		Adequate Vis Ref	STD		
CL & HIRL	CL, or RCLM & HIRL		3 & 4 Eng	1 & 2 Eng	
TDZ RVR 5 Rollout RVR 5	TDZ RVR 10 Rollout RVR 10	RVR 16 or 1/4	RVR 24 or 1/2	RVR 50 or 1	3600-3

Rwy 34

With Mim climb of 410'/NM to 5700'					For climb in Visual Conditions
Both RVRs are required & controlling.		Adequate Vis Ref	STD		
CL & HIRL	CL, or RCLM & HIRL		3 & 4 Eng	1 & 2 Eng	
TDZ RVR 5 Rollout RVR 5	TDZ RVR 10 Rollout RVR 10	RVR 16 or 1/4	RVR 24 or 1/2	RVR 50 or 1	3600-3

OBSTACLE DP

Rwy 16; climb heading 164° to 4500' before proceeding on course or for climb in visual conditions: cross Asheville Regl at or above 5600' MSL before proceeding on course. When executing Visual Climb Over Airport, notify ATC prior to departure.
Note: Visual Climb Over Airport not authorized at night.

Rwy 34; climb heading 344° to 5700' before proceeding on course or for climb in visual conditions: cross Asheville Regl at or above 5600' MSL before proceeding on course. When executing Visual Climb Over Airport, notify ATC prior to departure.
Note: Visual Climb Over Airport not authorized at night.

FOR FILING AS ALTERNATE

	Authorized Only When Twr Operating			Authorized Only When Local Weather Available	
	ILS Rwy 16 LOC Rwy 16	ILS Rwy 34 LOC Rwy 34	RADAR-1	RNAV (GPS) RWY 16	RNAV (GPS) RWY 34
A	800-2	800-2	900-2¾	900-2	1000-2
B	800-2	800-2	900-2¾	900-2	1000-2
C	800-2	800-2¼	900-2¾	900-2½	1000-3
D	800-2¼	800-2½	900-2¾	900-2¾	1000-3

CHANGES: Notes, lighting, additional runway information.

图 2.16 阿什维尔机场图的跑道附加信息和起飞备降最低标准

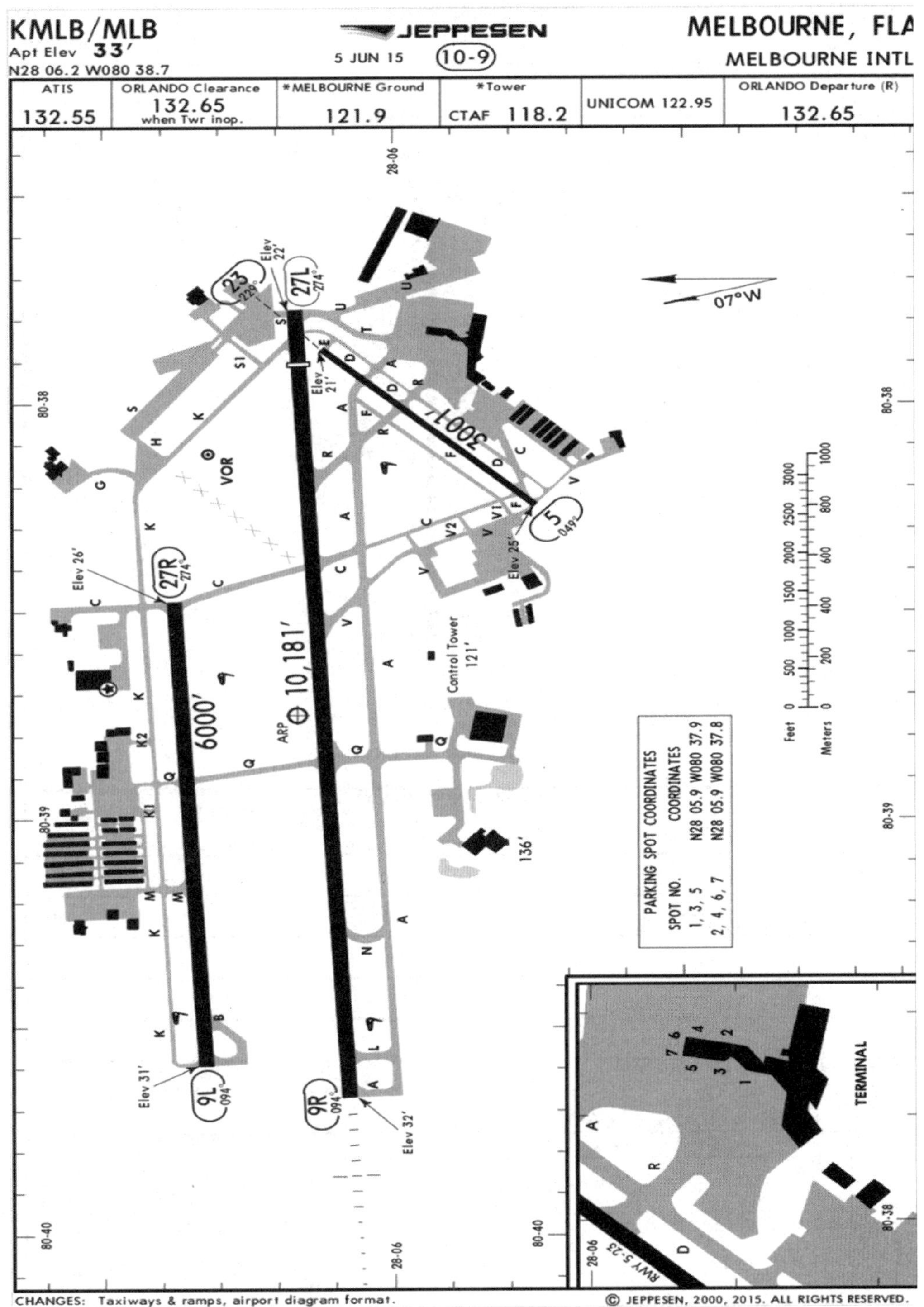
KMLB/MLB
Apt Elev 33′
N28 06.2 W080 38.7
JEPPESEN
5 JUN 15
10-9
MELBOURNE, FLA
MELBOURNE INTL
ATIS 132.55
ORLANDO Clearance 132.65 when Twr inop.
*MELBOURNE Ground 121.9
*Tower CTAF 118.2
UNICOM 122.95
ORLANDO Departure (R) 132.65
07°W
10,181′
6000′
3001′
VOR
ARP
Control Tower 121′
PARKING SPOT COORDINATES
SPOT NO. COORDINATES
1, 3, 5 N28 05.9 W080 37.9
2, 4, 6, 7 N28 05.9 W080 37.8
TERMINAL
RWY 5-23
CHANGES: Taxiways & ramps, airport diagram format.
© JEPPESEN, 2000, 2015. ALL RIGHTS RESERVED.

图 2.17　墨尔本机场图

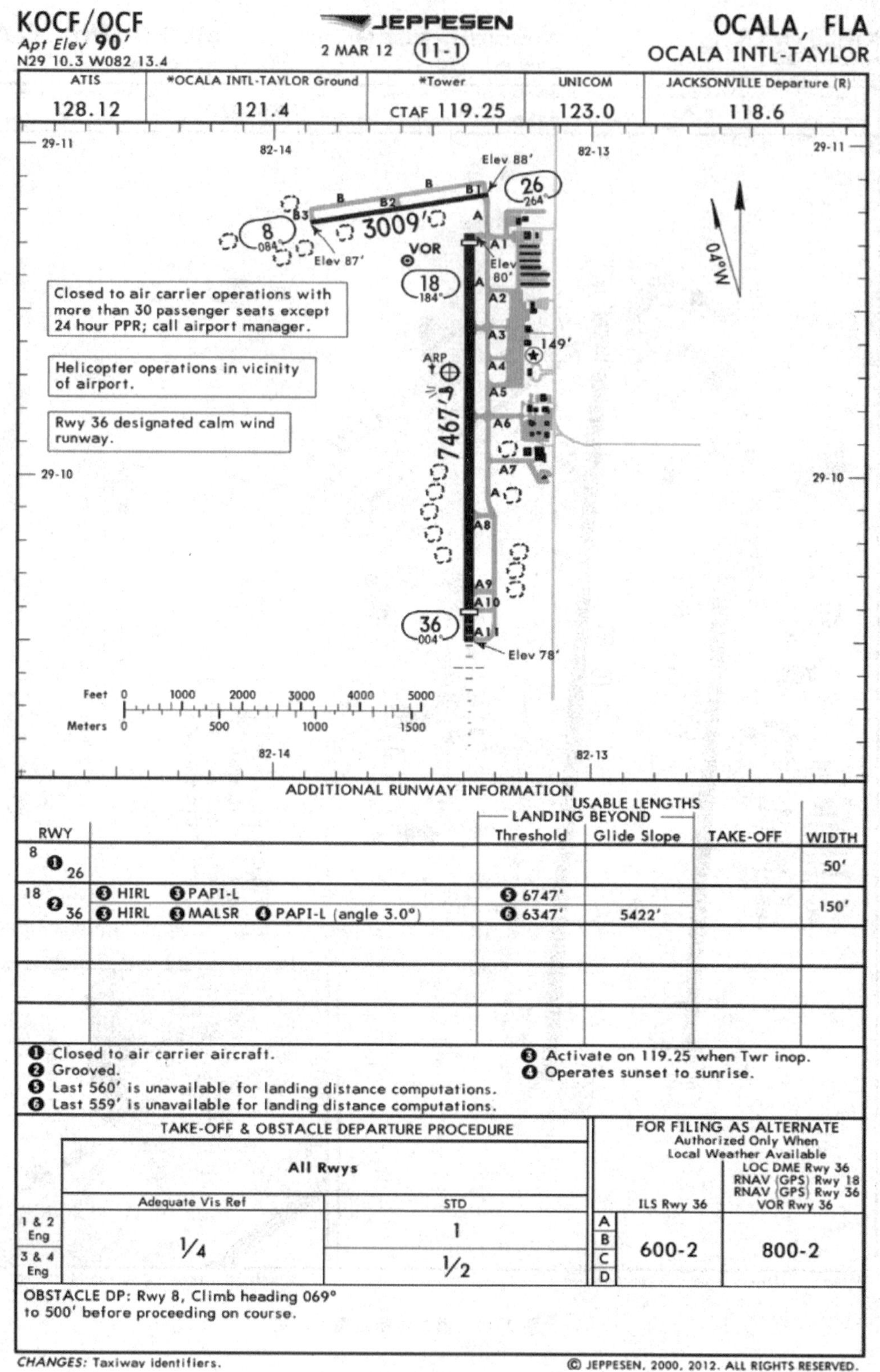
KOCF/OCF
Apt Elev 90'
N29 10.3 W082 13.4
JEPPESEN
2 MAR 12
11-1
OCALA, FLA
OCALA INTL-TAYLOR
ATIS 128.12
*OCALA INTL-TAYLOR Ground 121.4
*Tower CTAF 119.25
UNICOM 123.0
JACKSONVILLE Departure (R) 118.6
29-11
82-14
82-13
Elev 88'
26
264°
B
B1
B2
B3
A
8
084°
3009'
Elev 87'
VOR
A1
Elev 80'
18
184°
A2
A3
149'
ARP
A4
A5
A6
7467'
A7
A8
A9
A10
36
004°
A11
Elev 78'
4°W
Closed to air carrier operations with more than 30 passenger seats except 24 hour PPR; call airport manager.
Helicopter operations in vicinity of airport.
Rwy 36 designated calm wind runway.
29-10
Feet 0 1000 2000 3000 4000 5000
Meters 0 500 1000 1500
ADDITIONAL RUNWAY INFORMATION
USABLE LENGTHS
LANDING BEYOND
RWY
Threshold
Glide Slope
TAKE-OFF
WIDTH
8 ❶ 26
50'
18 ❷ 36
❸ HIRL ❸ PAPI-L
❺ 6747'
❸ HIRL ❸ MALSR ❹ PAPI-L (angle 3.0°)
❻ 6347'
5422'
150'
❶ Closed to air carrier aircraft.
❷ Grooved.
❸ Activate on 119.25 when Twr inop.
❹ Operates sunset to sunrise.
❺ Last 560' is unavailable for landing distance computations.
❻ Last 559' is unavailable for landing distance computations.
TAKE-OFF & OBSTACLE DEPARTURE PROCEDURE
All Rwys
Adequate Vis Ref
STD
1 & 2 Eng
3 & 4 Eng
1/4
1
1/2
FOR FILING AS ALTERNATE
Authorized Only When Local Weather Available
ILS Rwy 36
LOC DME Rwy 36
RNAV (GPS) Rwy 18
RNAV (GPS) Rwy 36
VOR Rwy 36
A
B
C
D
600-2
800-2
OBSTACLE DP: Rwy 8, Climb heading 069° to 500' before proceeding on course.
CHANGES: Taxiway identifiers.
© JEPPESEN, 2000, 2012. ALL RIGHTS RESERVED.

图 2.18 奥卡拉机场图

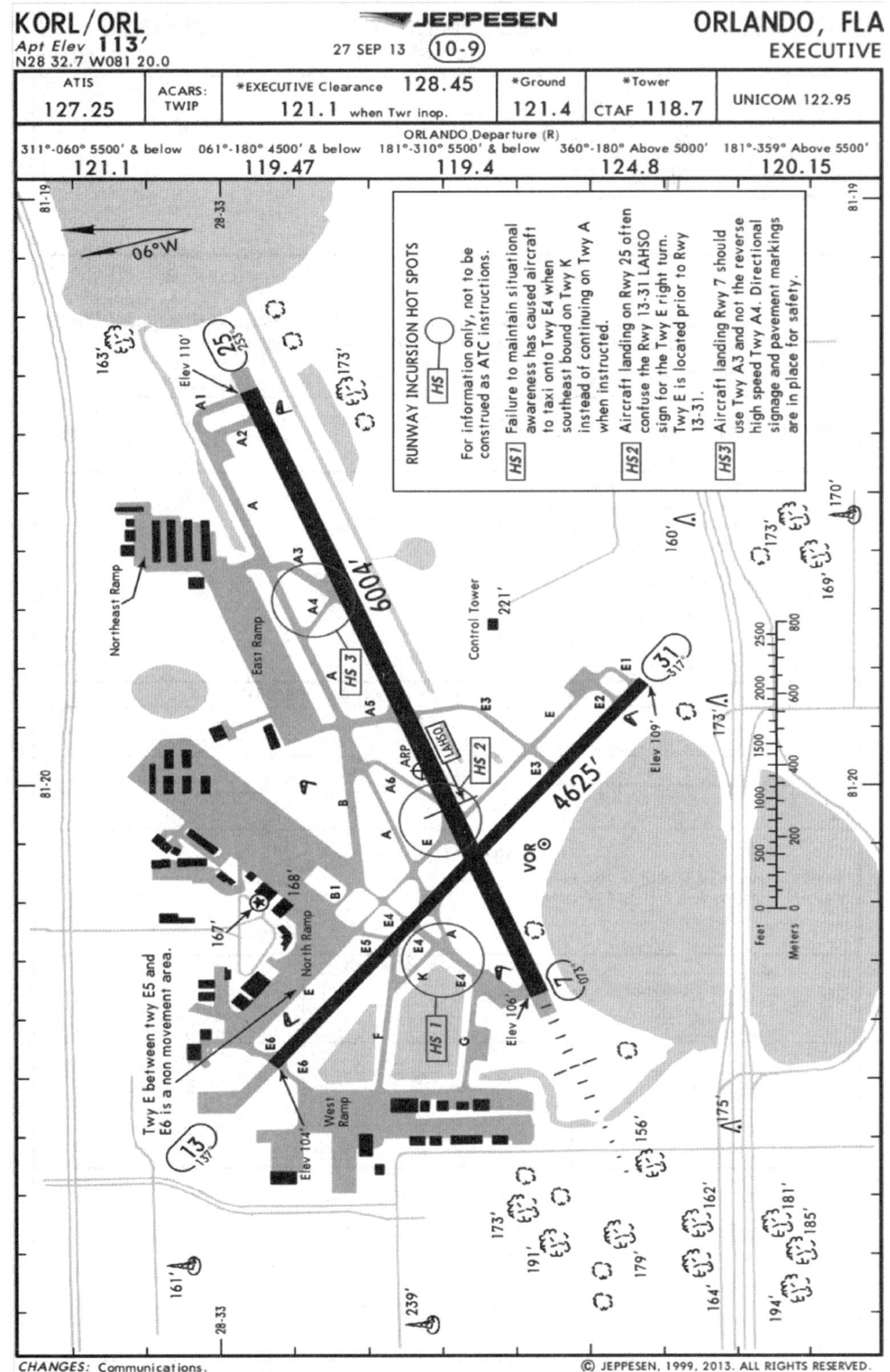

CHANGES: Communications.

图 2.19　奥兰多机场图的标题栏和平面图

KORL/ORL — JEPPESEN — ORLANDO, FLA
27 SEP 13 (10-9A) — EXECUTIVE

GENERAL

Brightly lighted highway bridge 0.5 mile south of airport could give pilots false indication of being a runway on an approach to Rwy 7 & 31 during low ceiling or poor visibility.
Prior permission required for aircraft over 100,000 lbs.
Birds in vicinity of airport.
Rwys 25 & 31 right traffic pattern.
Banner towing operations south of Rwy 7/25.

ADDITIONAL RUNWAY INFORMATION

RWY		USABLE LENGTHS: LANDING BEYOND Threshold	Glide Slope	LAHSO Distance	TAKE-OFF	WIDTH
7 ❹	❶HIRL ❶MALSR ❶PAPI-L (angle 3.0°) grooved RVR	❸ 5704'	4699'			150'
25	❶HIRL ❶REIL PAPI-R (angle 3.00°) grooved			13/31 4150'		
13 ❷❺ 31	❶HIRL ❶REIL ❶PAPI-L (angle 3.0°) grooved					100'

❶ Activate on 118.7 when Twr inop.
❷ Rwy closed when Twr inop.
❸ Last 300' is unavailable for landing distance computations.
❹ Maximum single wheel weight 45,000 lbs;
Maximum dual wheel weight 100,000 lbs;
Maximum dual tandem wheel weight 115,000 lbs.
❺ Maximum single wheel weight 35,000 lbs;
Maximum dual wheel weight 60,000 lbs.

TAKE-OFF & OBSTACLE DEPARTURE PROCEDURE

	All Rwys: Adequate Vis Ref	All Rwys: STD
1 & 2 Eng	1/4	1
3 & 4 Eng	1/4	1/2

OBSTACLE DP

Rwy 25, Climb heading 253° to 700' before turning right.
Rwy 31, Climb heading 317° to 600' before turning left.

FOR FILING AS ALTERNATE

Authorized Only When Twr Operating

	ILS Rwy 7 / ILS Rwy 25	LOC Rwy 7 / LOC Rwy 25	RNAV (GPS) Rwy 7 / RNAV (GPS) Rwy 25
A, B, C	600-2	800-2	800-2
D	800-2½	800-2½	800-2½

CHANGES: None.

图 2.20 奥兰多机场图的跑道附加信息和起飞备降最低标准

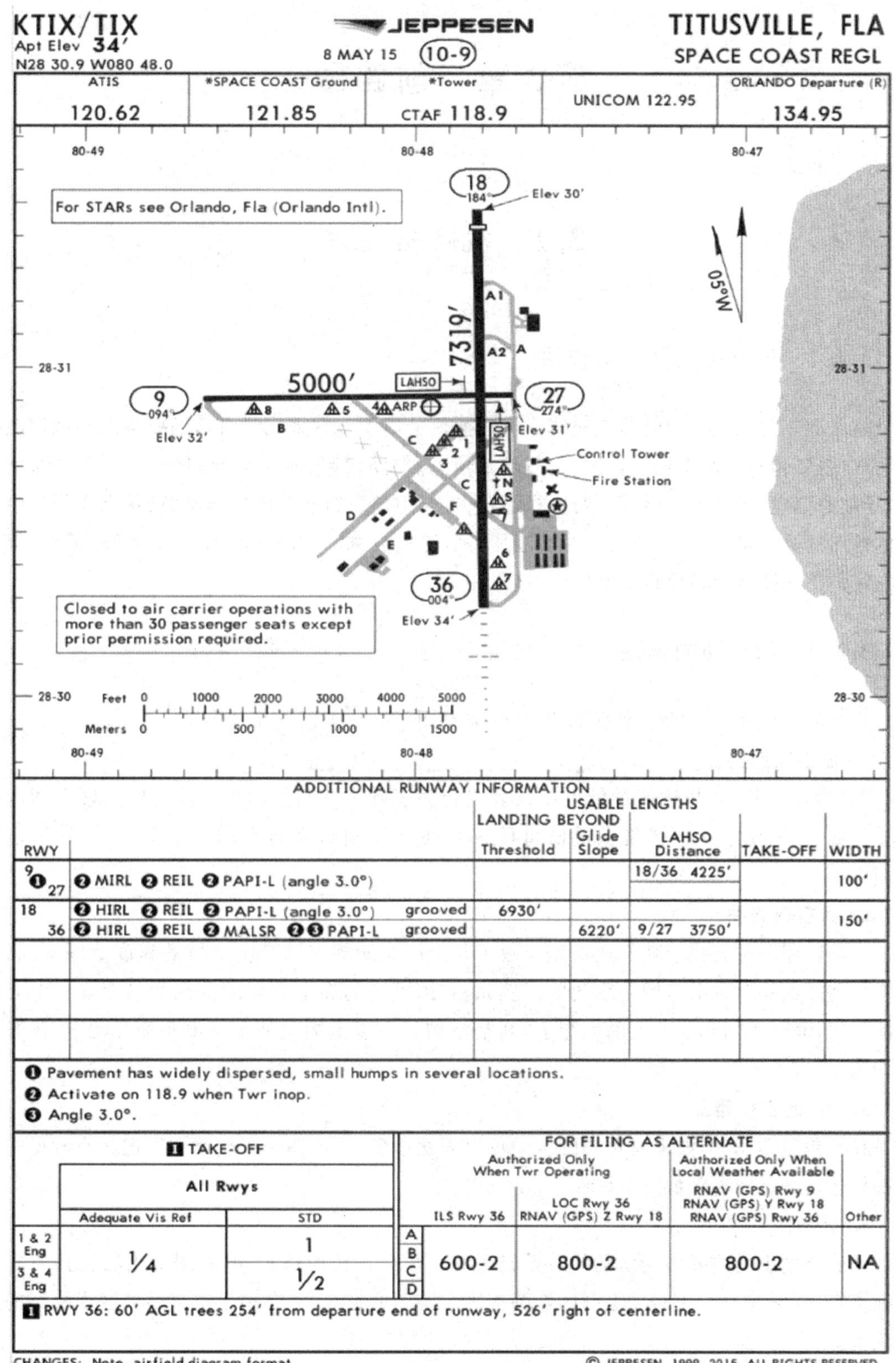

RWY		Landing Beyond Threshold	Landing Beyond Glide Slope	LAHSO Distance	TAKE-OFF	WIDTH
9 ❶ 27	❷ MIRL ❷ REIL ❷ PAPI-L (angle 3.0°)			18/36 4225'		100'
18	❷ HIRL ❷ REIL ❷ PAPI-L (angle 3.0°) grooved	6930'				150'
36	❷ HIRL ❷ REIL ❷ MALSR ❷❸ PAPI-L grooved		6220'	9/27 3750'		

❶ Pavement has widely dispersed, small humps in several locations.
❷ Activate on 118.9 when Twr inop.
❸ Angle 3.0°.

TAKE-OFF — All Rwys

	Adequate Vis Ref	STD
1 & 2 Eng	1/4	1
3 & 4 Eng	1/4	1/2

FOR FILING AS ALTERNATE

	ILS Rwy 36 (Authorized Only When Twr Operating)	LOC Rwy 36 / RNAV (GPS) Z Rwy 18 (Authorized Only When Twr Operating)	RNAV (GPS) Rwy 9 / RNAV (GPS) Y Rwy 18 / RNAV (GPS) Rwy 36 (Authorized Only When Local Weather Available)	Other
A B C D	600-2	800-2	800-2	NA

RWY 36: 60' AGL trees 254' from departure end of runway, 526' right of centerline.

图 2.21　泰特斯维尔机场图

第3章　航路图

3.1　航路图概述

3.1.1　航路图的目的与作用

航路图是为飞机进行航路或航线飞行时使用的航图。它采用最合适的航空图和地形图编制而成，主要包括了基本地形轮廓、飞行航路信息、航路代码、航路空域划分、航路飞行通信频率、导航台信息、经纬度坐标、限制性空域信息等与航路飞行有关的数据信息，帮助飞行员沿正确的航路驾驶飞机，使飞行符合空中交通服务程序的要求。航路图的内容相对比较简单，但需要熟记航路图图例及各航行要素。

3.1.2　航路图的类型

根据航路图所覆盖的空域范围的不同，航路图可以分为以下几种类型。

1. 低空航路图

低空航路图主要描述从最低可用仪表飞行高度到由管制部门指定的高度上限之间的空域。例如，美国规定低空航路在最低可用仪表飞行规则高度与平均海平面 17 999 ft 之间使用。

2. 高空航路图

高空航路图主要描绘喷气机航路。由于各个国家所规定的高空空域的高度范围不同，故高空航路图的高度覆盖范围是变化的。例如，我国规定的高空空域的范围为高度 6 000 m 以上的空间；而在美国和加拿大的航图上，高空空域的高度范围是从平均海平面 18 000 ft 开始延伸到 45 000 ft。

3. 高/低空航路图

在绘制航路图时，如果有足够的空间可以表达信息，则可在一张航路图上把高空和低空空域都描述出来，公布高/低空航路图。

4. 区域图

当航路图上的重要终端区的导航设施和航线数据比较拥挤时，航路图上无法描述所有的详细资料，则以较大的比例尺绘制区域图作为航路图的补充，主要用于进出终端区内机场的所有飞行。

3.1.3　航路图的选择与查找

在《杰普逊航路手册》的航路部分包含有航路图索引图，以地图索引的形式描述该手册中航路图的分幅情况，以便于用户找到自己所需要的航路图。全球范围的杰普逊航路图覆盖范围代码、全称及图幅编号如表 3.1 所列。

表 3.1　杰普逊航路图覆盖范围代码、全称及图幅编号一览表

覆盖范围代码	全　称	图幅编号
CH(H/L)	中国高/低空航路图	1-4
E(HI)	欧洲高空航路图	1-15
E(LO)	欧洲低空航路图	1-15
E(H/L)	欧洲高/低空航路图	3-4
US(HI)	美国高空航路图	1-8、2A/2B
US(LO)	美国低空航路图	1-52
US(LO)NE	美国东北沿海低空航路图	1-2
US(LO)SE	美国东南沿海低空航路图	1-2
CA(HI)	加拿大—阿拉斯加高空航路图	1-6
CA(LO)	加拿大—阿拉斯加低空航路图	1-9
CA(H/L)	加拿大—阿拉斯加高/低空航路图	10-12
AK(LO)	阿拉斯加低空航路图	1-4、AT(HI)-5
AT(H/L)	大西洋高/低空航路图	1-5
P(H/L)	太平洋高/低空航路图	1-4
LA(H/L)	拉丁美洲高/低空航路图	1-8
AU(LO)	澳大利亚低空航路图	1-8
AU(HI)	澳大利亚高空航路图	9-10
AS(H/L)	澳大利亚高/低空航路图	1-8
A(HI)	非洲高空航路图	1-8
A(H/L)	非洲高/低空航路图	1-14、1A
FE(H/L)	远东高/低空航路图	1-8
SA(HI)	南美高空航路图	1-8
SA(LO)	南美低空航路图	1-12
EA(H/L)	欧亚大陆高/低空航路图	1-12
ME(HI)	中东高空航路图	1-2
ME(H/L)	中东高/低空航路图	1-14

在航路图索引页中，可以通过具有基本方向与方位的地形图确定出需要使用的航路图的范围，然后选择最适合本次飞行计划的航路图索引号。为了方便迅速查找定位相应的区域，地形图中包括了每张航路图内的主要城市，并标示出了该区域的时区边界线。美国的航路图索引页还列出了可用于该区域飞行的相应区域图。

根据飞行计划预定的航路走向，除了飞行要用的主要航路图外，还应该选择一些沿途的航图以作备用。

3.2 航路图的基本布局

杰普逊航路图的基本布局包括面板和背板、航图比例尺和航路图的图例等主要部分,如图 3.1 所示。

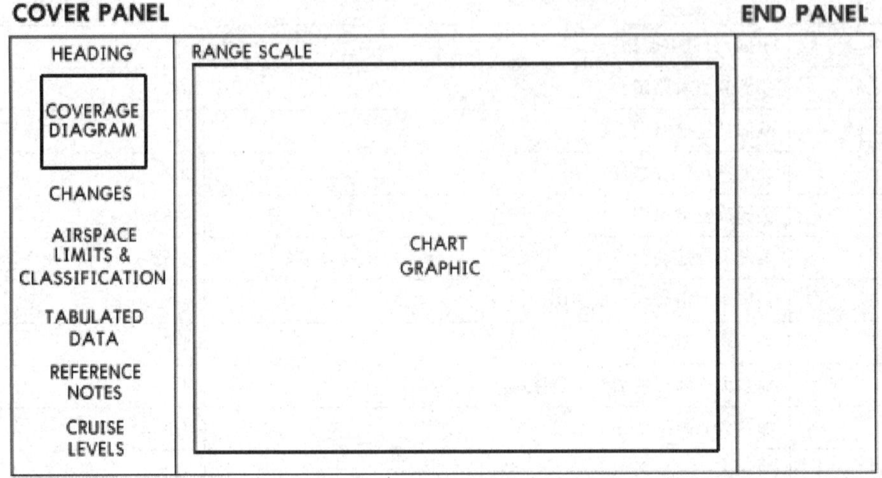

图 3.1 航路图的基本布局

3.2.1 航路图的面板和背板

杰普逊航图的面板和背板包含大量能够帮助飞行员快速找到重要航图数据的标准信息,以及其他一些对飞行而言较为关键的数据。

在面板和背板部分包含的典型信息主要有标题信息、封面索引图、本次修订内容、通信资料表、专用空域列表、巡航高度/高度层、参考注释和其他特殊说明等。

1. 标题信息

航路图标题信息主要包括航路图覆盖的空域、航图类型、航图索引号、航图比例尺和航图日期等重要的航路图有效性信息,如图 3.2 所示。

(1) 航图索引号

每一张航路图的左上角和右上角各有一组航图索引号,代表航路图所描述的某地区的特定空域范围。航路图的航图索引号由以下三部分构成:

① 覆盖范围代码:杰普逊航路图以覆盖世界各地区的系列字母代码作为识别,如表 3.1 所列。

② 覆盖高度:杰普逊航图以括号中的字母代表覆盖高度,(H/L)代表高空/低空航路图,(HI)代表高空航路图,(LO)代表低空航路图。

③ 航图编号:每幅航路图在同一系列同一覆盖高度的航图中的编号用数字表示。

例如“CH(H/L01”为中国地区航路图系列的第 1 幅图,用于高空和低空飞行使用。图 3.2 中,“FE(H/L)6”为远东高低空航路图的第 6 幅图。

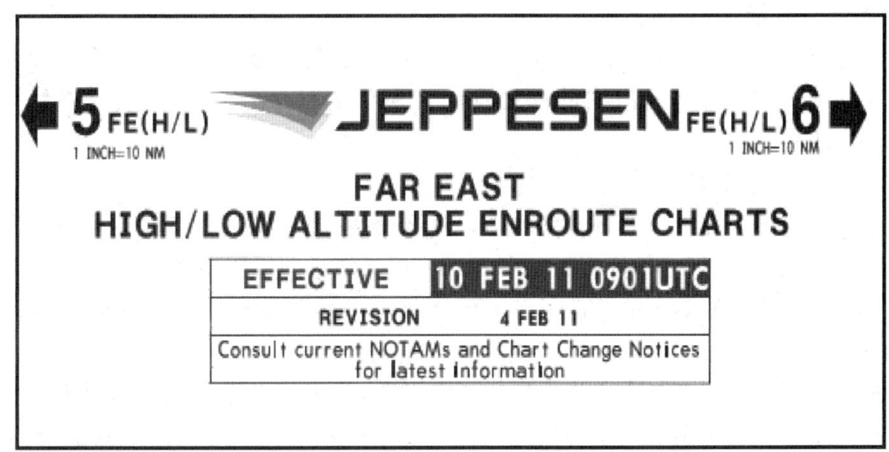

图 3.2　航路图的标题信息

航图索引号通常位于航路手册中航路表后面的航图索引页上，飞行员可以通过查找到的航图索引号选择需要使用的航路图。每个航图索引号的数字旁边还有一个箭头，用于指示飞行员翻到所需的地理位置区域。

(2) 航图比例尺

由于人口分布的不均匀，不同地理区域的航路及导航设施的分布也很不均匀。在人口密集的热点城市，导航设施和航路比较密集，设计整个区域的航图便会非常复杂。由于导航设施的不平衡分布，所以需要使用不同的制图比例尺来描述航路图。

制图比例尺通常放置在每张航路图的索引号下面，它根据所需显示的信息量而变化。在美国，绝大多数航图比例尺为“1 in＝10 n mile”，少数航图采用“1 in＝20 n mile”的比例尺。图 3.2 中编号为 FE(H/L)5 与 FE(H/L)6 的两幅航路图均采用“1 in＝10 n mile”的制图比例尺。

(3) 航图日期

国际民航组织成员国达成协议，关于航行资料的修订以 28 天为周期，当作出重大航空变更时应至少提前 42 天通知，而且生效日期必须是 28 天周期“第一天”的 0901Z 时生效。有些修订周期中，可能不对航路图作任何修订，但即使没有任何修订，每 2 或 3 个修订周期也应重印并分发航图。杰普逊航图根据各国家政府的航路图修订信息，定期更新与发布新的修订。杰普逊航图的修订周期通常为 28 天或 56 天。

航图日期位于每一张航路图标题信息中的方框内。方框内的信息从上往下分别为航图生效日期、航图修订日期和航图变更通知提示。

1) 航图生效日期

航图生效日期可以采用三种格式：特别声明生效日期、声明生效日期以及具体时间和收到时生效(Effective Upon Receipt)。对于那些声明“收到时生效”的新航图所反映的改变是立即生效的。飞行员一旦收到新航图就应放弃现有的航路图而使用新的航路图。如图 3.2 所示，该航图的生效日期为 2011 年 2 月 10 日，世界协调时 09 时 01 分。如果在航图生效日期栏标注“Effective Upon Receipt”，则表示“收到时即生效”。

2）航图修订日期

航图修订日期是完成航图修订或邮寄航图的日期，也是在修订信函和年度校核单中确定出有效航路图的日期。杰普逊航图的修订日期定为星期五。图3.2中，航路图修订日期为2011年2月4日。

3）航路图变更通知提示

当航路图和区域图在两次修订日期之前有重要变化时，用航路图变更通知加以补充。因此，在航图日期方框的最下方提醒飞行员参考当前最新消息的航路图变更通知，如图3.2中的“Consult current NOTAMs and Chart Change Notices for latest information”所示。

2. 封面索引图

每一张航路图的面板上都有一张小的封面索引图，给出该航路图及其邻近航路图的覆盖范围。该封面索引图上提供了大量的信息，主要包括航路图覆盖边界、主要城市、政府国家边界、时区、区域图的覆盖范围和航路图使用说明等，如图3.3所示。

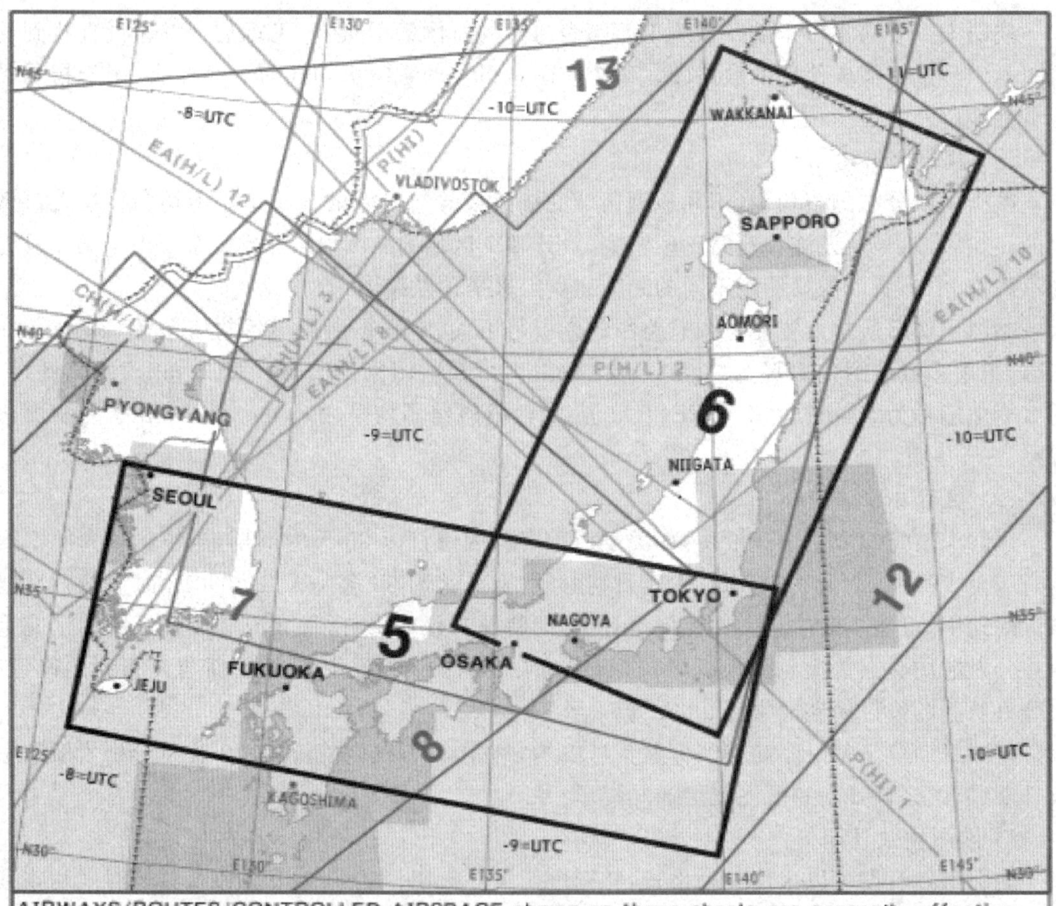

图3.3 封面索引图

飞行员可以通过确定方位(包括纬线和经线)来查找封面索引图的覆盖范围,然后选择最适合飞行任务的航图索引号,从而确定并选用一张准确的航路图。

3. 本次修订内容

本次修订内容位于封面索引图的下方,以明语缩略语的形式给出从航路图最近一次修订以后,航路图上被修改的信息。通常每一张航路图的覆盖范围内可能有不止一处更改,在本次修订内容中往往只将重要的更改依次列出,因此,建议飞行员在使用时,还是应该彻底看一遍航路图。

4. 通信资料表

每一张航路图都包含一个该图覆盖范围内的空中交通管制通信服务和频率的表格,称之为通信资料表。通信资料表中的信息包括进场、离场、塔台和地面管制的频率和无线电呼号以及一些服务的可用性。

如果通信资料表由于航路图制图空间的限制,放在航路图的其他位置上,则通过航路图背板上的注释来说明其具体位置。不同覆盖范围和系列的航图,其通信资料表的内容变化不大。在通信资料表的顶部有一段介绍性的段落,指出给定的航路图上通信资料表的内容信息。常见的图例信息如表 3.2 所列。

表 3.2　通信资料表中常见的图例及其含义

图　例	英　文	中　文
BOLD NAME	Voice call	呼号
Light Names/abbreviations	Identifying names/abbreviations, not used in radio call	识别名称/简缩字,不用于语音通信
T	Transmit only	只发射
G	Guard only	只接收
X	On request	按要求
C	Clearance Delivery	放行许可
(R)	Radar capability	雷达功能
Cpt	Clearance (Pre-taxi Proc.)	许可(滑行前程序)
ZSSS p5D	Charted location is shown by Area chart initials and/or by quarter panel number-letter combination	区域图内主要机场的四字代码和/或航路图分节索引代码
*	Part-time operation	部分时段工作
•	Separates multiple airports under a location name	同一地名下多个机场中的某个机场
SSB	All HF communications listed below have single side band capability unless indicated otherwise	除非另有说明,下表所列的所有高频(HF)通信都具备单边带功能

在航路图通信资料表中描述任何一个给定地理位置区域的通信资料信息,主要包括地理位置名称、区域图代码、航路图分节索引代码、通信呼号和通信服务五个部分,如图 3.4 所示。

TABULATED DATA

COMMUNICATIONS

ARACAJU, BRAZIL p6C
Santa Maria. **Aracaju Control (App)** 119.0 120.3

BELEM, BRAZIL p4B
Val De Cans/Julio Cezar Ribeiro Intl. **Belem Control App(R)** 119.05 119.5 **Twr** 118.7 *Gnd 121.9

BELO HORIZONTE, BRAZIL SBCF p2D
•Pampulha-Carlos Drummond De Andrade. **Belo Horizonte Control (App) (R)** 119.65 129.1 129.4 **Control (Dep) (R)** 120.2 **Twr** 118.0 **Gnd** 121.6

•Tancredo Neves Intl. **Belo Horizonte Control (App) (R)** 119.65 129.1 129.4 **Control (Dep) (R)** 120.2 **Confins Twr** 118.2 **Gnd** 121.9

BRASILIA, BRAZIL SBBR p2C
Pres Juscelino Kubitschek Intl. **Brasilia Control (App)(R)** 119.2 119.5 119.7 120.0 120.3 **Dep(R)** 119.5 **Twr** 118.1 118.45 **Gnd** 121.8

Curvelo, BRAZIL p2D
Curvelo *Twr 119.1 119.5

图 3.4 航路图中的通信资料

5. 专用空域列表

专用空域列表一般位于航路图背板上。但是,在航路图制图空间有限制的情况下,专用空域列表也可能放在航路图的其他位置上,并通过航路图注释来说明其具体位置。

通常,专用空域列表中包含专用空域限制区的活动时间、高度范围和管制机构等不在航路图上描述的详细信息。而在航路图上主要标明专用空域的轮廓、空域级别、国家地区代码和空域编号,还可能包括一些额外的信息。专用空域列表中可能出现以下几种不同的条目:专用空域(SPECIAL USE AIRSPACE)、指定空域限制区(AIRSPACE RESTRICTED)和终端区空域(TERMINAL AIRSPACE)。图 3.5 所示为专用空域。

SPECIAL USE AIRSPACE

SPECIAL USE AIRSPACE

LEGEND

SB-Brazil SC-Chile SE-Ecuador SP-Peru

(P) Prohibited (R) Restricted (D) Danger (W) Warning (C) Caution (A) Alert

15 OCT 10

SB(P)-100
GND-3000

SB(P)-208
GND-2500

SB(P)-225
GND-2500

SB(R)-213
GND-UNL
NATAL APP

SB(R)-214
GND-FL290

SB(R)-236
GND-2500
VMC
RECIFE APP

SB(R)-241
GND-FL150
FORTALEZA APP

SB(R)-263
GND-2200

SB(R)-301
FL50-FL300

SB(R)-318
GND-3500 AGL
1300 - 2100LT

SB(R)-464
FL50-FL240
CAMPO GRANDE APP

SB(R)-465
FL50-FL240
CAMPO GRANDE APP

图 3.5 专用空域

6. 巡航高度/高度层说明

根据不同国家或地区对于巡航高度配备的不同要求，通常在航路图背板的底部有一个提醒信息，说明仪表飞行和目视飞行适合的巡航高度或者飞行高度层。但是，在航路图制图空间受到限制的情况下，巡航高度/高度层说明也可能放在航路图的其他位置上，并通过航路图注释说明其具体位置。巡航高度/高度层以带有磁方位角扇区或者真方位角扇区的巡航高度刻度盘的形式来表示。除非后面跟有“T”字母代表真方位角，否则所有方位角均为磁方位角。

巡航高度刻度盘的每个扇区中都包含相应飞行方向的建议高度。如图 3.6 所示，在美国空域内，在 180°～359°的磁航线角范围内或者位于巡航高度刻度盘西半部的航空器应在偶数千位数的高度飞行，而在 360°～179°的磁航迹角范围内或者位于巡航高度刻度盘东半部的航空器应当在奇数千位数的高度飞行；在加拿大空域的巡航高度刻度盘内使用“EQUAL FLs”即等效飞行高度层(百英尺)来表示。

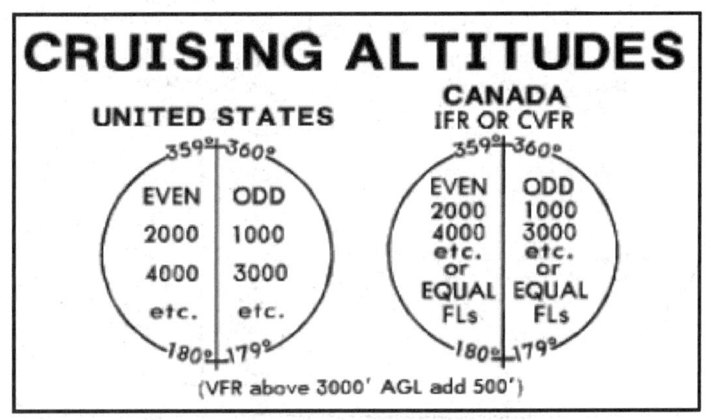

图 3.6 巡航高度

通常，巡航高度可以使用英尺、飞行高度层(百英尺)和米为单位进行报告。中华人民共和国空域内使用米制单位的巡航高度/高度层。图 3.7 为巡航高度层的表示。

除美国以外的很多航路图上都包含一个转换表，用来帮助飞行员进行英尺和米之间的互相转换。由于中国使用公制单位，所以在 CH 系列航图上标注出相应的单位转换表。穿越国际边界时，巡航高度/高度层常常改变。此外，尽管在航路图中已给出相应区域内应使用的巡航高度信息，但提供 ATC 服务的管制人员仍可能会指定与建议高度相反的巡航高度/高度层。

7. 参考注释

航路图的面板和背板上还可能包含一定的参考注释。这些参考注释主要说明那些由于受制图空间限制而无法绘制在航路图面板和背板上的上述信息在航路图上的其他位置。其他参考注释还有可能提醒飞行员应参照航路手册查阅相关资料，如图 3.8 所示。

8. 其他特殊说明

由于航图覆盖范围内的国家或地区对于空域管理的一些特殊规定的需要，在某些系列的航路图的面板或背板上还会包含相应的其他特殊说明，比如特殊的航图图例符号说明。澳大利亚 AU 系列航图面板中提供的特殊图例符号如图 3.9 所示。

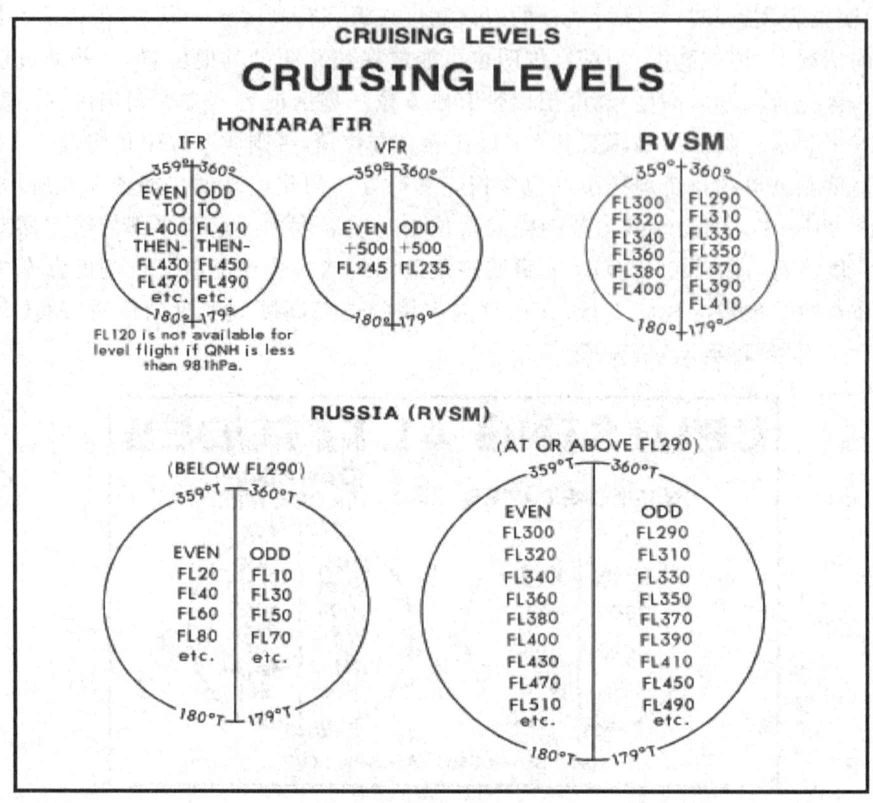

图 3.7　巡航高度层

REFERENCE NOTES

TRANSPONDER SETTING

ATS ROUTE RESTRICTION

MACH NUMBER TECHNIQUE

NOTES

REDUCED VERTICAL SEPARATION MINIMUM

REQUIRED NAVIGATION PERFORMANCE

图 3.8　参考注释

SPECIAL SYMBOLOGY

LIMITS OF DESIGNATED AIRSPACE							
	CLASS	LOWER LIMIT	UPPER LIMIT		CLASS	LOWER LIMIT	UPPER LIMIT
AUSTRALIA FIRS:				AUSTRALIA FIRS:			
OCA	(A)	FL 245	FL 600	(UNDERLIES CTA except where noted)	(G)	GND	FL 180
(UNDERLIES OCA)	(G)	GND	FL 245				
CONTINENTAL CTA	(A)	FL 245	FL 600				
	(E)	FL 180	FL 245				

▲ ▲	Compulsory all aircraft.
△ △	On-request 300 KT TAS or more, compulsory under 300 KT TAS.
Altimeter settings	Australian FIRs: QNE (FL110 or above) QNH (10000 or below)
† †	Navaid limitation, see Radio Aids page AU-37.
Freq (R)-CTAF	CTAF Airport where radio carriage required.

Ultra light activity above 500′ AGL.

Hang glider activity above 5000′ AGL.

Model aircraft activity above 300′ AGL.

Meteorology balloon ascents.

Manned balloon ascents.

Parachute jumping area.

Glider Operations.

Gliders Launching.

Airport within VHF range of responsible ATS unit.

52 LSALT	Lowest safe altitudes (LSALTs), computed by the Australia Department of Transport and Communications, are shown within 1° latitude and longitude blocks where applicable. These altitudes have been established to clear all known terrain and obstructions by 1000′.
37 144	Minimum Off-Route Altitudes (grid MORAs), are computed by Jeppesen, are shown within 1° latitude and longitude blocks where LSALT information is not available. MORAs are explained in the Introduction of this manual.

Australian Frequency Boundaries

Class (E) Controlled airspace:

Class (G) Uncontrolled airspace:

图 3.9　航图特殊图例符号

3.2.2 航路图的边界信息

航路图边界信息主要包括航路图制图比例尺、航路图投影方式和航路图分节索引代码。

1. 航路图比例尺

杰普逊航图的制图比例尺范围从“1 in=10 n mil”到“1 in=150 n mile”不等。每张航路图的制图比例尺除了在航路图面板的标题信息注明以外,在航路图的边界内还会标注制图比例尺说明。如图3.10所示,航路图的制图比例尺为“1 INCH=15 NAUTICAL MILES”即“1 in=15 n mile”。

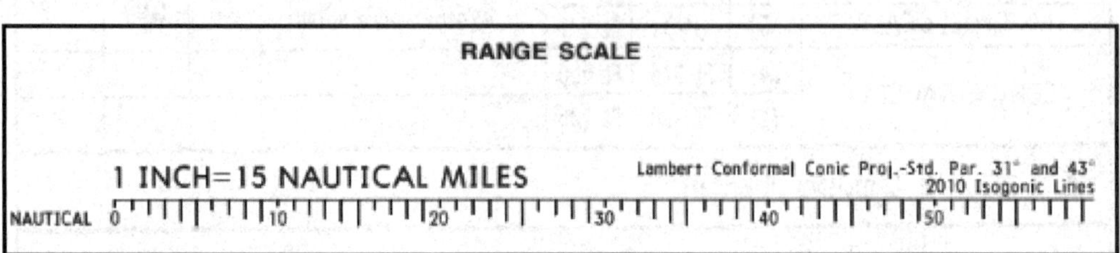

图 3.10 比例尺

使用比例尺声明可以方便地利用向量尺来测量航路图上的航段里程。同时,在航路图的边界内还包括一个横穿航路图项部和两侧的图解比例尺。有些系列的杰普逊航图的边界还会提供一个不同单位之间换算的转换比例尺。

2. 航路图投影方式

大部分的杰普逊航图选择兰勃特圆锥投影,使用这种投影方式绘制出的航线没有角度失真,同时给出的航线距离比较准确。但是,在地球的两极和赤道部分可能需要用到不同的地图投影,以提供相同的测绘精度。

由于大部分杰普逊航图是以圆锥投影来绘制的,圆锥面与弯曲的地球表面相交的点构成标准纬线。在标准纬线上,航路图没有失真,在两条标准纬线之间的区域被压缩,在标准纬线之外的区域被伸展。尽管压缩和伸展的量很小,但航路图的比例尺数据却会产生变化。

用于绘制航路图的投影方式以及该航路图标准纬线的所在位置,都在航图投影方式注释中说明。通常航图投影方式注释放在每张航路图的系列号和编号下面。图3.10中,该航路图的投影方式为“Lambert Conformal Conic Proj ”,即为兰勃特圆锥投影,其制图的标准纬线为“std. Par. 31°and 43°”,即为“北纬31°和43°”。

3. 航路图分节索引代码

航路图分节索引代码位于航路图通信资料表中的地理位置名称的后面,用以帮助用户简化在航路图上查找相应的地理位置的过程。航路图的分节索引代码包括字母和数字两部分,如图3.11所示。

“P”代表折页(panel),航路图采用环绕两侧折叠法,每一个折页打开的页面宽10 in,并按顺序以数字进行编号。在使用航路图的过程中,可以根据飞行的进程像翻书一样打开折页。图3.11中,“4”代表折页编号,即本图打开的为航路图的第4个折页。“B”为折页中的分节编号,每个打开的折页,由水平和垂直折线划分成为4个小节,分别由字母A、B、C和D表示。

使用折页页面编码和折页中的分节编号的组合就构成了航路图分节索引代码,这个编码系统大大减少了用于查找航路图上特定机场的搜索时间。例如“ZBAA P4B”表明北京首都机

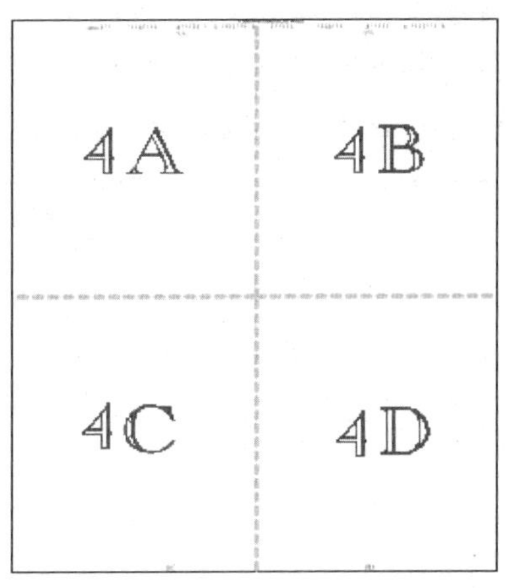

图 3.11　航路图折页分节示意图

场位于在航路图折页第 4 页的 B 小节。

航路图的大小依据所覆盖地理区域的变化而变化。但是，每张航路图都被折叠成 10 in 宽的折页，并利用折线和分节索引代码将每一个折页的航路图进一步细分，以便于快速定位某一个地理位置。每一小节航路图的索引代码标示在相应的航图边界正中。如图 3.12 所示，航图边界正中的代码“7B”表明该部分航路图在整张航图中的位置为第 7 折页的右上角的小节。

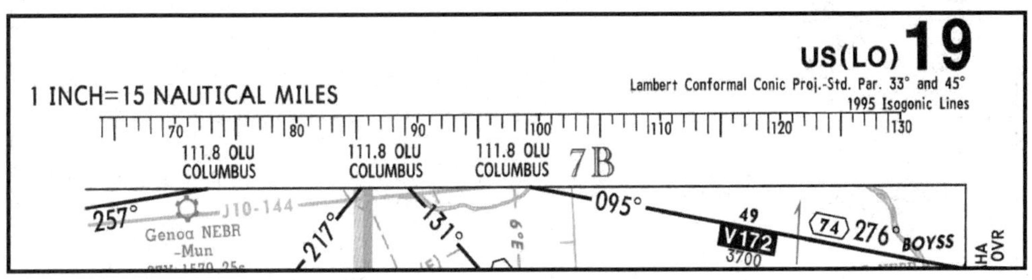

图 3.12　航图分节索引代码

3.3　航路图图例

1. 导航设施符号

杰普逊航图的所有导航设施都采用相似的样式，包括导航设施符号、导航设施识别信息、通信信息以及取决于航路图系列的含地理坐标、标高和磁差资料等在内的补充信息。为了在仪表飞行环境下进行有效导航，沿航路快速找到所需要的导航设施就显得非常重要。导航设施符号的颜色随着航路图上使用颜色数量的变化而变化。在导航设施的说明中，以绿色表示的导航设施符号，在多色航路图上用绿色印刷。在单一颜色的航路图上，所有导航设施符号都是蓝色的。由于导航设施符号在航路图上经常出现重叠，颜色差异是为了增加航路图的可读性。导航设施符号颜色并没有实质性的意义，其颜色的变化也不影响它的意义或使用。

杰普逊航图图例主要包括导航设施的符号、导航设施识别信息以及相关的通信信息。杰普逊航图上常用的导航设施符号及其含义如表3.3所列。

表3.3 常用的导航设施符号及其含义

符 号	含 义	符 号	含 义
0, 27, 9, 18	低空和高/低空航路图上的VOR		高空航路图的VOR
	TACAN或DME		低空和高/低空航路上的NDB
0, 27, 9, 18	VORTAC/VORDME		高空航路上的NDB
	指点标		带空域定位点的指点标
	带NDB的外指点标		带NDB和空域定位点的指点标
	ILS、LOC、LDA、SDF、MLS前航道		LOC后航道

2. 导航设施识别信息

航路图上有大量的导航设施符号，为了进一步描述导航设施的特性，航路图上采用导航设施识别框给出导航设施的识别信息。导航设施识别框通常位于它所代表的导航设施符号附近，用箭头与它所代表的导航设施相连接。导航设施识别框内一般包含导航设施的名称、频率、两个或三个字母的识别代码及其相应的莫尔斯电码。除此之外，依据导航设施功能的不同，导航设施识别框内还可能显示其他信息，如地理坐标、VOR的等级以及可用的通信设施及频率等。

当导航设施为航路或航线的组成部分时，其识别信息放在带阴影的方框内，同时标有导航设施的名称、频率、识别代码和莫尔斯电码。通常，在能够取得相应的资料时，导航设施 VOR 的作用范围在导航设施识别框内标明：(T)代表终端级 VOR；(L)代表低空级 VOR；(H)代表高空级 VOR。不同等级的 VOR 导航台的作用范围不同。

杰普逊航路图上常用导航设施的识别信息如表 3.4 所列。

表 3.4　常用导航设施的识别信息

导航设施识别信息框	含　义
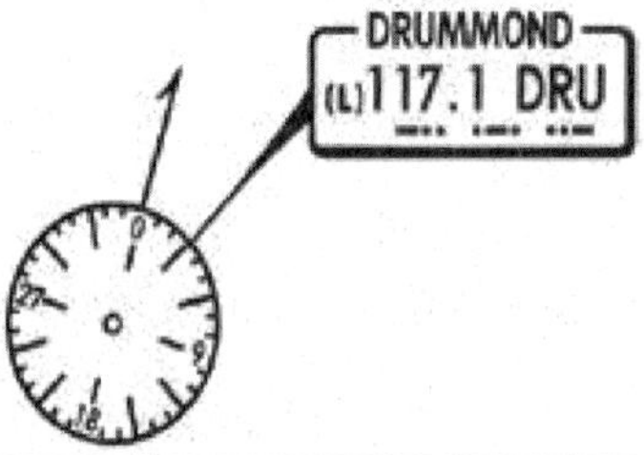 DRUMMOND (L)117.1 DRU	当导航设施为航路或航线的组成部分时，其识别资料放在带阴影的方框内，同时标有导航设施的名称、频率、识别代码和莫尔斯电码。其中，(L)代表低空级 VOR，(T)代表终端级 VOR，(H)代表高空级 VOR
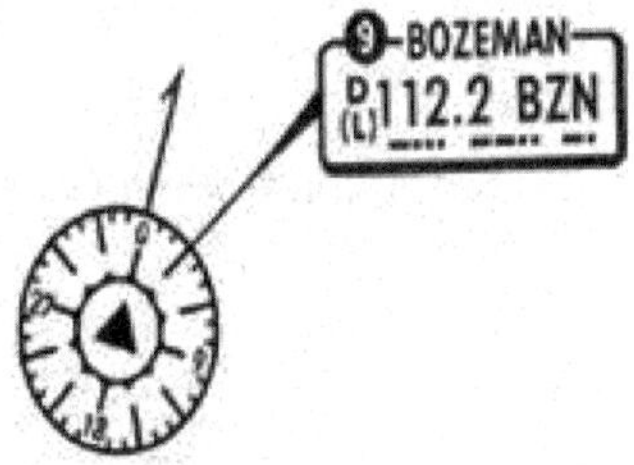 BOZEMAN D(L)112.2 BZN	在 VORTAC 频率左边用小的字母“D”表示有与 VOR 频率相匹配的 DME 功能可用。当 VOR 和 DME 功能的频率配对使用时，注明 TACAN/DME 波道。同时，提供 DME 信息的 VORTAC 台采用在罗盘内带齿的圆圈来表示
 BENBECULA D 114.4 BEN (DME not Co-located)	VOR 和 TACAN/DME 的天线不装在一起时，注明“DME not Co-located”
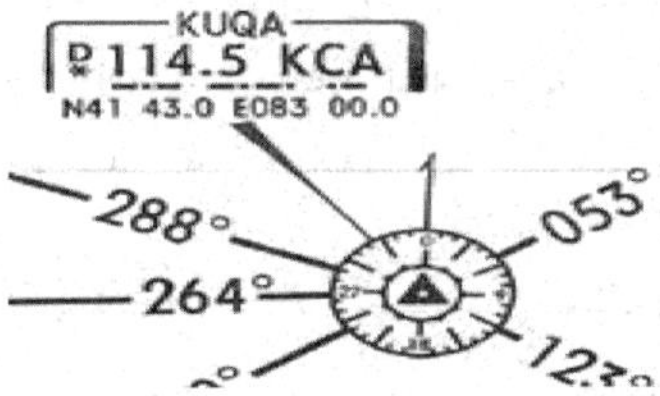 KUQA D 114.5 KCA N41 43.0 E083 00.0 288°　264°　053°	高空级的导航设施能够构成高空航线/航路或者所有高度的航线/航路。在高/低空航路图上，所有的高空级导航设施在其导航设施识别框的下方同时标注其地理坐标(经度与纬度坐标)
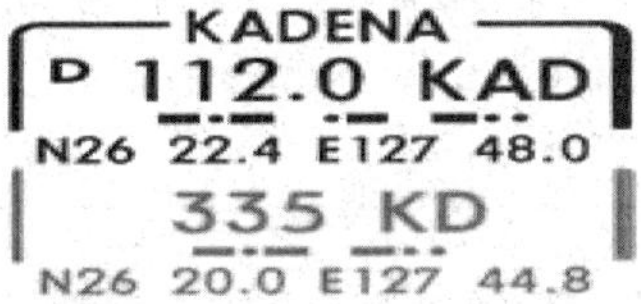 KADENA D 112.0 KAD N26 22.4 E127 48.0 335 KD N26 20.0 E127 44.8	在某些航图系列上，有一些低/中频导航设施，虽然不是航路结构的组成部分，但也一起放在阴影框内。当航路/航迹结构以一个 VOR 来定义时，这些设施可用于离导航台较远距离的航段的航迹引导

续表 3.4

导航设施识别信息框	含　义
KETCH D30 151° LOC-DME 110.9 IBEY	航向台(LOC)、简易方向引导设施(SDF)、航道式定向设施(LDA)和微波着陆系统(MLS),这些航道式导航设施,当执行航路功能时以带圆角的框加以识别,并提供频率、识别代码和莫尔斯电码。当这些导航设施和DME相匹配时,还包含DME的数据
GRAND VIEW D115.4 GND	在低空或高/低空航路图上,偏离航路的VOR导航设施不加框
KENNEY 254 ENY	在低空或高/低空航路图上,偏离航路的NDB导航设施不加框
WARSAW *412 WAO	在高空航路图上,偏离航路的WAO NDB导航设施识别可放在一个没有阴影的方框内
HILL TAC-49 NIF (111.2) N00.0 W000 00.0	在高空航路图上,不与VOR安装在一起的DME/TACAN设施,还标示出其地理坐标
CLARKSVILLE ARK -Mun H35 481-45 201 CZE	位于机场,但是不在航路系统中使用的导航设施,可能会将其信息与机场信息组合在一起。当导航设施的名称、地名和机场名称一致时,导航设施的频率和识别代码就放在机场地名位置的下方
LAYTON	如果指点标用来表示一个沿航路或在仪表进近时的指定地理位置点,则在航路图标出指点标的符号、名称和莫尔斯代码

导航设施识别信息中可能包含一些注释信息，进一步给出在航图出版日期时导航设施的运行状况，如表3.5所列。对于导航设施当前的运行状况，包括VOR和VORTAC关闭时的替代航路（航线）应参阅航图变更通知。

表3.5 导航设施识别中常见的注释说明

注释	含义
DME(TACAN) not Collocated	VOR和DME(TACAN)的天线没有安装在同一位置
May be Desmsnd	导航设施可能已经停止工作。目前导航设施可能工作，也可能不工作
On Request	要想使用导航设施，必须请求打开该导航设施
OnTest	导航设施还在测试中，尚未被批准用于导航
NDB unmonitored	该导航设施不被监控，它可能工作，也可能不正作
Private	该导航设施不用于公用导航设施
Maybe Shutdown	该导航设施可能被关闭
May not be Comsnd	该导航设施已经绘入航图，但是还没有开始工作
*	表示部分时段工作

3. 通信信息

所有飞行服务站（FSS）频率显示在其天线位置附近的航图页面上，通常位于导航设施识别框上方、遥控通信台所在机场的上方，或者位于以小圆圈和中间的小圆点表示的遥控通信台上方。

（1）导航设施附近的飞行服务站

当飞行服务站或天气通信发射站与导航设施在同一位置或距离很近时，通信频率的信息标在导航设施识别框的上方。无线电通信频率中所包括的特殊信息依据具体情况的不同而变化，通常可能包含的信息主要有控制飞行服务站的名称或呼号、没有频率的飞行服务站名称、多重呼号、限于守听（无线电频率）、美国航路飞行咨询服务（US Enroute Flight Advisory service）和飞行中危险天气咨询服务（HIWAS）。

（2）机场附近的飞行服务站

事实上，大多数FSS频率显示在机场或机场信息附近而不是显示在靠近导航设施识别框的上方。

通常，机场内的可用通信频率位于机场信息上方，主要包括自动终端情报服务（ATIS）、自动场面观测系统（ASOS）、自动气象观测系统（AWOS）、遥控通信分站（RCO）当地机场咨询（LAA）和共用交通咨询频率（CTAF）。

（3）管制中心通信频率

通常，在进行空中交通管制移交时，空中航路交通管制中心的管制员会分配新的通信频率给飞行员。但是，有时飞行员可能在超出前一管制中心的频率范围以后无法联系上后一管制中心。在这种情况下，航图页面上的管制中心频率就显得非常有用了。管制中心频率可用于寻找航空器航程内最近的频率，还可以用于与管制中心初次联系以获取指令。

杰普逊航图上常见的通信信息的表示及其含义如表3.6所列。

表3.6　常见的通信信息及其含义

通信信息	含　义	通信信息	含　义
122.2-122.45-5680 RIVER D 114.6 RIV	RIVER电台在114.6 MHz上发射,在122.2 MHz、122.45 MHz和HF5680频率上收信和发信	BELGRADE WX 126.40	用明语播送飞行天气的电台及其名称和频率
122.2-122.4 TAPEATS D 112.2 TPT	电话符号表示在通信版面的TAPEATS之下列出其他频率	SECTOR 2 MANILA CONTROL 119.3 126.1 128.2 130.1	在以图形勾绘的无线电频率扇区界限内,管制服务使用的呼号和频率
RIVER 122.1G CANYON 113.9 CNY	RIVER电台(RIV)在122.1 MHz上守听(接收),通过CANYON VOR在113.9 MHz上发射。 G:只守听;T:只发射;X:按申请	ADELAIDE 124.3 SOUTH EASTERN RADIO 2869 4678 5526 8876 CENTER SYDNEY 118.5 119.7 123.4 125.6	管制服务或单位服务的呼号和频率,供在规定的无线电联络边界的地理范围使用
122.2 122.6 123.6 (LAA) GRAND ARIZ 1285	GRAND电台位于机场,用122.2 MHz和122.6 MHz收信和发信。另外,GRAND电台用123.6 MHz提供LAA	*	表示导航设施的工作和服务为非连续性
AAS 123.6 NORTHSIDE 390	终端无线电频率和服务可以表示在机场或地名上方,如果无线电呼号与机场名或地名不同,则包含无线电呼号	HIWAS MIAMI WX *122.0 MIAMI D 115.9 MIA N25 57.8 W080 27.6	HIWAS:飞行危险天气咨询服务。通过VOR频率连续广播SIGMETS(重要天气情报)、AIRMETS(国际气象组织发布的资料)和PIREPS(驾驶员的报告)

4. 空　域

可航空域是指地球表面以上可供航空器运行的空气空间,是具有国家属性的一种资源。依据空域内运行的不同限制和服务,空域可分为管制空域与非管制空域两大类。

管制空域是一个划定范围的空间,在其内按照空域的分类,对IFR飞行和VFR飞行提供空中交通管制服务。管制空域的下限,应当以所划空域内最低安全高度以上的第一飞行高度层为基准。在航路图上,管制空域以底色为白色的区域来表示。

非管制空域是指飞行情报区内除管制空域以外的空间。在此空域内飞行的民用航空器可以进行VFR飞行和IFR飞行。在非管制空域内飞行,只需向有关空中交通服务单位报告飞行计划和飞行动态,由空中交通服务单位提供飞行情报服务,飞行间隔由航空器机长自行配备。在航路图上,非管制空域的底色被表示为灰色。管制空域与非管制空域如图3.13所示。

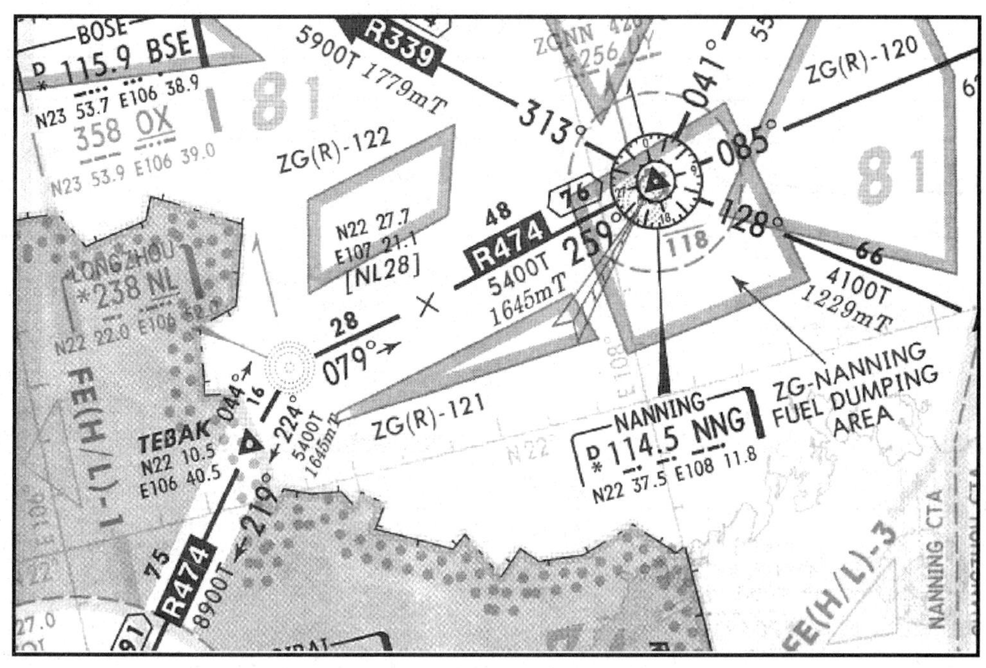

图 3.13　管制空域与非管制空域

在非管制空域内还包括一些专用空域(特殊规则空域),如禁区、限制区和危险区等。航空器在非管制空域内飞行时,应特别注意这类空域,严格按照规定条件,禁止进入这类空域或按这类空域限定的条件在一定时间或空间范围内进入,否则将会导致严重的后果。

非管制空域类型的禁区、限制区、警告区等各类专用空域同样表示在航路图上。航路图上用红褐色和绿色两种不同颜色的阴影线表示不同类型的专用空域。常用的专用空域性质代码如表 3.7 所列。

表 3.7　常用的专用空域性质代码

空域代码	空域性质(英文)	空域性质(中文)
A	Alert	警戒区
C	Caution	注意(警告)区
D	Danger	危险区
P	Prohibited	禁区
R	Restricted	限制区
T	Training	训练区
W	Warning	警告区
TRA	Temporay Reserved Airspace	临时保留空域
TSA	Temporay Segregrated Area	临时隔离空域
MOA	Millitary Operations Area	军事训练区

常见的空域的类别、限制空域的类型及其信息的符号表示如表 3.8 所列。

表3.8 空域的类型及其信息

空域符号	信 息	空域符号	信 息
	A类空域	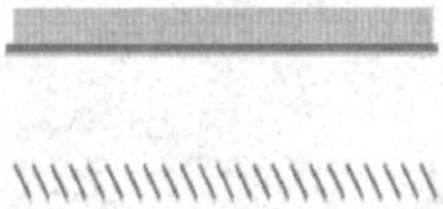	加拿大咨询区、日本等专用空域
	B类空域	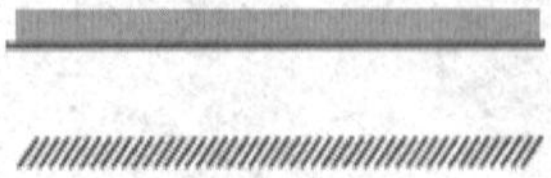	FAA专用空域(防空活动区、危险区、飞行限制地带等)
	C类空域		高空航路图上的管制区、军事终端管制区、终端管制区
	D类空域	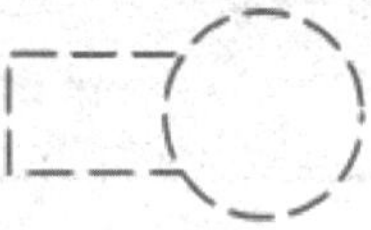	空中交通服务、D类空域、E类空域(FAA)、管制地带、军事管制地带、塔台管制区
	G类空域	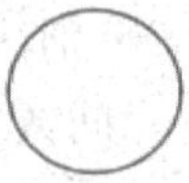	空中交通服务、空中交通地带、直升机保护地带、军事空中交通地带
	专用飞行规则区域		海洋管制区、FAA管制区
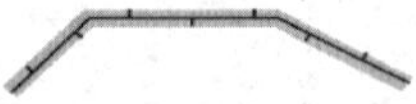	飞行情报区		防空识别区
	强制广播区		未经批准的专用空域
	限制空域。辅以相应的空域性质代码,进一步说明该空域的性质为禁区、限制区和危险区等	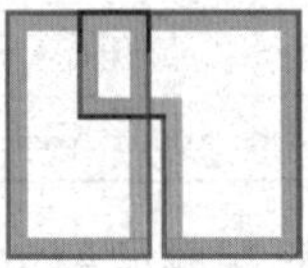	当限制空域、警告空域等专用空域出现重叠时,则在每一重叠部分的外缘绘出相应的边线

续表 3.8

空域符号	信　息	空域符号	信　息
	警告空域，辅以相应的空域，进一步说明该空域的性质为训练区、警戒区、警告区或军事活动区等	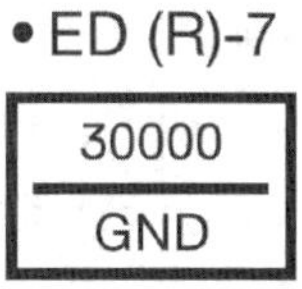 • ED (R)-7 30000 GND	在某些系列的航路图上，在国家和地区之前用圆点表示该专用空域的永久性活动
 CY(R)-4207 FL 450 GND SS-SR (MSP ARTCC)	国家代码，括号内为空域性质代码和编号、上限、下限、活动时间、管制机构（可能以表格列出限制）	 R-6001 24000 GND (JAX ARTCC)	在美国的航图上，空域识别信息中省略国家代码“K”和空域性质代码外的括号，直接用“R-6001”表示美国空域内编号为 6001 的限制

5. 机　场

在低空和高/低空航路图上提供大量的关于机场的信息，主要包括机场所在地名和机场名、机场的类型、机场标高与跑道相关信息以及天气服务与机场通信。机场符号、识别信息及其含义如表 3.9 所列。

表 3.9　机场符号、识别信息及其含义

机场符号及其识别信息	含　义
	民用机场，其中蓝色表示该机场为 IFR 民用机场，绿色表示该机场为 VFR 民用机场
	军用机场，其中蓝色表示该机场为 IFR 军用机场，绿色表示该机场为 VFR 军用机场
	民用水上飞机基地，其中蓝色表示该机场为 IFR 民用水上飞机基地，绿色表示该机场为 VFR 民用水上飞机基地
	军用水上飞机基地，其中蓝色表示该机场为 IFR 军用水上飞机基地，绿色表示该机场为 VFR 军用水上飞机基地
H　　H	民用直升机降落场，其中蓝色表示该机场为 IFR 民用直升机降落场，绿色表示该机场为 VFR 民用直升机降落场
H　　H	军用直升机降落场，其中蓝色表示该机场为 IFR 军用直升机降落场，绿色表示该机场为 VFR 军用直升机降落场

续表 3.9

机场符号及其识别信息	含 义
DENVER COLO - Intl KDEN 5431-160	IFR 机场，机场名称与所在地名一致，该机场公布杰普逊仪表进近图、ICAO 机场识别代码，机场标高为 5 431 ft，最长跑道长度为 16 000 ft
DENVER COLO - Intl KDEN 5431-160	VFR 机场，机场名与机场所在地名一致，该机场没有公布杰普逊仪表进近图，ICAO 机场识别代码为 GOND，机场标高为 1 316 ft，最长跑道长度为 5 200 ft，其道面为柔性道面

大部分的高空航路图上不显示机场位置与信息。有时，某些系列的高空航路图会把跑道长度大于 6 000 ft 的机场标示在图上。

(1) 机场所在地名和机场名

在航路图上标示的机场通常包含机场所在位置的地名、机场名和机场识别代码等用于识别的信息，上述识别信息的排列顺序根据机场的不同而不同。通常，民用机场所在地名放在首位，机场名放在地名的下方，而机场识别代码放在机场名的下方。如果机场的名称与所在地名相同，则只给出一行，同时表示机场名与地名；第二行给出相应的机场识别代码。机场所在地名以所在城市的名称来命名，在美国的航路图上，在机场所在城市名的后面还会以大写字母的形式给出该城市所在的州名。在机场名和机场所在地名中，可以使用常用的简缩字形式代替相应的全称。机场名称中的“Mun”全称为“Municipal”，表示该机场为“市立机场”。当机场所在地名为机场名的一部分时，用连字符“-”表示机场名中省略地名的部分。常用的机场识别代码为 ICAO 规定的四字识别代码，或者是 IATA 规定的由字母与数字构成的三字编码。

(2) 机场类型

航路图上使用不同的机场符号来表示不同类型的机场。机场根据不同的标准可以划分为以下不同的类型。

1) 目视飞行机场和仪表飞行机场

根据机场是否公布标准仪表进近程序分为目视飞行机场(VFR)或仪表飞行机场(IFR)。在机场图上将机场符号及其相应的识别信息用同一种颜色来表示，通常用蓝色表示仪表飞行机场，绿色表示目视飞行机场。如果一个机场公布了杰普逊仪表进近图，则用大写字母标示机场所在地名与机场名。如果机场没有公布杰普逊仪表进近图，则机场所在地名及机场名都使用小写字母来表示。

2) 民用机场或军用机场

航路图上用不同的符号标示机场的确切位置，用圆形或锯齿形的符号分别表示民用机场和军用机场。如果机场符号为一个绿色的圆环，则表示该机场为 VFR 军用机场。如果机场符号为一个蓝色的带锯齿状的圆环，则表示该机场为 IFR 民用机场。需要注意的是，在杰普逊航路图上 TACAN 符号与民用机场的符号非常类似，但形状、大小和颜色都不相同，应注意区分。

3）水上飞机基地或直升机降落场

水上飞机基地的符号为机场符号的圆环中添加铁锚的标示，而直升机降落场则需在上述机场符号的圆环中添加大写字母 H。

(3) 机场标高与跑道相关信息

在航路图上除了标明机场的类型以外，还可能包含机场及其跑道的相关信息，主要包括机场标高和最长跑道长度。

在大部分的航路图上，在机场名称的下方，紧随机场识别代码之后，给出基于平均海平面(MSL)之上的机场标高，单位为英尺。

除了机场标高以外，航路图上还采用 2～3 位数字表示机场内最长跑道的长度，单位为百英尺。跑道长度数据以 70 ft 为分界点进行进位，例如最长跑道长度为 4 669 ft 的机场标示为 46，而最长跑道长度为 4 671 ft 的机场标示为 47。如果机场内最长跑道的道面为柔性道面，则在最长跑道长度的数值之后添加后缀 S。

(4) 天气服务与机场通信

在机场所在地名的上方，航路图通常还提供机场内的天气服务和通信资料的可用性及其相关要求。这些服务和要求在全世界范围内都比较类似，但根据地区的不同会有一定差异。

6. 航路/航线

(1) 概　述

航路(Enroute)/航线(Airway)是空中走廊，一般是由无线电导航设施或自主导航系统引导、定义和飞行的管制空域，指示飞行员遵循指定的特殊航路飞行，并由管制员提供 ATS 管制服务和预测航路空中交通流量。

不同国家使用航路或航线两个不同的名词术语，从实际意义上讲，航路和航线的含义基本相同；但在中国民用航空总局(CAAC)制的航路图中，航路和航线存在一定的差异，航路是指根据地面导航设施建立的供飞机做航线飞行之用的具有一定宽度的空域。该空域以连接各导航设施的直线为中心线，规定有上限和下限的高度和宽度。航线是指飞机飞行的路线，确定了飞机飞行的具体方向、起讫和经停地点。

航路图上提供的航路/航线的组成部分及相关信息主要包括航路中心线、航路类型与航路代号、航路的航迹引导、航路上的定位点、航路上的里程和航路上的高度等内容。

航路符号及其含义如表 3.10 所列。

表 3.10　航路符号及其含义

符　号	含　义	符　号	含　义
(粗实线)	航路、航线	(灰色粗实线)	低空航路图上重叠在上一层的高空航路
(粗虚线)	转场航路/航线	BATT INTERCEPTS	切入航路/航线，BATT 为切入点的名称

续表 3.10

符　号	含　义	符　号	含　义
V 76	单向航路	V 168	航路代号放在黑底白字的框中
DOM	国内航线,外国营运人使用需要	J 225 R	航路代号后缀"R"表示该航路为区域导航航路
OTR	海洋区过渡航线	D	直飞航线
FPR	沿箭头方向飞行需要预先制订飞行计划	NAT	北大西洋公约组织航迹结构相联的航线
PPR	沿箭头方向飞行需得到ATC预先许可		等待航线
	航路上的高度转换符号,不应用于GPS航路高度或导航台处		飞经航路/航线

航路代号的后缀通常用于表示航路/航线提供服务的种类或者所需的转向性能,每一个后缀都表示独特的含义。常见的航路代号后缀及其含义如表 3.11 所列。

表 3.11　常见的航路代号后缀及其含义

航路代号后缀	含　义
E	东
W	西
S	南
N	北
F	仅提供咨询服务
G	仅提供飞行情报服务
L	中低频航路
R	RNAV(区域导航)航路
VOR	VOR 航路
X	无 B-RNAV 配备的航空器所使用的航路(欧洲)
Y	在飞行高度层 6 000 m(含)以上所需导航性能类型 1(RNP1)的航路,字母"Y"表示航路上 30°～90°之间的所有转弯必须在直线航段间正切圆弧允许的所需导航性能精度容差内进行,并限定转弯半径为 42 km
Z	在飞行高度层 5 700 m(含)以下所需导航性能类型 1(RNP1)的航路,字母"Z"表示航路上 30°～90°之间的所有转弯必须在直线航段间正切圆弧允许的所需导航性能精度容差内进行,并限定转弯半径为 28 km
1	条件航路的类别(欧洲)
1,2	条件航路的类别(欧洲)
1,2,3	条件航路的类别(欧洲)

（2）报告点

航路上的报告点可以分为强制报告点和非强制报告点。报告点主要用于空中交通管制、高度变换的位置以及作为从航路到进近的过渡点使用。报告点的各种符号及其含义如表 3.12 所列。

表 3.12　报告点的各种符号及其含义

符　号	含　义	符　号	含　义
▲ ▲ ▲	强制报告点	△ △	非强制报告点
△ △	低空非强制报告点	▲ ▲ ▲	低空强制报告点
✧	非强制 RNAV 航路点航路	✦ ✦	强制 RNAV 航路点
X	里程分段/计算机导航定位点	(M)	要求报告气象的点
D	DME 的距离信息	(M) ABOVE FL 230	高度在 FL230 以上要求报告气象

（3）定位点的定位

交叉定位点的位置使用无线电导航设施来确定，一般常用 VOR 径向线、NDB 磁方位线或距导航设施的 DME 距离来定义，如表 3.13 所列。

表 3.13　定位点的符号及定位方式

符　号	定位方式	符　号	定位方式
△←296°——	构成定位点的背台 VOR 径向线	△——095°→	构成定位点的向台 NDB 磁方位角
△←296° BOR/116.8	导航设施不在图上或距离较远，包含该导航台的频率和识别代码	△ ABC/294 ——095°→	导航设施不在图上或距离较远，包含导航台的频率、识别代码和莫尔斯电码
△ D55/MAZ	距导航设施 MAZ DME 55 n mile 构成的定位点	△ 10/D22 △ 12/D	“D”表示 DME 定位点，距离为自该台的 DME 里程

（4）航路上的高度

航路图为仪表飞行提供了各种不同的航路高度，主要包括最低航路高度（MEA）、最低超障高度（MOCA）、航路最低偏航高度（MORA）、最高批准高度（MAA）、最低穿越高度（MCA）、最低接收高度和奇数/偶数高度层。航路上不同高度的符号及其含义如表 3.14 所列。

表 3.14　不同高度的符号及其含义

符　号	含　义	符　号	含　义
2500 FL 40	最低航路高度(MEA),用高度数值或飞行高度层表示	1300T	最低超障高度(MOCA)
MAA 25 000 MAA FL250	最高批准高度(MAA),以高度数值或飞行高度层表示	1300a	航路最低偏航高度(MORA)
MCA V8-2 4100NE	最低穿越高度(MCA)是航空器从一个具有较低的 MEA 数值的航段飞往一个具有较高的 MEA 数值的航段时,穿越某些定位点的最低飞行高度	MRA9500	最低接收高度(MRA)是保证接收到足够导航信号,确定交叉定位点的最低高度
O>	箭头所指方向使用奇数千位数高度/飞行高度层。"O"仅用于单向航路	E>	箭头所指方向使用偶数千位数高度/飞行高度层
E&O>	箭头所指方向使用奇数和偶数千位数高度/飞行高度层均可以	⊣	MEA 高度转换点或自该点起航路上另有高度限制(如增加了 MAA、MOCA 或 MORA 的要求)。通常,在导航设施处该符号被省略

(5) 航路上的里程

航路上的里程分为航段里程和导航设施之间的总里程。航段里程是指航路上两个定位点之间或定位点与里程分段点之间的直线距离。航路上的里程符号及其含义如表 3.15 所列。

表 3.15　航路上的里程符号及其含义

航路上的里程符号	含　义
23	导航台之间的总里程
23	沿航路飞行时,相邻两个导航设施之间的总里程放在一个六边形的框里;当同一个定位点处有多条航路交叉时,每条航路上相邻两个导航设施间的总里程还可以有方向指针,其对应的方向指针平行于相应的航路中心线
22　65	导航频率转换点。两导航之间导航频率的 COP(转换点)用自该台至转换点的里程表示。当转换点在中间点或转变点时,则省略转换点符号

在航路上，当相邻两个航迹引导的导航设施的覆盖范围不能互相衔接时，在导航信号没有覆盖到的地方，用沿航路的带有裂痕的黑色矩形“■■”来表示。

(6) 飞经航路报告点或导航台

飞经航路报告点或导航台的符号及其含义如表 3.16 所列。

表 3.16　飞经航路报告点或导航台的符号及其含义

符　号	含　义	符　号	含　义
330° 150° J26 J15	J26 航路不使用此强制报告点	300° V15 V76 0 27 9 18 120° V76 Disregards Navaid.	V76 航路不使用该 VOR 台，并用注释说明该导航设施的使用情况
J24 350° 15 J14 170° 65	J14 航路不使用强制报告点，用里程分段点表示在该点处转弯	V15 INT V76 V76 Disregards Int.	V76 航路不使用此交叉点，以注释说明交叉点的使用情况

7. 边界线

航路图上包含许多边界线，主要用于描述空域的级别以及不同国家、时区、管制单位和防空识别区之间的边界。航路图上的边界线主要包括各类空域的边界线、地理边界线和程序边界线等，如表 3.17 所列。

表 3.17　航路图上的边界线符号及其含义

符　号	含　义	符　号	含　义
	FIR、UIR、ARTCC 或 OCA 边界线		频率边界线(高频)
	国界线		G 类空域飞行情报区边界线
	时区边界线		速度限制边界线
QNH QNE	QNH/QNE 边界线		州或省的边界线

续表 3.17

符　号	含　义	符　号	含　义
RVSM AIRSPACE	缩小垂直间隔区域边界线		缩小垂直间隔过渡边界
	共用交通咨询频率的边界线(澳大利亚)		咨询广播区、雷达区边界线

8. 航路图定位信息

航路图上的导航与定位信息主要包括经纬网格、等磁差线、网格最低偏航高度等,如表 3.18 所列。

表 3.18　导航与定位信息符号及其含义

符　号	含　义	符　号	含　义
N　N	指北箭头	W090°	经纬网格,航路图上1°分隔的经纬网格最普遍
4	航路图重叠指示标志	19°E	等磁差线,在航路图上用连续的绿色虚线把磁差相等的点连接起来。等磁差线上磁差为+19°
DENVER KDEN	区域图重叠指示标志	90 157	网格最低偏航高度

9. 地形信息

航路图上提供的地形信息只包括海洋、大面积的江河和湖泊。而在区域图中,当区域图覆盖范围内的地形高于主要机场 4 000 ft 以上时,则标出相应的地形等高线及其数值,如表 3.19 所列。

表 3.19　地形信息符号及其含义

符　号	含　义	符　号	含　义
5280′	标高点	8310′ 8000 7000 6000	等高线及其数值
	水系		
5280′	未被识别的人工参考点障碍物，其标高为 5 280 ft	5280′	人工参考点障碍物类型已知，塔的标高为 5 280 ft

3.4　航路图图例应用范例

3.4.1　低空和高/低空航路图上的图例

低空和高/低空航路图中各种图例如图 3.14 所示，图中各项标注的含义如下所述。

标注 1：终端区 A 类空域，上限至 FL300(30 000 ft)。

标注 2：TENERIFE VOR/DME 台识别信息框。

标注 3：IFR 机场符号及其识别信息。IFR 机场为蓝色，公布的程序列在该名称下面，还有 ICAO/杰普逊导航设施代码、机场标高和以百英尺为单位的最长的跑道长度(不足百英尺但大于 70 ft，则进为百英尺)。

标注 4：经纬网格数。

标注 5：磁差为“－8°”的等磁差线。

标注 6：区域图覆盖范围。

标注 7：“D”表示 DME 定位点，航段里程是自导航设施的 DME 距离。

标注 8：非强制报告点 LOMAS。

标注 9：网格最低偏航高度分别为 14 500 ft 和 7 700 ft。网格最低偏航高度在 14 000 ft 及以上标示为红褐色，在 14 000 ft 以下标示为绿色。

标注 10：导航频率转换点。

标注 11：特殊用途的空域。

标注 12：偏离航路的 VOR 台。

标注 13：偏离航路的 DME 台及其识别信息。

标注 14：等待航线。

标注 15：导航设施间的总里程为 89 n mile。

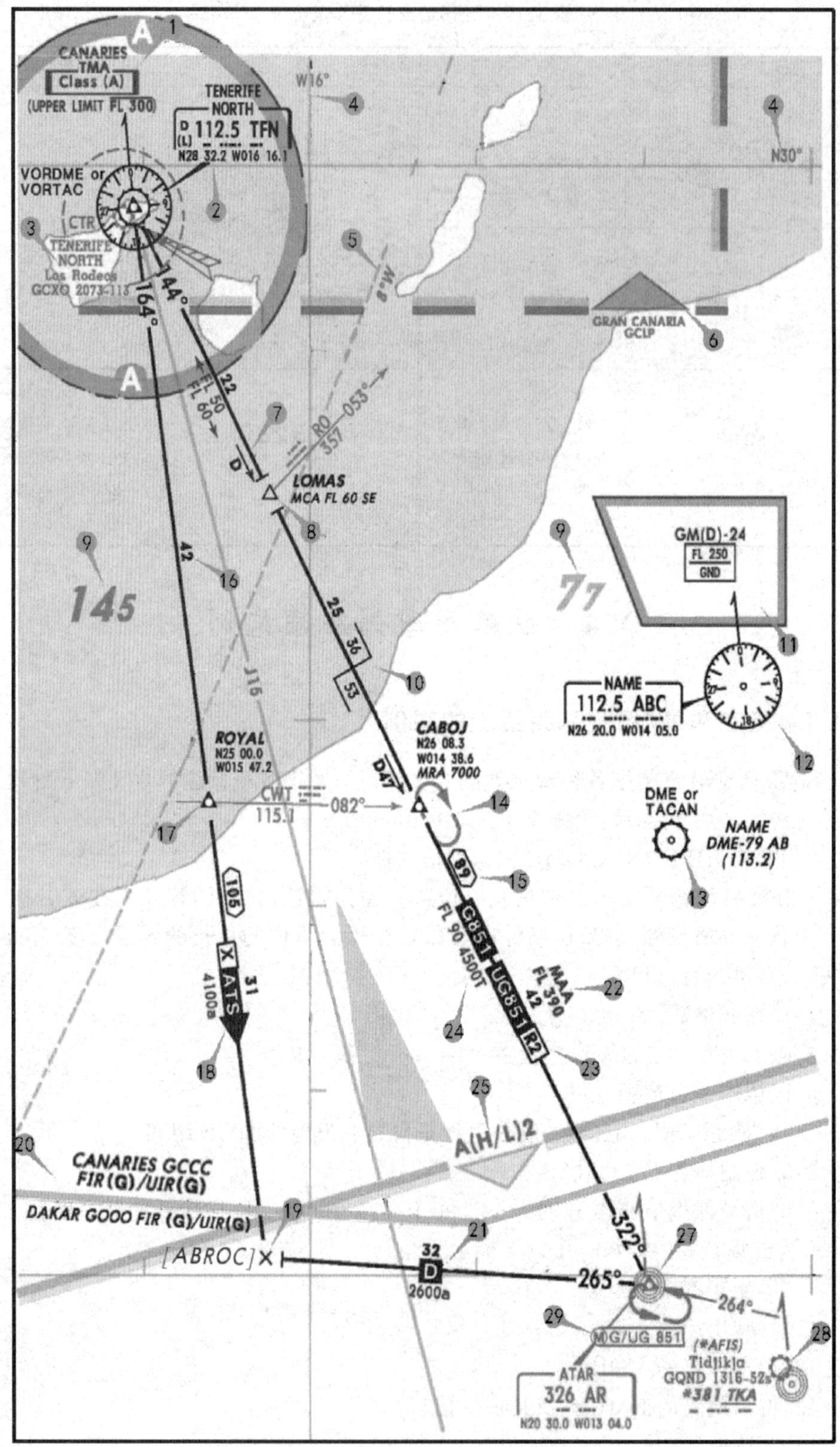

图 3.14 低空和高/低空航路图

标注 16：航段里程为 42 n mile。

标注 17：强制报告点 ROYAL，其惯性导航系统(INS)坐标为北纬 25°0′，西经 15°47.2′。

标注 18：ATS 单向航路。

标注 19：里程分段点。计算机导航数据库里的名称为 ABROC。数据库识别标志由实施管制的国家管理机构正式确定，也可能由杰普逊公司确定。无论何种情况，这些识别标志都没有 ATC 功能，也不能用于申报飞行计划以及与 ATC 的通信联络，把它们标绘在图上只是用于当与其数据库导航系统对照使用航图时使飞行员保持方向。

标注 20：飞行情报区/高空情报区的名称、识别标志和空域类别。

标注 21：直飞航路(需要 ATC 的批准，不接受飞行计划中的申请)。

标注 22：最高批准高度(MAA)为 FL390(39 000 ft)。

标注 23："R"代表区域导航(RNAV)ATS 航路(欧洲以外)，2 代表条件航路类别(见欧洲列表)。

标注 24：最低超障高度(MOCA)为 4 500 ft。

标注 25：航路图重叠指示标志，表明航路图 A(H/L)2 与本张航路图的重叠范围。

标注 26：航路最低偏航高度(航路 MORA)为 2 600 ft。

标注 27：ATAR NDB 台。

标注 28：机场符号及其识别信息。该机场为 VFR 民用机场提供机场飞行情报服务，没有公布杰普逊仪表进近程序，"＊"号表示部分时间工作。

标注 29：要求报告气象的点。

3.4.2　美国低空航路图/区域图上的综合图例

美国低空航路图/区域图上的各种图例如图 3.15 所示，图中各项标注的含义如下所述。

标注 1：B 类空域的边界线。

标注 2：以 VOR 10°径向线定义的 B 类空域内的分扇区边界线。

标注 3：重叠在低空航路图上的高空航路，航路代号为 J85。

标注 4：B 类空域 Springfield 的高度上限为 10 000 ft，图上数据的单位为百英尺。

标注 5：机场范围内的自动终端情报服务频率为 124.2 MHz。

标注 6：机场及其识别信息。该机场为 IFR 民用机场，标注机场所在地名为"SPRINGFIELD COLO"，机场名称为"Sand Creek"，机场 ICAO 识别代码为 KSCK，机场标高为 6 150 ft，最长跑道长度为 9 700 ft。

标注 7：机场内配备有 ILS 或航向台。

标注 8：5 n mile 扇区内 B 类空域的下限为地面(GND)。

标注 9：距离机场 12 n mile 的圆弧，用于定义 B 类空域的外边界。

标注 10：扇区内的 B 类空域的下限 5 000 ft，图上数据单位为百英尺。

标注 11：VOR/DME 台符号及其识别信息。其中该 VOR/DME 台的名称为 CLOVER，频率为 116.2 MHz，识别代码为 OVR，有 DME 功能，设施类别为高空级 VOR。阴影框表明导航台是航路的组成部分。

标注 12：与导航设施相关的通信信息，第 1 行为飞行中的危险天气咨询服务；第 2 行为呼叫 DENVER 的美国航路飞行咨询服务，固定频率为 122.0 MHz，服务时间为每天 06:00—22:00；第 3 行为 DENVER 飞行服务站的通信频率，122.1 MHz 与 122.6 MHz 频率用于守听(G)，122.2 MHz 频率可用于接收与发射。

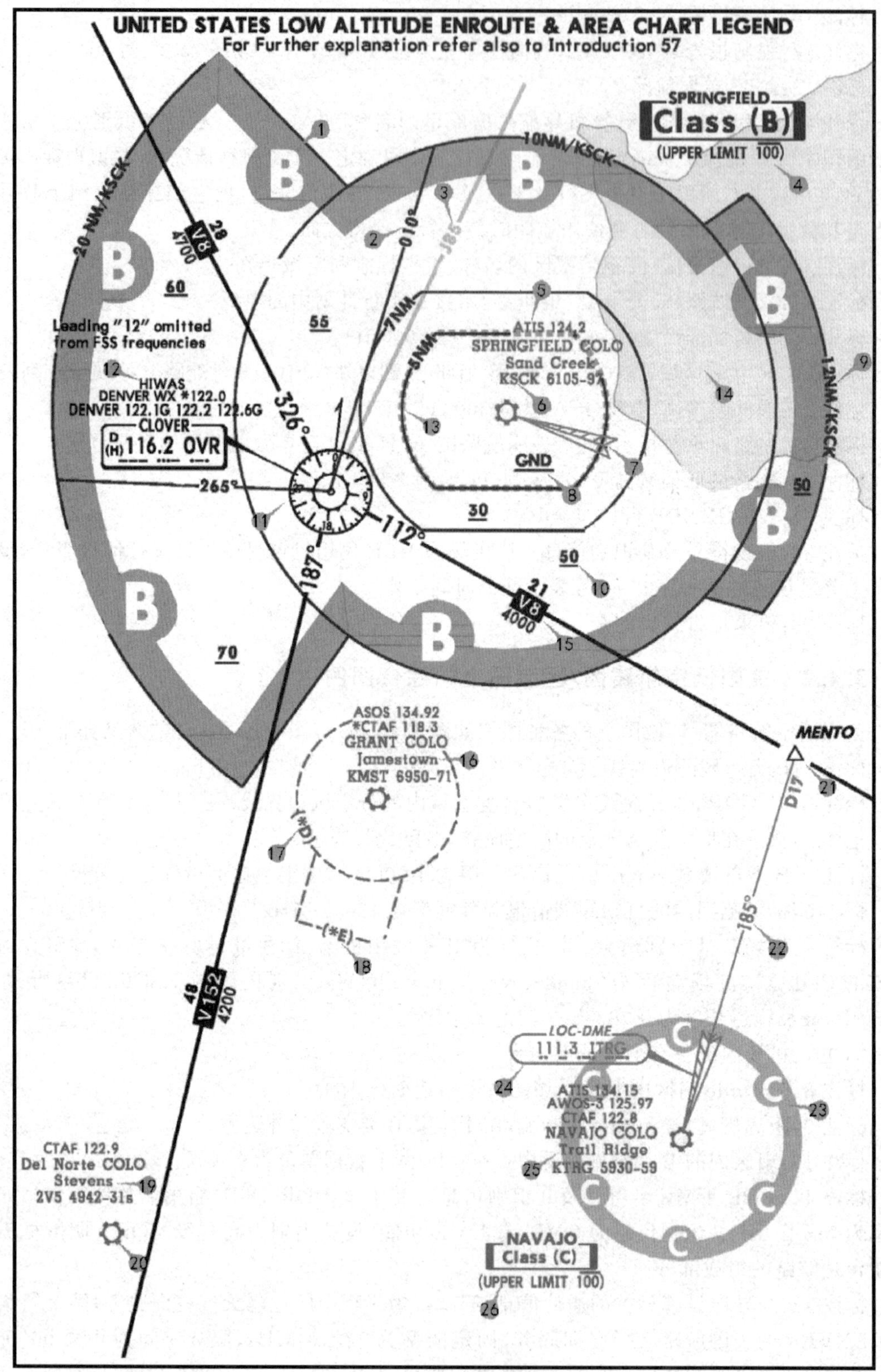

图 3.15　美国低空航路图/区域图

标注 13:在图示的 5 n mile 扇区边界内,禁止特殊的 VFR 飞行(适用规章:FAR91.157)。

标注 14:航路图上的水域。

标注 15:航路代号为“V8”。

标注 16:蓝色的机场识别信息和用大写字母标示的机场所在地理位置,表明该机场为 IFR 机场,至少公布了一张仪表进近图,在《杰普逊航路手册》美国卷的科罗拉(COLO)州分册中以 Grant 为索引名,可以找到该机场的仪表进近图;与地名不同的机场名,用小写字母标示,Jamestown 机场;机场的 ICAO 四字地名代码为 KMST;机场标高为 6 950 ft;机场内最长跑道长度为 7 100 ft,图上数据单位为百英尺。

标注 17:部分时段工作的 D 类空域。

标注 18:与 D 类空域相关,部分时段工作的 E 类空域。

标注 19:机场通信及其识别信息。共用交通咨询频率为 122.9 MHz,用小写字母标示的机场所在地理位置,表明该机场没有公布仪表进近图;“s”表示机场内的跑道为柔性道面。

标注 20:VFR 民用机场的符号。

标注 21:航路上的非强制报告点 MENTO。

标注 22:LOC 提供航向道 185°。定位点 MENTO 是由 LOC 航向台提供的 185°航道和 DME 台提供的 17 n mile 的距离弧来确定的。

标注 23:B 类空域的边界线。

标注 24:起航路引导作用的航向台给出导航设施识别信息,名称为 LOC-DME,频率为 111.3 MHz,识别代码为 ITRG。该航向台为航路上的报告点 MENTO 提供定位信息。

标注 25:机场识别信息以及机场通信。机场内的天气情报服务为 AWOS-3,频率为 125.97 MHz,共用交通咨询频率为 122.8 MHz,机场所在地名为 NAVAJO COLO,机场名称为 Trail Ridge,机场 ICAO 识别代码为 KTRG,机场标高为 5 930 ft,最长跑道长度为 5 900 ft。

标注 26:C 类空域 NAVAJO 的范围。高度上限为 10 000 ft,图上数据单位为百英尺。

3.4.3　高空航路图上的图例综合样例

高空航路图上的各种图例如图 3.16 所示,图中各项标注的含义如下所述。

标注 1:VOR/DME 台及其识别信息框。该导航台的名称为 TENERIFE NORTH,其中频率为 112.5 MHz,识别代码为 TFN,具有 DME 功能,设施类别为低空级 VOR,阴影框表明该导航台是航路的组成部分。

标注 2:蓝色的机场识别信息和用大写字母标示的机场所在地理位置,表明该机场为 IFR 机场,至少公布了一张仪表进近图。在《杰普逊航路手册》欧洲分册中以 TENERIFE NORTH 为索引名,可以找到该机场的仪表进近图,机场的名称为 Los Rodeos,该机场的 ICAO 四字代码为 GCXO,机场标高为 2 073 ft,最长跑道长度为 11 300 ft。

标注 3:A 类空域的管制区边界线。

标注 4:CANARIES 终端区(TMA)A 类空域范围,其高度上限为 15 000 ft,图上数据单位为百英尺。

标注 5:专用空域,摩洛哥空域内编号为 24 的危险区,空域的垂直高度范围是从地面到 FL250(25 000 ft)。

标注 6:航路图上的经纬网格坐标。

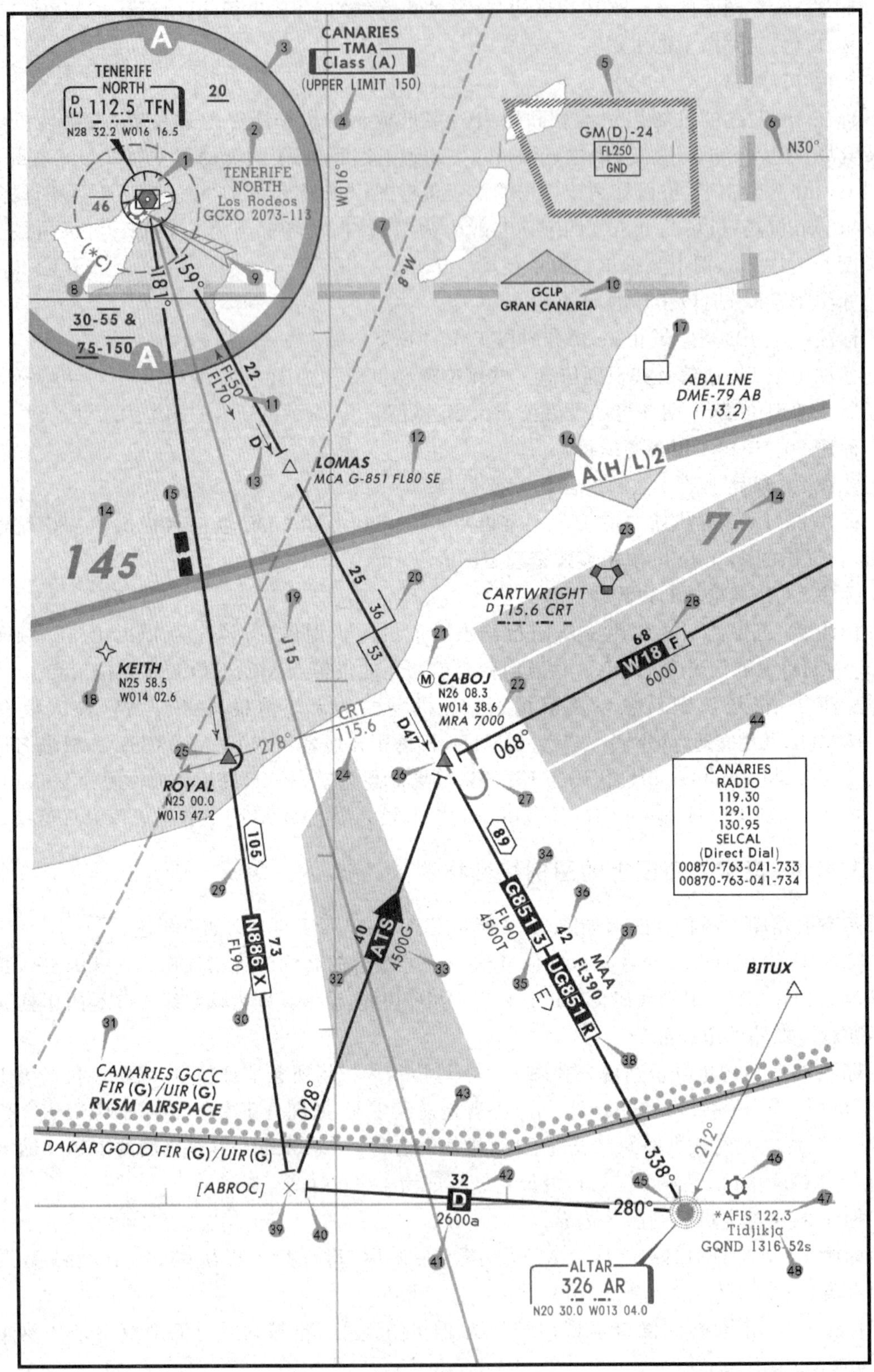

CANARIES TMA Class (A)
(UPPER LIMIT 150)
TENERIFE NORTH
112.5 TFN
N28 32.2 W016 16.5
TENERIFE NORTH Los Rodeos GCXO 2073-113
30-55 &
75-150
GM(D)-24
FL250
GND
N30°
W016°
GCLP GRAN CANARIA
ABALINE DME-79 AB (113.2)
LOMAS
MCA G-851 FL80 SE
A(H/L)2
CARTWRIGHT
115.6 CRT
KEITH
N25 58.5
W014 02.6
CABOJ
N26 08.3
W014 38.6
MRA 7000
W18 F
6000
ROYAL
N25 00.0
W015 47.2
CANARIES RADIO
119.30
129.10
130.95
SELCAL
(Direct Dial)
00870-763-041-733
00870-763-041-734
N886 X
FL90
ATS
4500G
G851
FL90
4500T
UG851 R
MAA
FL390
BITUX
CANARIES GCCC
FIR (G)/UIR (G)
RVSM AIRSPACE
DAKAR GOOO FIR (G)/UIR(G)
[ABROC]
2600a
280°
*AFIS 122.3
Tidjikja
GQND 1316-52s
ALTAR
326 AR
N20 30.0 W013 04.0

图 3.16　高空航路图

标注 7:磁差为-8°的等磁差线。

标注 8:部分时段工作的 C 类空域。

标注 9:机场内的 ILS 或航向台 LOC。

标注 10:GCLP 区域图的覆盖范围。

标注 11:最低航路高度 MEA。西北方向飞行时,即由 LOMAS 定位点飞往 TFN VOR/DME 台时,MEA 为 FL150(15 000 ft);东南方向飞行时,即由 TFN VOR 台飞往 LOMAS 定位点时,MEA 为 FL170(17 000 ft)。

标注 12:最低穿越高度 MCA。沿 G851 航路飞往东南方向时的最低穿越高度为 FL80(8000 ft)。

标注 13:交叉点或定位点的定位信息,由 TENERIFE NORTH VOR/DME 台提供的 22 n mile DME 距离弧进行定位,由于交叉点 LOMAS 为离开导航台的第一个定位点,DME 距离等于该航段的航段里程,因此省略了字母"D"后面的数字"22"。

标注 14:网格最低偏航高度(MORA)。MORA 分别为 14 500 ft 和 7 700 ft,图上数据单位为百英尺,数值大于 14 000 ft,在航路图上用红褐色标注;数值小于 14 000 ft,在航路图上用绿色标注。

标注 15:导航信号覆盖不连续。

标注 16:航路图重叠指示标志,表明航路图 A(H/L)2 与本张航路图的重叠范围。

标注 17:偏离航路的 DME 台,导航台的名称为 ABALINE,使用波道为 79,识别代号为 AB。由于没有与该 DME 相匹配的 VOR 存在,在使用该 DME 的测距功能时,应将频率调谐在虚拟的 VOR 频率 113.2 MHz 上。

标注 18:航路点。该航路点的名称为 KEITH,地理位置位于北纬 25°58.5′,西经 14°2.6′。

标注 19:重叠在低空航路图上的高空航路,其代号为 J15。

标注 20:导航设施频率转换点 COP。距 TENERIFE NORTH VOR/DME 台的距离为 36 n mile,距 ALTAR NDB 台的距离为 53 n mile。

标注 21:要求报告气象的点。

标注 22:最低接收高度 MRA。为了确保接收到足够的导航信号,从而定位 CABOJ 交叉点,航空器的最低飞行高度至少为 7 000 ft。

标注 23:VORTAC 导航台。其名称为 CARTWRIGHT,频率为 115.6 MHz,识别代码为 CRT,具备 DME 测距功能。偏离航路的导航设施的识别信息不加框。

标注 24:交叉点或定位点的定位信息,由图上的 VOR 提供的 278°径向线进行定位,该 VOR 的识别代码为 CRT,频率为 115.6 MHz。

标注 25:航路上的强制报告点 ROYAL。同时标注用于惯性导航系统(INS)的地理坐标,表明该点也可作为区域导航航路点使用。

标注 26:强制报告点 CABOJ。同时作为等待程序的等待定位点。

标注 27:等待航线。

标注 28:航路代号 W18F。航路代号后缀"F"的含义为仅提供咨询服务。

标注 29:导航设施之间的总里程。图中 TENERIFE NORTH VOR/DME 台与 ALTAR NDB 台之间的总里程为 105 n mile。

标注 30:可供不具备 B-RNAV 设备的航空器使用的航路(仅限欧洲)。

标注 31:FIR/UIR 边界线的名称,识别代码和空域类型,即飞行情报区/高空飞行情报区的区域边界线;指明识别代码为 GCCC 的 CANARIES FIR/UIR 与识别代码为 GOOO 的 DAKAR FIR/UIR 的区域边界,上述空域均为 G 类空域。

标注 32:单向 ATS 航路。

标注 33:GPS 最低航路高度(MEA)为 4 500 ft。

标注 34:航路代号 G851。

标注 35:航路代号 G851 的后缀。"3"代表条件航路的类别。

标注 36:航段里程。定位点 CABOJ 与定位点 ALTAR NDB 之间的航段里程为 42 n mile。

标注 37:最高批准高度(MAA)为 FL390(39 000 ft)。

标注 38:航路代号 UG851 的后缀。"R"表示 RNAV 航路。

标注 39:里程分段点或导航数据库中的计算机导航定位点(CNF)。其在杰普逊导航数据库中的名称为"ABROC"。

标注 40:航路高度转换点。

标注 41:航路最低偏航高度(Route MORA)为 2 600 ft。

标注 42:直飞航路(需要 ATC 批准,不用于填报飞行计划)。

标注 43:实施 RVSM 的区域边界线。

标注 44:航路通信信息。

标注 45:NDB 导航台。

标注 46:VFR 民用机场。

标注 47:机场通信。Tidjikja 机场为以 122.3 MHz 的频率部分时段提供机场飞行情报服务。

标注 48:机场识别信息。机场名称为 Tidjikja,与机场所在地名一致,机场 ICAO 识别代码为 GQND,机场标高为 1 316 ft,最长跑道长度为 5 200 ft,道面为柔性道面。

复习思考题

1. 航路图的目的和作用是什么?
2. 航路图的类型有哪几种?
3. 航路图的基本布局是怎样的?
4. 航路图上常用的导航设施符号有哪些?导航设施的信息如何识别?
5. 航路图上的机场类型及符号如何规定?机场识别信息包括哪些?
6. 航路/线的组成部分包括哪几部分?
7. 航路上的定位点有哪几种类型?如何表示?
8. 航路上的航迹引导有哪几种?举例说明如何进行航迹引导。
9. 航路上的高度有哪几种类型?在航路图上分别如何表示?
10. 如何正确识读和应用航路图?
11. 列出本章航路图相关的航图简缩字,并写出英文全称和含义。

第 4 章　标准仪表离场图

4.1　概　述

标准仪表离场程序是公开发布的专供在进行标准仪表飞行的航空器从机场跑道起飞后使用的飞行程序。离场程序通常开始于跑道起飞末端(DER),结束于航路上的定位点或导航台。设计标准仪表离场程序的目的是向机组提供资料,使其能够从起飞阶段到航路阶段遵守规定的标准仪表离场航路飞行。飞行员按照离场程序飞行可以简化 ATC 的指令,避免空中交通拥挤,满足超障要求。

在查找某一机场的离场图时,首先要找到该机场所在的城市名,然后再根据索引号查找所需要的离场图。在离场图的右上角用“SID”表明该图为标准仪表离场图。

当航空器从机场跑道起飞末端起飞离场时,飞行员需要选择一条离场程序,按照离场程序的图面信息和规定实施离场。因此,飞行准备时,机组人员需要认真阅读相应的离场图的图面信息,做好起飞离场的准备,并熟悉离场程序的飞行方法,确保飞行安全。

4.2　标准仪表离场图的基本布局

标准仪表离场图(SID)整体上由标题栏和平面图两部分组成,如图 4.1 所示。

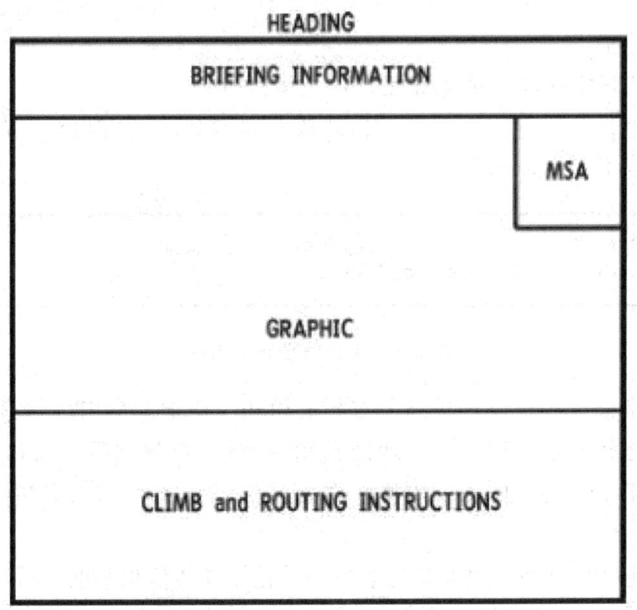

图 4.1　标准仪表离场图的基本布局

4.2.1 标题栏

离场图标题栏主要包括图边信息、通信频率、机场标高、高度表拨正数据和运行限制等内容。

1. 图边信息

图边信息位于标准仪表离场图的顶部,主要包含离场图的标识、机场所在的地名、主要机场的名称和识别代码、航图索引号和航图日期等,如图 4.2 所示。

KSFB/SFB ORLANDO SANFORD INTL	JEPPESEN 26 APR 13 (40-3)	Eff 2 May	ORLANDO, FLA SID

图 4.2 标题栏

标准仪表离场图的标识用黑底白字矩形框中的简缩字标注在离场图的右上角,代表程序类型。“SID”代表标准仪表离场图,“DEPARTURE(DP)”代表离场图,“SID(R)”表示该离场程序要求 ATC 提供雷达引导,“RNAV SID”表示只有装备了区域导航设备的航空器才可以使用该离场程序。

图 4.2 中,右上角的“ORLANDO,FLA”为该标准仪表离场图所服务的地名。该离场图对应的主要机场名称为“ORLANDO SANFORD INTL”,在平面图中的位置用阴影突出显示。位于机场名称之上的“KSFB/SFB”分别是 ICAO 机场四字代码和 IATA 三字代码。

离场图索引号为“40-3”,表明该离场程序是奥兰多桑福德国际机场的第一个离场程序,其余 SID 程序分别以 10-3A、10-3B、10-3C 依次类推的大写字母来表示。

航图日期一般包括修订日期和生效日期。查看航图日期的目的是确认该航图的有效性和可用性。如图 4.2 所示,该标准仪表离场图中的“26 APR 13”表示修订日期为 2013 年 4 月 26 日,“Eff 2 May”表示生效日期为 2013 年 5 月 2 日。如果在航图中没有注明生效日期,则表示该离场图收到即生效。

2. 通信频率、机场标高与高度表拨正数据及运行限制

在离场图标题栏图边信息正下方的一栏内从左向右列出通信频率、机场标高与高度表拨正数据及运行限制,如图 4.3 所示。

ORLANDO Departure (R) 121.1	*Apt Elev* 55′	Trans level: FL180 Trans alt: 18000′ **RADAR required.**

图 4.3 图边信息正下方栏

在标准仪表离场图标题栏图边信息下方栏的第一个矩形方框内,一般标出离场通信频率。有时还可能标注有进近管制、塔台管制、地面管制、放行许可频率等。通信频率中如有前后缀符号的含义见前面章节所述。图 4.3 中奥兰多离场管制频率为 121.1 MHz,后缀“R”表示有雷达可用。

在离场图的标题栏中,机场标高与高度表拨正数据紧随通信频率框之后,图 4.2 中美国桑福德机场 40-3 离场图上公布的机场标高为 55 ft。而有些离场图标题栏内没有直接标注机场标高的数值,而是标注“APT ELEV SEE graphic”,此时机场标高在平面图的机场图附近标注。

图 4.3 中高度表拨正数据表明，过渡高度层为标准海平面气压高度 18 000 ft，过渡高度为修正海平面气压高度 18 000 ft。

在离场图标题栏高度表拨正数据框内，针对具体情况还可能包含一些方面的运行限制，在查阅和使用这些离场图时应加以注意。这些限制主要包括机型限制、速度限制、机载和地面设备限制、减噪程序限制等。

（1）机型限制

有一些离场程序是专门针对某种特定机型设计的，比如喷气式、涡桨、非涡喷航空器等。

（2）速度限制

速度限制标题栏的附加信息栏中对速度限制加以说明，并在平面图上用矩形框标注具体速度限制信息。

（3）机载和地面设备限制

某些离场程序专门针对装载有 DME、GPS、RNAV 等特殊设备的航空器设计。有时一些离场程序仅在机载通信设备失效的时候使用。对于 RNAV SID 程序，航空器必须装备 RNAV 系统才可以使用。图 4.3 中表明该离场程序要求航空器装备雷达才可用。

（4）减噪程序限制

如果需要飞行员参考具体的减噪程序，会在离场程序的高度表拨正一栏内标出。

4.2.2　平面图

飞行员可以从离场程序平面图中查找飞行路线、航向和爬升梯度等信息，同时还可以查找相关的速度限制、空域限制和减噪程序等信息。离场图的上方一般对应正北方向。离场图一般不按比例绘制，在平面图上可以找到指北箭头和不按比例尺绘制的说明“NOT TO SCALE”。虽然平面图不按比例尺绘制，但是图上相关的地理位置和方位信息都是精确的。

飞行员在查阅离场图标题栏信息后，如果需要进一步查阅离场航路结构和飞行路线等其他相关信息，应继续查阅离场图的平面图。平面图中的信息主要包括离场程序命名和编号；机场、导航台和定位点、飞行航迹、高度与限制信息等，如图 4.4 所示。

1. 离场程序名称和编号

离场程序的命名方式不是唯一的。有些离场程序用其结束点来命名，在这个航路点之后就进入航路飞行。如果终止于同一个定位点的离场程序有多条，则通过数字（程序本身不含数字）或者字母（程序本身不含字母）来进行区分。

在美国，有些离场程序通过过渡航路过渡到航路上的某个定位点。此种情况下，离场程序是以离场程序的终止点即过渡程序的开始点来命名的。在某些离场图上，除离场程序名称以外，还提供离场程序的计算机代码或导航数据库中的代码。离场程序的计算机代码紧随进场程序名称之后，以圆括号进行标注。这些计算机代码可提供便携的方式填写飞行计划。离场程序的导航数据库程序识别代码用斜体字标注在方括号内，可在电子导航系统中为飞行员提供方向指引，其本身不具备 ATC 功能，也不能用于填写飞行计划。如图 4.4 所示，美国旧金山国际机场 10-3D 标准仪表离场图的程序的名称为“MOLEN THREE DEPARTURE”，定位点 MOLEN 为离场程序的结束点，也就是过渡程序的开始点，括号中的“MOLEN3. MOLEN”为该离场程序的计算机代码，供建立计算机航路的机场使用。

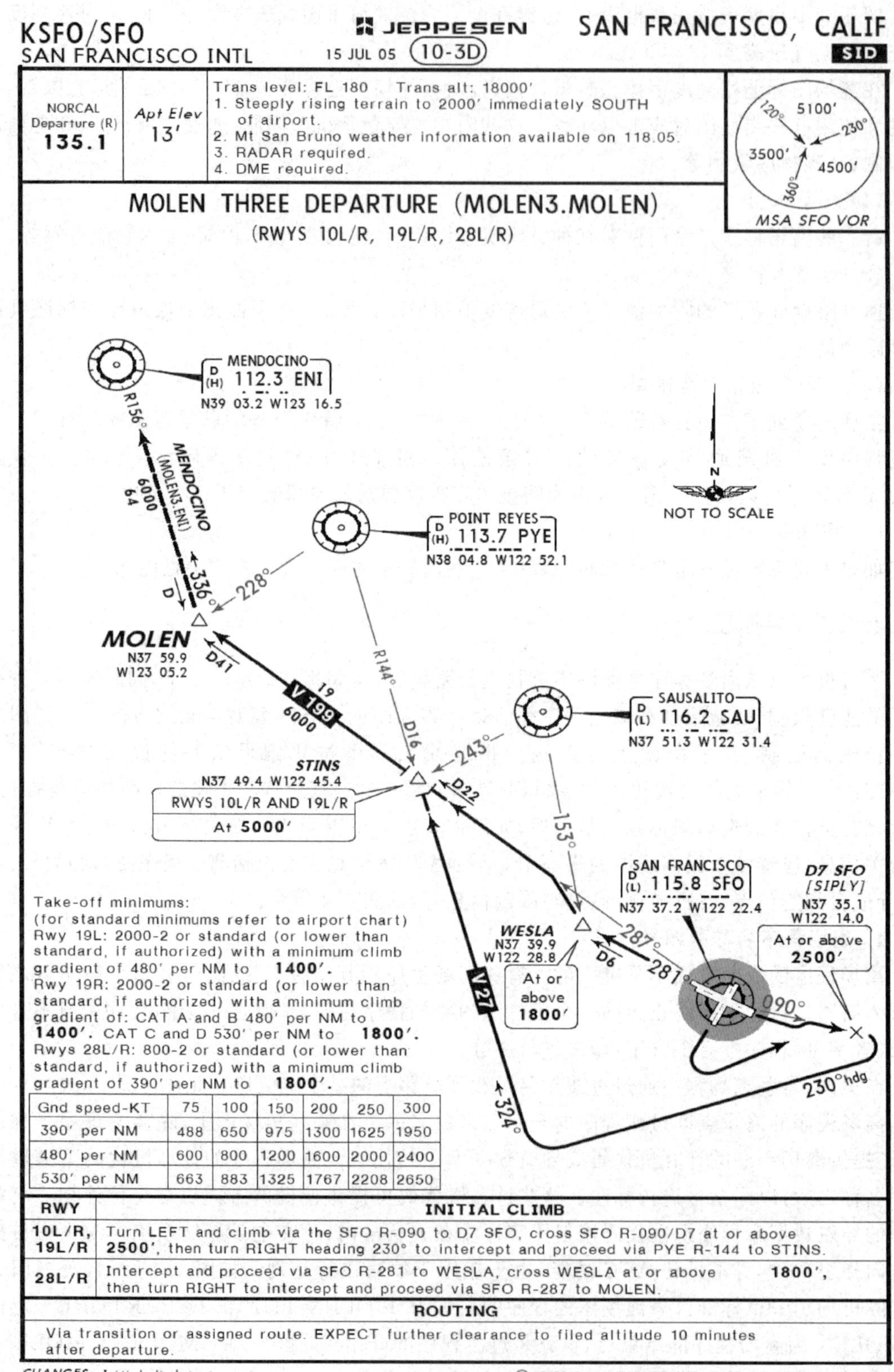

Gnd speed-KT	75	100	150	200	250	300
390' per NM	488	650	975	1300	1625	1950
480' per NM	600	800	1200	1600	2000	2400
530' per NM	663	883	1325	1767	2208	2650

RWY	INITIAL CLIMB
10L/R, 19L/R	Turn LEFT and climb via the SFO R-090 to D7 SFO, cross SFO R-090/D7 at or above **2500'**, then turn RIGHT heading 230° to intercept and proceed via PYE R-144 to STINS.
28L/R	Intercept and proceed via SFO R-281 to WESLA, cross WESLA at or above **1800'**, then turn RIGHT to intercept and proceed via SFO R-287 to MOLEN.

ROUTING
Via transition or assigned route. EXPECT further clearance to filed altitude 10 minutes after departure.

图 4.4 MOLEN THREE 离场程序

但是，有的离场程序以其他定位点来命名。如图4.5所示，程序名称为"ROYES SEVEN DEPARTURE"，定位点ROYES为离场程序飞经的一个定位点。

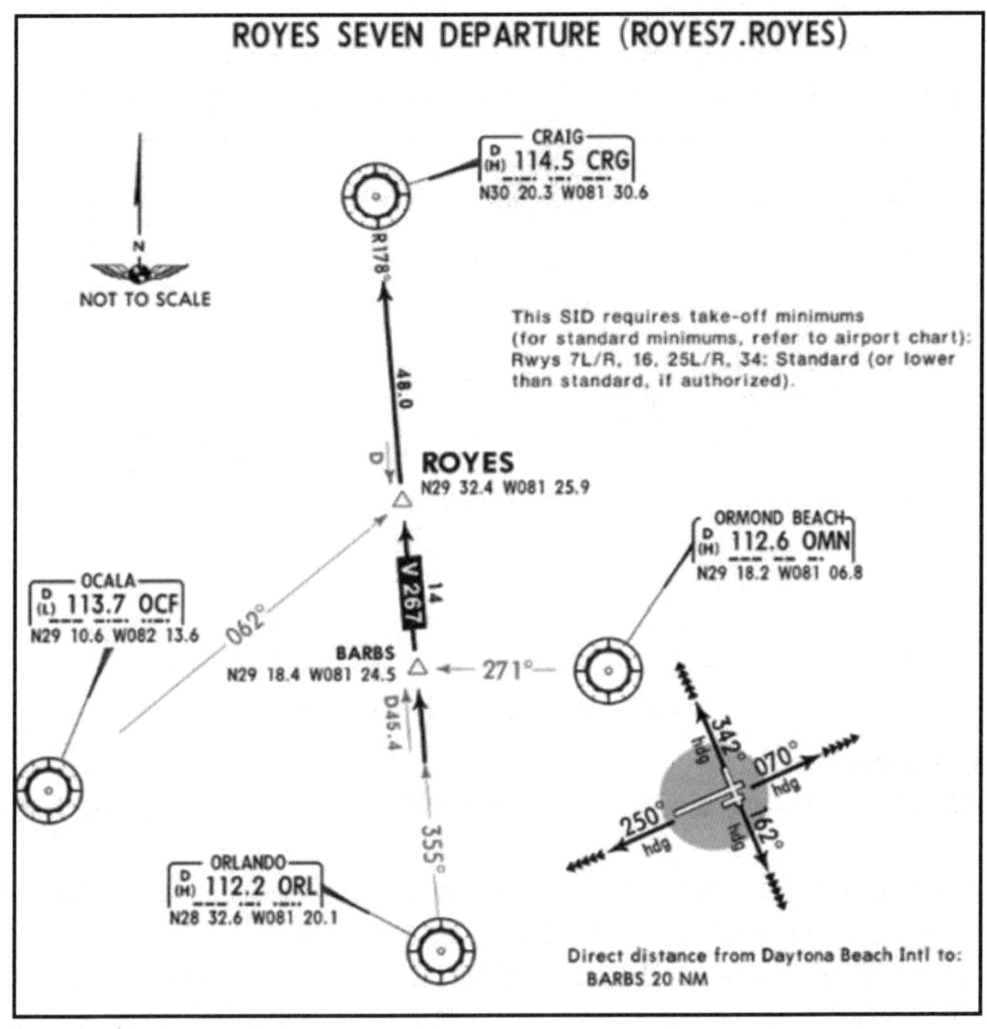

图4.5　平面图中的离场程序

需要说明的是，离场程序的程序名称、计算机代码与导航数据库程序识别代码，这三种标注方式根据具体情况在某些图上可能出现不同的组合，有些离场图上只标注有离场程序的名称与导航数据库程序识别代码，而有些离场图上只标注有进场程序的程序名称和计算机代码。

如果离场程序仅适用于特定的跑道，则离场图平面图中将跑道编号列在离场程序名称的下方。如图4.4所示，表明该离场程序仅适用于10L/R、19L/R和28L/R跑道。许多大型机场为其特定的跑道或主要离场方向设计了不同的离场程序，则在离场程序名称下方标明这个主要离场方向。如果程序名称后标注"VECTOR"，则表明该程序要求ATC提供雷达引导。

2. 机　场

大多数情况下，一张离场图只用于一个主要机场。在平面图中，主要机场用一块圆形阴影区域突出显示，并绘制出该机场的跑道方向和相对长度。在机场标志附近，可以找到与离场图标题中相同的机场名称。有的离场图上，在主要机场附近还有次要机场或卫星机场，用军用机场或者民用机场的符号表示出来。如图4.6所示,离场程序服务的主要机场为奥兰多桑福德国际机场,该机场的标高为55 ft。此外,还有多个民用卫星机场,用民用机场的符号标注,依次列出机场所在地名、机场名称和机场标高(机场内的最长跑道长度因在航路图中机场符号旁进行标注,离场图、进场图和进近图中一般不再进行标注)。离场图中的卫星机场一般可以使用图中公布的离场程序,如果平面图中没有相关的说明,则不能使用图中公布的离场程序。

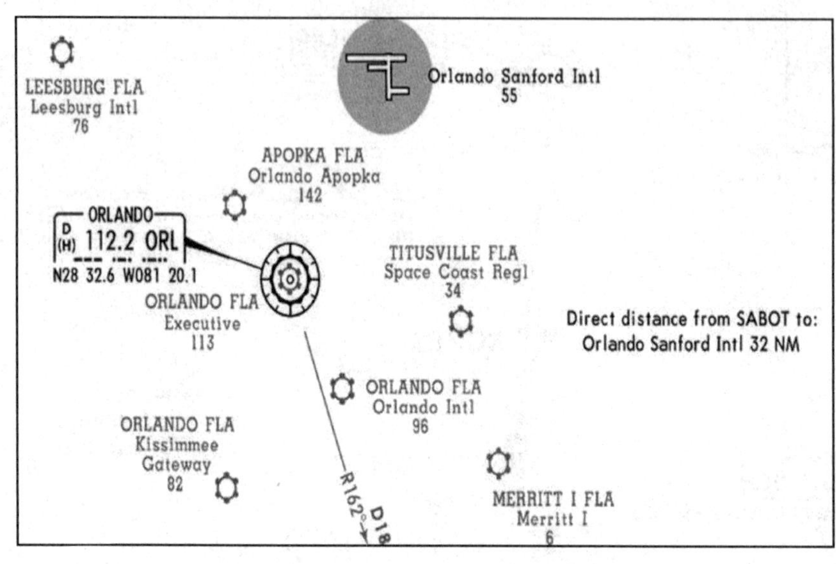

图4.6 平面图中的主要机场与次要机场

3. 导航设施和定位点

离场程序由一系列的导航设施定义,并在离场程序平面图中将这些导航设施全部绘制出来。

沿着离场飞行航线还设置了一些定位点,飞行员可以用这些定位点检查飞行路径是否正确。这些定位点用其相对于导航设施的位置或者经纬度坐标来定义。

离场图中使用各种不同的符号来标绘这些导航设施和定位点。这些导航台和定位点符号与航路图中的符号相同,但没有磁北指标。表4.1列出了平面图中常用的导航台和定位点的符号。其中关于各类导航设施及定位点的识别信息与航路图中一致。

表4.1 导航台和定位点的符号及其含义

符号	含义	符号	含义
	VOR		DME
	VORDME/VORTACAN		NDB

续表 4.1

符　号	含　义	符　号	含　义
	非强制报告点		强制报告点
	飞越空域报告点		指点标
	带示位台的外指点标 LOM		限制空域
	前航道		后航道

4. 飞行航迹

离场图的平面图中的飞行航迹主要是利用图形来描述离场程序的飞行航迹以及离场程序结束后的过渡程序和雷达引导标志。

(1) SID 航迹

SID 航迹用带箭头的粗实线表示。当一张离场图上绘制有多条离场程序时，在航迹旁边标注该航迹所在的离场程序名称。用这个名称可以在航图底部的表格中或平面图上的文字描述中对应地找到该条离场程序的飞行航迹和高度等信息。

需要注意的是，平面图中还有大量的由 VOR 发出的径向线或指向 NDB 的磁方位线，用带箭头的灰色细实线表示。这些灰色细实线并不代表飞行路径，而只用于定位点的定位。如果平面图出现细实线表示的 DME 距离弧，且在 DMD 弧上标明了用海里作单位的 DME 距离，则这不代表真实航迹，而是用来标识航向或高度的改变，有时也用作转弯限制线。

如果离场图的平面图中的离场航迹是航路/航线的一部分，则在离场航迹上标注航路代号。

(2) 过渡程序

有些离场图中的离场程序结束后再由过渡程序将离场程序与航路上的某个定位点或导航台相连接。过渡程序在北美地区国家的航图中使用较多，其他地方的离场图上都很少包含过渡程序，这主要跟离场程序的设计方式有关。

过渡程序在离场图上用带箭头的粗虚线表示，起点为离场程序的结束点，终点为航路上的定位点或导航台。过渡程序有两种表示形式：直线形过渡程序和 DME 弧形过渡程序。不论哪种形式，在过渡程序航迹上标注的内容都包含过渡程序名称、计算机编码(用于编写电子飞行计划)、高度和里程等信息，如图 4.7 和图 4.8 所示。图 4.7 中，离场程序 MOLEN THREE 在定位点 MOLEN 结束后开始实施直线形的过渡程序，该过渡程序起始于 MOLEN，结束于 MENDOCINO VOR/DME 台，VOR 台识别代码为“ENI”。过渡程序的名称为“MOLEN3. ENI”，括号中的“MOLEN3. ENI”为该过渡程序的计算机代码。图 4.8 中，离场程序“KREST THREE”在定位点结束后开始实施不同方向的 DME 弧形的过渡程序，除了在过渡程序航迹旁边标注名称、计算机代码、最低航路高度以外,还标出了 DME 弧的距离限制。

如果过渡程序结束于高空航路上的一个航路点,则在其程序名称上方的标号中注明“HIGH ALTITUDE”字样。

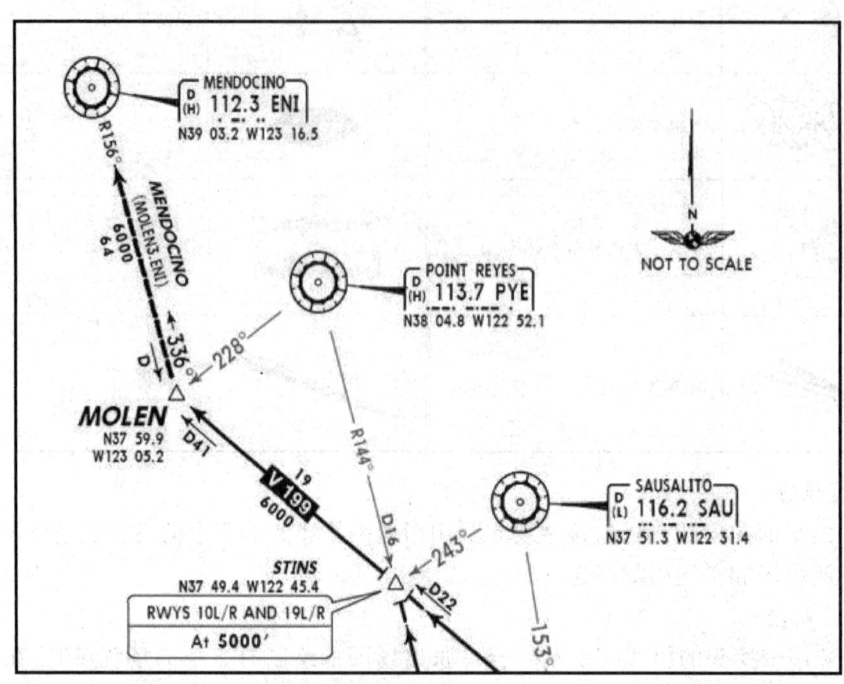

图 4.7　离场程序结束后的直线过渡程序

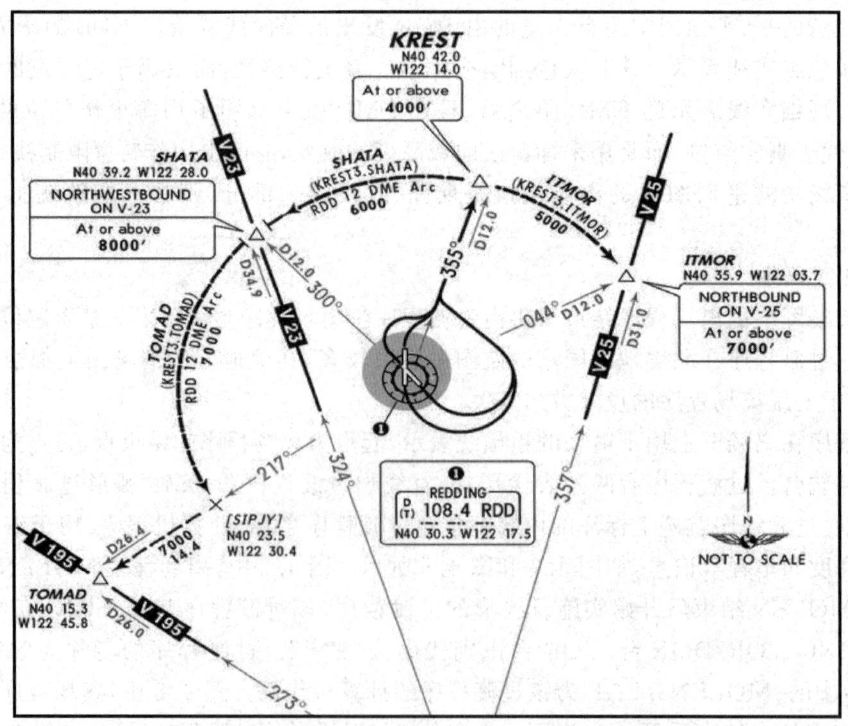

图 4.8　离场程序结束后的 DME 弧过渡程序

(3) 雷达引导标志

离场程序结束后需要雷达引导继续实施飞行时用一组黑色小箭头串符号表示雷达引导标志，表明飞行员可以获得雷达引导，如图 4.9 所示。

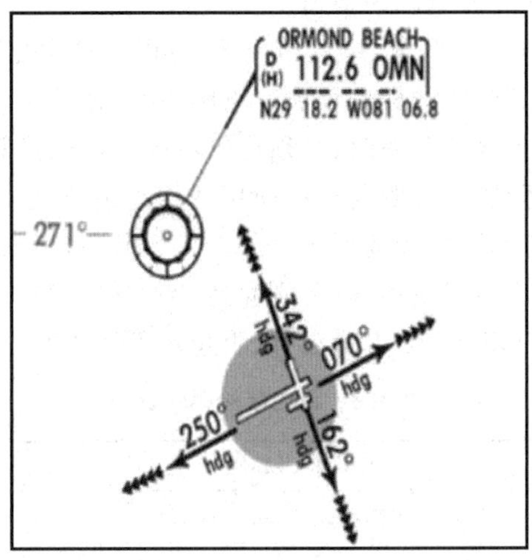

图 4.9　雷达引导标志

5. 文本说明

离场图的平面图上常用图文结合的方式来进一步描述离场程序，其中文字描述通常分为航路和高度两部分。除此之外，离场图上还可能包含起飞最小爬升梯度、起始爬升、加入航路程序说明等内容。

(1) 起飞爬升梯度

有些离场程序在离场图的平面图的左下方或右下方用文字说明起飞最小爬升梯度标准，通常用“This SID requires take-off minimums”来标注，并附有地速-爬升率的换算表格。如图 4.10 所示，该离场程序的起飞最低标准为：标准的起飞最低标准参照机场图；16 跑道不允许起飞；34 跑道使用 410 ft/n mile 的爬升梯度爬到 5 700 ft，如果得到批准，也可以使用低于标准的爬升梯度开始爬升。通过地速-爬升率的换算表格，假设航空器起飞时地速为 150 kn，34 跑道起飞，根据 410 ft/n mile 的爬升梯度计算出的爬升率为 1 025 ft/min，保持该爬升率爬升到 5 700 ft。在达到该离场程序所要求的高度 5 700 ft 之前，必须保持图中给定的爬升梯度。尤其是在遇到积冰或者颠簸等恶劣天气条件的情况下，更应该按照要求的爬升梯度飞行，最大限度地保证飞行安全。

This SID requires take-off minimums
(for standard minimums, refer to airport chart):
Rwy 16: Not authorized-ATC.
Rwy 34: Standard (or lower than standard, if authorized).with minimum climb of 410′ per NM to 5700′.

Gnd speed-KT	75	100	150	200	250	300
410′ per NM	513	683	1025	1 367	1 708	2 050

图 4.10　起飞最小爬升梯度

爬升梯度的计算关系式如下：

$$Gr = \frac{\nu}{Gs} \times 100\% \tag{4-1}$$

式中,Gr 为爬升梯度,ν 为爬升率,Gs 为地速。

可见,在已知爬升梯度 Gr 和地速 Gs 的情况下,可以计算出相应的爬升率 ν。

需要注意的是,在杰普逊格式的标准仪表离场图中,地速的单位是节(海里/小时),爬升率的单位是英尺/分,因此,在计算爬升率时,必须进行不同单位的换算。

在有些离场图中,起飞阶段的说明还与所使用的跑道或飞机类型有关。此时机场为不同跑道或不同类型的飞机制定不同的离场程序。如表 4.2 所列,不同跑道的起始爬升说明,飞机从 7L/R、16 、25L/R 和 34 跑道起飞离场,分别保持 70°、162°、250°和 342°航向爬升至 4 000 ft 或者 ATC 指定的高度。“TOP ALTITUDE”说明起始爬升高度限制为 4 000 ft。

表 4.2　跑道起始爬升说明

RWY	INITIAL CLIMB	TOP ALTITUDE
7L/R	Climb heading 070°to 4 000′or as assigned by ATC	4 000′
16	Climb heading 162°to 4 000′or as assigned by ATC	
25L/R	Climb heading 250°to 4 000′or as assigned by ATC	
34	Climb heading 342°to 4 000′or as assigned by ATC	

平面图在起始爬升说明的下方还列出加入航路程序的说明,如图 4.11 所示。从不同跑道起始爬升至相应的高度后,飞行员预期获得雷达引导切入 CRG VOR 台 178°径向线飞至 CRG 台,然后到指定航路。离场后 10 min 之内达到 ATC 指定的高度或飞行高度层。

ROUTING
EXPECT vectors to intercept CRG R-178 to CRG, then via assigned route. EXPECT clearance to filed altitude/flight level 10 minutes after departure.

图 4.11　加入航路程序说明

(2) 跑道障碍物

为了保证飞机的起降安全,飞行员需要熟悉机场邻近区域的人工和自然障碍物的类型及其高度,以保证对起飞离场飞行没有障碍。因此,在离场图的平面图中以文字说明的形式列出机场各条跑道附近障碍物的具体分布情况,包括障碍物的类型、位置分布和障碍物的高度等。如图 4.12 所示,代托纳比奇国际机场 10-3A 标准仪表离场图的平面图中列出了 7L、7R、16、25L、25R 和 34 跑道相应的障碍物类型、位置和高度。7L 跑道:从距离跑道起飞末端 1 834 ft 开始有树木,并且位于跑道中线偏右 646 ft,高度为 64 ft AGL/95 ft MSL。

(3) 机场与定位点间的距离

在离场图的平面图中,以文字说明的形式标注出主要机场到某定位点的直线距离。如图 4.13 所示,代托纳比奇国际机场与定位点 LAMMA 的直线距离为 10 n mile。

6. 高　度

离场图的平面图中的高度限制信息对于正确执行离场飞行程序十分重要。高度限制信息主要包括扇区最低安全高度、航段高度与定位点高度限制三类。

OBSTACLES

Rwy 7L: Trees beginning 1834' from DER, 646' RIGHT of centerline, up to 64' AGL/95' MSL.

Rwy 7R: Tower and trees beginning 1042' from DER, 413' RIGHT of centerline, up to 100' AGL/135' MSL. Hangar and trees beginning 901' from DER, 55' LEFT of centerline, up to 67' AGL/101' MSL.

Rwy 16: Trees beginning 57' from DER, 19' LEFT of centerline, up to 75' AGL/104' MSL. Trees beginning 871' from DER, 3' RIGHT of centerline, up to 83' AGL/112' MSL.

Rwy 25L: Trees beginning 123' from DER, 75' LEFT of centerline, up to 80' AGL/109' MSL. Trees and antenna beginning 1002' from DER, 85' RIGHT of centerline, up to 72' AGL/101' MSL.

Rwy 25R: Trees, signs and poles beginning 428' from DER, 38' RIGHT of centerline, up to 88' AGL/115' MSL. Trees beginning 1254' from DER, 41' LEFT of centerline, up to 84' AGL/108' MSL.

Rwy 34: Trees, building and obstruction light beginning 1013' from DER, 90' LEFT of centerline, up to 82' AGL/111' MSL. Trees beginning 1108' from DER, 6' RIGHT of centerline, up to 78' AGL/107' MSL.

图 4.12　跑道障碍物说明

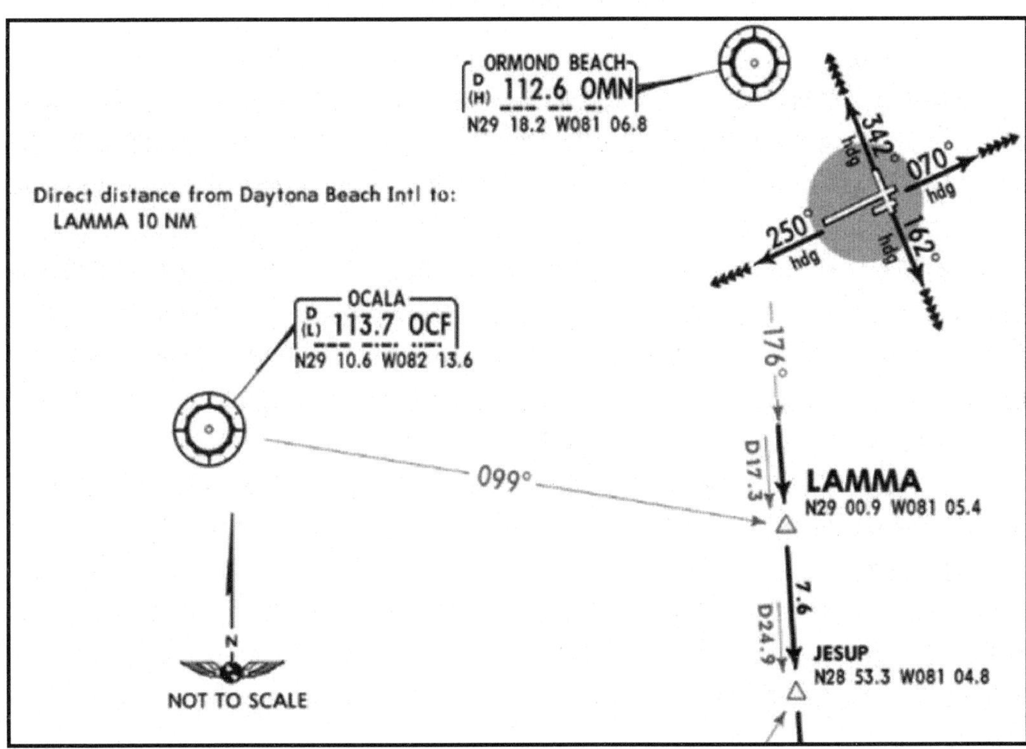

图 4.13　主要机场到定位点间的距离说明

（1）扇区最低安全高度(MSA)

通常情况下，扇区最低安全高度绘制在离场图标题栏中高度表拨正数据框右侧的一个方框内，并占用平面图顶部右上角少许空间。扇区的划分以某个导航台为中心，通常以 25 n mile 为半径，根据电台磁方位(QDM)划分为几个扇区，每个扇区都规定了相应的 MSA 值。

如图 4.14(a)所示,在以旧金山机场的 SFO VOR 导航台为中心、25 n mile 为半径的圆形区域内根据电台磁方位划分了 3 个扇区。其中,120°～230°的扇区内 MSA 为 5 100 ft,230°～360°的扇区内 MSA 为 4 500 ft,360°～120°的扇区内 MSA 为 2 700 ft。

有些离场图中并没有绘制 MSA。如果在圆形区域内标注"No MSA published",则表明没有公布 MSA,如图 4.14(b)所示。

需要说明的是,MSA 只用于紧急情况或者目视飞行,每张离场图中的 MSA 仅适用于该图中的飞行程序,并且 MSA 仅提供超障余度,不能保证接收到足够的导航信号和通信信息。

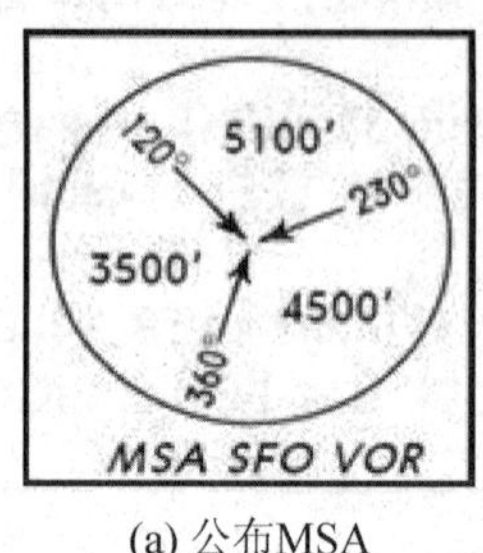

(a) 公布MSA

(b) 没有公布MSA

图 4.14 扇区最低安全高度

(2) 航段高度

平面图中在某些航段上可能会有高度限制,此时会标注具体的高度值,具体标注方式与航路图一致。图 4.7 离场程序中定位点 STINS 与定位点 MOLEN 这一航段的最低航路高度为 6 000 ft,定位点 MOLEN 与 MENDOCINO VOR 导航台之间的最低航路高度也是 6 000 ft。

(3) 定位点高度

有时离场程序对于航空器飞越定位点时的高度有限制,通常以指向该定位点的数据框来说明最低高度或者最大高度的限制。如图 4.15(a)所示,飞越定位点 WESLA 的高度限制为不低于 1 800 ft。假如在某定位点附近处标注"At or below 4 000",则表示飞机飞越某一定位点的高度不超过 4 000 ft。飞机在飞越某一定位点时可能会有两个高度限制,若选择的过渡程序不同,则通过同一定位点的高度限制可能不一样。

另外,飞机从不同的跑道起飞,在离场过程中通过同一定位点的高度限制也可能不同,如图 4.15(b)所示,从 10L/R 和 19L/R 跑道起飞离场的飞机通过定位点 STINS 的高度为 5 000 ft。

7. 里　程

离场图的平面图中的航段里程的标注方式与航路图部分一致,图 4.7 中离场程序中定位点 STINS 与定位点 MOLEN 之间的航段里程为 19 n mile,定位点 MOLEN 与 MENDOCINO VOR 导航台之间的航段里程为 64 n mile。

8. 速　度

离场图上通常标明航空器沿 SID 程序飞行的速度限制。离场速度限制可能适用于整个离场航路,也可能只适用于离场航路中的某一航段。如果速度限制只适用于某一航段,则在该航段附近标注出来,航路中可能会有相应的说明。如果速度限制标在平面图中离场程序名称的下面,则表示该速度适用于该离场图中所有的航路。如图 4.16 所示,该速度限制为不超过 250 kn,除非得到 ATC 的指令。

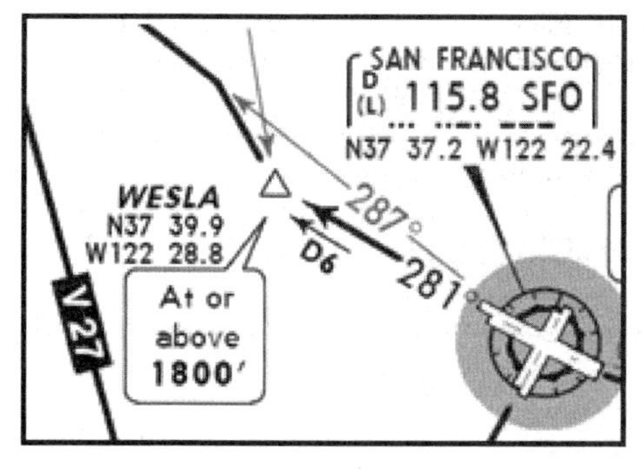

(a) 最低高度限制

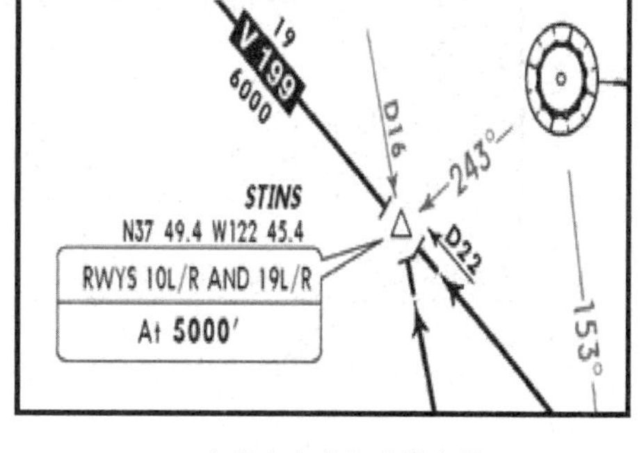

(b) 定位点高度与跑道有关

图 4.15　飞越定位点的高度限制

FIXIT TWO RNAV DEPARTURE
(FIXIT2.FIXIT)

***SPEED:* MAINTAIN AT OR BELOW 250 KT UNLESS OTHERWISE DIRECTED BY ATC**

图 4.16　速度限制

9. 通信失效程序

在 IFR 条件下，由于飞机起飞后发生通信失效将严重威胁飞行安全，因此，FAA、ICAO、JAA 等机构都建立了通信失效标准应急程序。以 FAA 为例，如果发生通信失效的情况，飞行员应该：将应答机编码设置为标准的通信失效码 7600；如果可能，可按照目视规则继续飞行并尽快着陆，然后通知空中交通管制相关部门。如果只能在 IFR 条件下飞行，那么飞行员必须选择以下两种方式之一：一是按照标准通信失效程序继续飞行，二是按照标准仪表离场图上公布的通信失效程序继续飞行。

在仪表飞行条件下，如果飞行员与 ATC 失去联络，则需要使用通信失效离场程序。大部分离场图的平面图中公布通信失效程序。较早期航图平面图中的通信失效程序边框标“∿∿∿∿∿∿∿∿∿∿∿∿”，目前使用的离场图边框用“▼ LOST COMMS ▼ LOST COMMS”来标注更加醒目，容易引起飞行员的注意。通常在离场图的平面图一侧的“LOST COMMS”框中用文字或者图文结合的方式来说明通信失效程序。如图 4.17(a)所示，洛杉矶国际机场 10-3C 标准仪表离场图中通信失效程序表明：如果航空器在起飞后 5 min 内失去通信联络，则继续爬升至 FL230(23 000 ft)或者飞行计划申报的高度，取二者之中的较小者；指定高度在 FL240(24 000 ft)以上的航空器起飞后 10 min 之内爬升到指定的高度。图 4.17(b)则用图文结合的方式描述某机场离场图的通信失效程序，并且图中特别说明该程序仅作为通信失效程序使用。

10. 专用空域

专用空域包括禁区、限制区和危险区。如果这些空域对 SID 程序产生影响，那么应在离场图上将这些空域标注出来。当离场程序受到专用空域影响的时候，在图中可以找到当专用

LOST COMMS ▼ LOST COMMS ▼ LOST COMMS ▼ LOST COMMS

LOST COMMS

If not in contact with departure control within 5 minutes after departure, climb to **FL 230** or filed altitude, whichever is lower. Aircraft filing **FL 240** or above climb to filed altitude 10 minutes after departure.

LOST COMMS ▲ LOST COMMS ▲ LOST COMMS ▲ LOST COMMS

(a) 文字描述通信失效程序

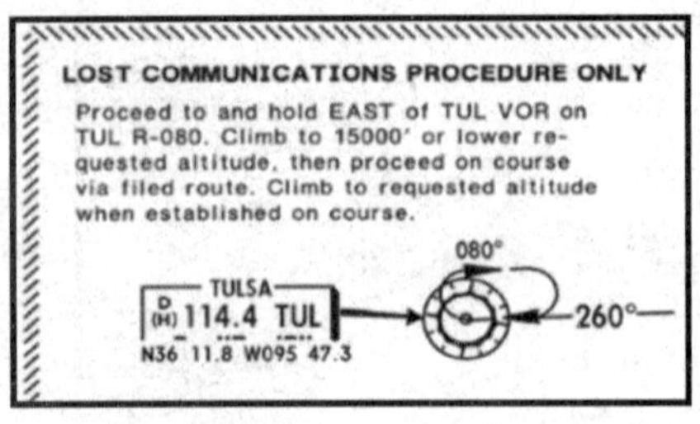

(b) 图文结合描述通信失效程序

图 4.17 通信失效程序

空域有活动时的备份离场程序。在航路图中可以找到该专用空域活动的时间。对于那些位于离场航迹或主要机场 5 n mile 范围内的专用空域,不管对 SID 是否产生影响都应该标出。专用空域的绘制、识别信息的表达形式与航路图上的专用空域相同。限制空域的具体符号表示参见航路图部分。

4.3 标准仪表离场图的识读与应用

前面已经讲述了标准仪表离场图的格式及其具体信息,本节主要结合具体的离场图从制订离场飞行计划、标准仪表离场图和 RNAV 标准仪表离场图的具体信息的识读以及相应离场程序的实施过程与方法等方面加深对标准仪表离场程序的理解,以达到应用的目的。

4.3.1 离场飞行计划的制订

飞行员可以通过填报飞行计划,将飞行意图提供给 ATC。如果目的地机场有正式公布的 SID,那么飞行员通常会选择一条离场程序并将其名称或者过渡程序的计算机代码填写在飞行计划表上。如果在飞行计划中没有指定 SID 程序,则可在离场前由 ATC 指定一个离场程序。飞行员可以不接受指定的 SID,但是必须提前通知 ATC。在美国,飞行员不选择 SID 时,可以在飞行计划表的备注栏填写上"NO SID",否则必须严格按照航图上公布的程序实施离场。

通常,如果 ATC 同意使用计划的离场程序,则 ATC 离场许可指令可以简化为"cleared as filed";如果因为气象或其他原因导致交通拥挤,管制员可能会重新指定不同的 SID 程序。作为飞行员,必须认真阅读 SID 程序,对图面中的信息做到心中有数。

4.3.2 标准仪表离场程序的实施

离场准备时,飞行员应该首先熟练掌握离场图中的各类信息,如图 4.18～图 4.20 所示。

1. 美国雷丁机场 10-3 标准仪表离场图

如图 4.18 所示,在美国雷丁机场 10-3 标准仪表离场图上,选择使用 HOMAN TWO 标准仪表离场程序。

(1) 图面信息标注

标注 1:航图标识及机场所在地名。该图为标准仪表离场图,机场所在地为雷丁,加利福尼亚州。

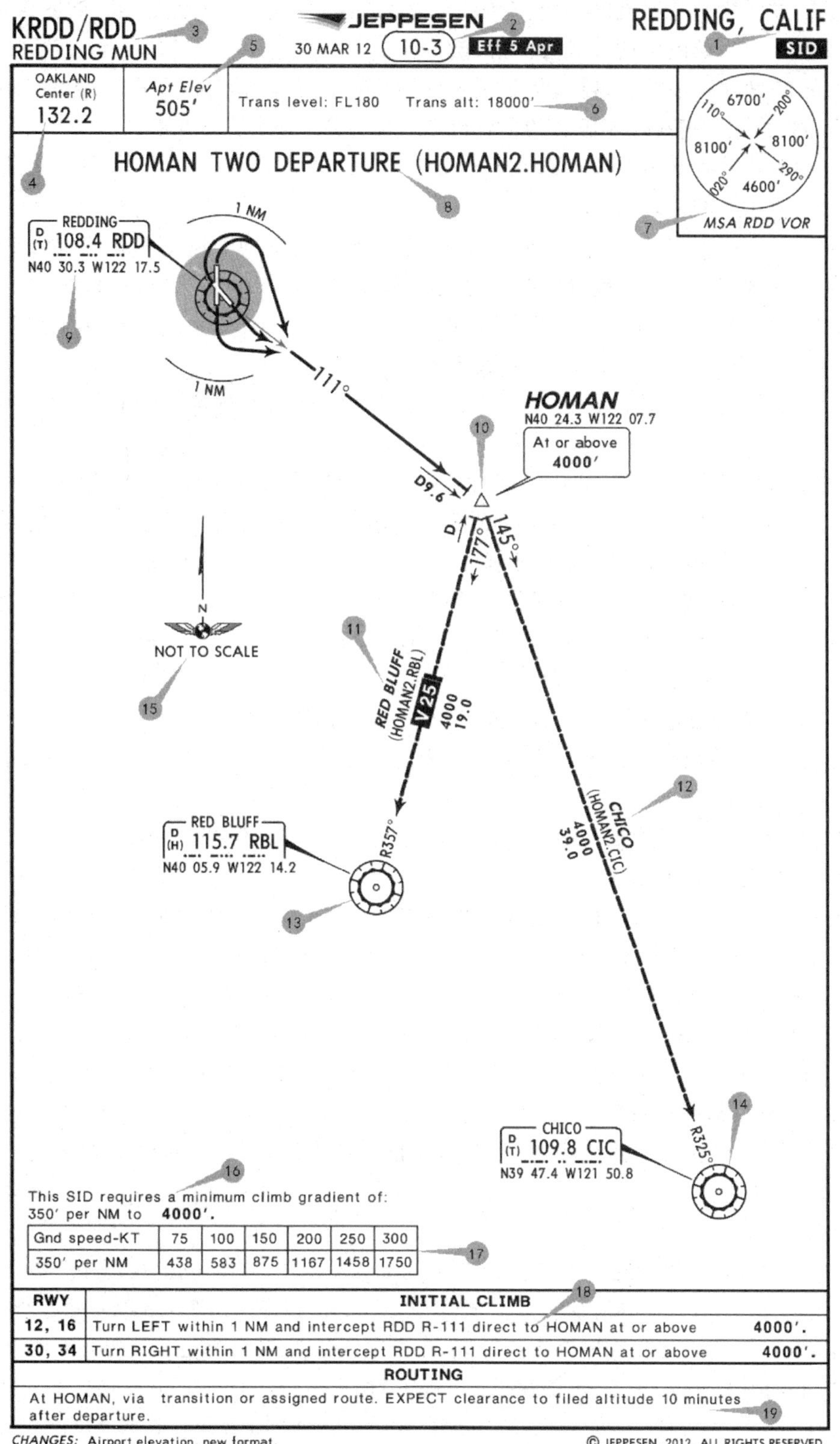

图 4.18　HOMAN TWO 标准仪表离场程序

标注2:航图索引号与航图日期。该标准仪表离场图的索引号为“10-3”;航图修订日期为2012年3月30日;航图生效日期为2012年4月5日。

标注3:机场代码及机场名称,雷丁机场的ICAO四字识别代码为KRDD,IATA三字识别代码为RDD,该离场程序所服务的主要机场名称为雷丁市立机场。

标注4:奥克兰管制中心频率为132.2 MHz。

标注5:雷丁机场标高为505 ft。

标注6:过渡高度和过渡高度层说明,其中过渡高度为18 000 ft,过渡高度层为FL180。

标注7:扇区最低安全高度(MSA)。扇区划分以RDD VOR台为中心,其中020°~110°扇区的MSA为8 100 ft,110°~200°扇区的MSA为6 700 ft,200°~290°扇区的MSA为8 100 ft,290°~020°扇区的MSA为4 600 ft。

标注8:离场程序名称。根据程序名称,说明该离场图上的离场程序是第二次修改的版本。

标注9:离场程序的起点,即REDDING VOR/DME导航台及其识别信息框。

标注10:离场程序的终止点,亦即过渡程序的开始点。该定位点为非强制报告点,名称为HOMAN,飞机飞越该定位点时高度不低于4 000 ft。

标注11~12:过渡程序的名称及其计算机代码。

标注13~14:过渡程序的终止点,飞越RED BLUFF VOR/DME和CHICO VOR/DME导航台后,航空器加入航路飞行。

标注15:“NOT TO SCALE”说明该离场图不按比例绘制。

标注16:爬升梯度说明。该离场程序要求最小爬升梯度为350 ft/n mile,并保持这个爬升梯度爬升至4 000 ft。

标注17:地速与爬升率换算表。若航空器地速为100 kn,保持350 ft/n mile的爬升梯度爬升,则爬升率为583 ft/min。

标注18:各跑道离场程序的起始爬升阶段说明。如果从12跑道或者16跑道起飞离场,则400 ft后在距RDD VOR 1 n mile范围内左转切入RDD VOR 111°径向线,继续爬升至4 000 ft并保持,沿该径向线飞9.6 n mile后到达HOMAN定位点。右转沿RBL 357°径向线飞19.0 n mile到达RBL VOR,然后加入航路飞行。或者从HOMAN定位点右转切入CIC VOR 325°径向线飞39.0 n mile到达CIC VOR,起飞离场程序结束。

标注19:离场程序结束后的飞行路径说明。到达HOMAN定位点,要求航空器按规定的过渡程序或按ATC指定的路线飞行,并在离场程序结束后10 min内根据ATC进一步的指令上升至指定高度。

(2) 实施过程与方法

假设飞机使用16号跑道起飞,起飞地速为100 kn,使用CHICO过渡程序。

飞机起飞前,在VOR导航控制盒上调谐RDD VOR频率为108.4 MHz,并收听莫尔斯电码确认VOR工作无误。根据爬升率换算表,飞机起飞后以583 ft/min的爬升率爬升,同时左转航向(左转时飞机距离VOR不能超过1 n mile)切入到RDD VOR 111°径向线直飞HOMAN定位点。飞往HOMAN时,需要把VOR控制盒调谐到CIC VOR频率为109.8 MHz。飞机到达HOMAN点时,高度不低于4 000 ft,离场程序结束,开始过渡程序。过渡程序开始后右转航向沿CIC VOR 145°径向线向台飞行,到达CIC VOR后,过渡程序结束。

2. 美国雷丁机场 SHASTA ONE 标准仪表离场图

如图 4.19 所示，在美国雷丁机场 10-3C 标准仪表离场图上，图中主要标注与图 4.18 中不同的信息。

(1) 图面信息标注

标注 1：航图索引号，该离场图的索引号为 10-3C。

标注 2：使用该离场图的注意事项。该离场程序规定必须在该区域内雷达引导可用的条件下才可以实施。

标注 3：离场程序名称。根据程序名称，说明该离场图上的离场程序是第二次修改的版本。

标注 4：雷达引导的标志。黑色三角箭头代表飞机飞越 REDDING VOR/DME 台后保持 342°航向，遵循雷达管制员给出的指令飞行。

标注 5：通信失效程序。如果航空器起飞离场爬升到 4 000 ft 后与奥克兰管制中心失去双向通信联络，则继续飞到 RBL VOR 台，执行等待程序。

标注 6：爬升梯度说明。其中使用 12 号跑道起飞时，使用标准爬升梯度 345 ft/n mile(如果许可的话，可以低于标准爬升梯度)，并保持这个梯度爬升至 12 700 ft，在 12 700 ft 飞行需要增压座舱，所以该离场程序一般是为大型涡轮发动机飞机设计的；使用 16 号跑道起飞时，最小爬升梯度为 335 ft/n mile，并保持这个梯度爬升至 12 700 ft；使用 30 号跑道起飞时，最小爬升梯度为 460 ft/n mile，并保持这个梯度爬升至 8 400 ft；使用 34 号跑道起飞时，最小爬升梯度为 445 ft/n mile，并保持这个梯度爬升至 8 300 ft。

标注 7：重要障碍物说明。距 12 号跑道离场起始点 DER 86 ft，偏离跑道中心线 388 ft 处有高度为 500 ft 的灌木丛。距 12 号跑道起飞末端 281 ft，偏离跑道中心线 330 ft 处有高度为 500 ft 的栅栏。距 12 号跑道起飞末端 462 ft，偏离跑道中心线 327 ft 处有高度为 570 ft 的树木。

标注 8：不同爬升梯度条件下地速与爬升率的换算表。如果航空器地速为 150 kn，使用 345 ft/min 的爬升梯度，则其爬升率为 863 ft/min。

标注 9：各跑道离场程序起始爬升阶段说明。从 12 号跑道起始爬升，起飞保持 122°航向(或 ATC 指定的航向)爬升至雷达管制给定的高度并保持。

标注 10：离场程序结束后的飞行路径说明。期望雷达引导至指定的航路飞行，并在离场程序结束后 10 min 内根据 ATC 进一步的指令上升至指定高度或者飞行高度层。

(2) 实施过程与方法

假设飞机使用 16 号跑道起飞，起飞地速为 100 kn。

飞机起飞前在 VOR 控制盒上调谐 RBL VOR 频率为 115.7 MHz，飞机起飞后保持 162°的航向，以 558 ft/min 的爬升率爬升，雷达引导至指定高度。当飞机爬升到 4 000 ft 后如果没有联系 Oakland 中心，就要直飞 RBL VOR 台并执行等待航线等待。如果联系到 Oakland 管制中心，则飞机继续爬升，爬升过程中根据管制员的指令加入指定航线。飞机在离场 10 min 后到达指定高度/高度层。

4.3.3　区域导航(RNAV)离场

如图 4.20 所示，在美国旧金山国际机场 10-3 区域导航离场图上，选择使用 AFIVA ONE 区域导航离场程序。

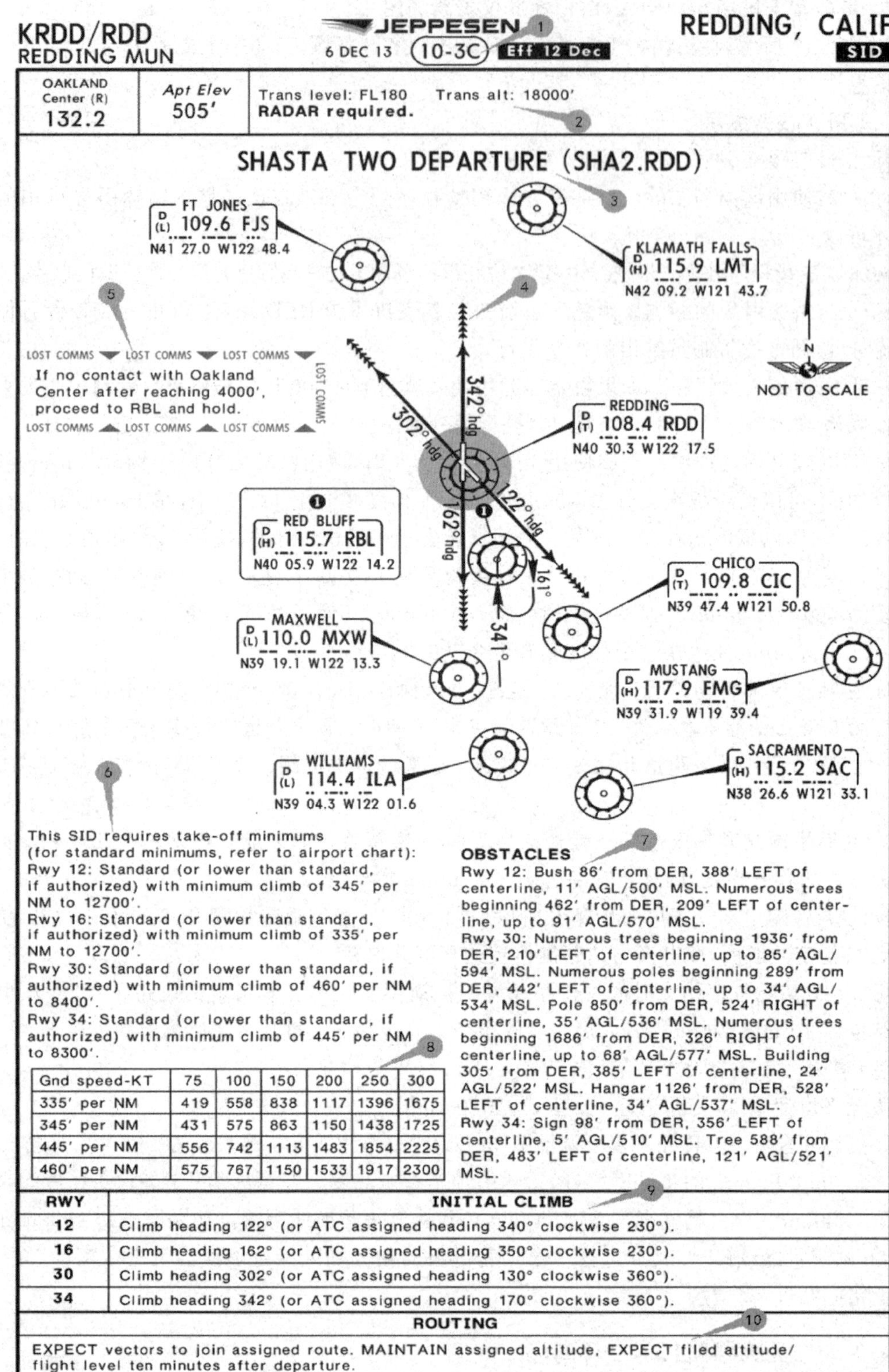

KRDD/RDD
REDDING MUN

JEPPESEN
6 DEC 13 (10-3C) Eff 12 Dec

REDDING, CALIF
SID

OAKLAND Center (R) 132.2	Apt Elev 505'	Trans level: FL180 Trans alt: 18000' **RADAR required.**

SHASTA TWO DEPARTURE (SHA2.RDD)

This SID requires take-off minimums (for standard minimums, refer to airport chart):
Rwy 12: Standard (or lower than standard, if authorized) with minimum climb of 345' per NM to 12700'.
Rwy 16: Standard (or lower than standard, if authorized) with minimum climb of 335' per NM to 12700'.
Rwy 30: Standard (or lower than standard, if authorized) with minimum climb of 460' per NM to 8400'.
Rwy 34: Standard (or lower than standard, if authorized) with minimum climb of 445' per NM to 8300'.

Gnd speed-KT	75	100	150	200	250	300
335' per NM	419	558	838	1117	1396	1675
345' per NM	431	575	863	1150	1438	1725
445' per NM	556	742	1113	1483	1854	2225
460' per NM	575	767	1150	1533	1917	2300

OBSTACLES
Rwy 12: Bush 86' from DER, 388' LEFT of centerline, 11' AGL/500' MSL. Numerous trees beginning 462' from DER, 209' LEFT of center-line, up to 91' AGL/570' MSL.
Rwy 30: Numerous trees beginning 1936' from DER, 210' LEFT of centerline, up to 85' AGL/594' MSL. Numerous poles beginning 289' from DER, 442' LEFT of centerline, up to 34' AGL/534' MSL. Pole 850' from DER, 524' RIGHT of centerline, 35' AGL/536' MSL. Numerous trees beginning 1686' from DER, 326' RIGHT of centerline, up to 68' AGL/577' MSL. Building 305' from DER, 385' LEFT of centerline, 24' AGL/522' MSL. Hangar 1126' from DER, 528' LEFT of centerline, 34' AGL/537' MSL.
Rwy 34: Sign 98' from DER, 356' LEFT of centerline, 5' AGL/510' MSL. Tree 588' from DER, 483' LEFT of centerline, 121' AGL/521' MSL.

RWY	INITIAL CLIMB
12	Climb heading 122° (or ATC assigned heading 340° clockwise 230°).
16	Climb heading 162° (or ATC assigned heading 350° clockwise 230°).
30	Climb heading 302° (or ATC assigned heading 130° clockwise 360°).
34	Climb heading 342° (or ATC assigned heading 170° clockwise 360°).

ROUTING
EXPECT vectors to join assigned route. MAINTAIN assigned altitude. EXPECT filed altitude/flight level ten minutes after departure.

CHANGES: Lost comms, obstacles, renumbered.

图 4.19 SHASTA TWO 标准仪表离场程序

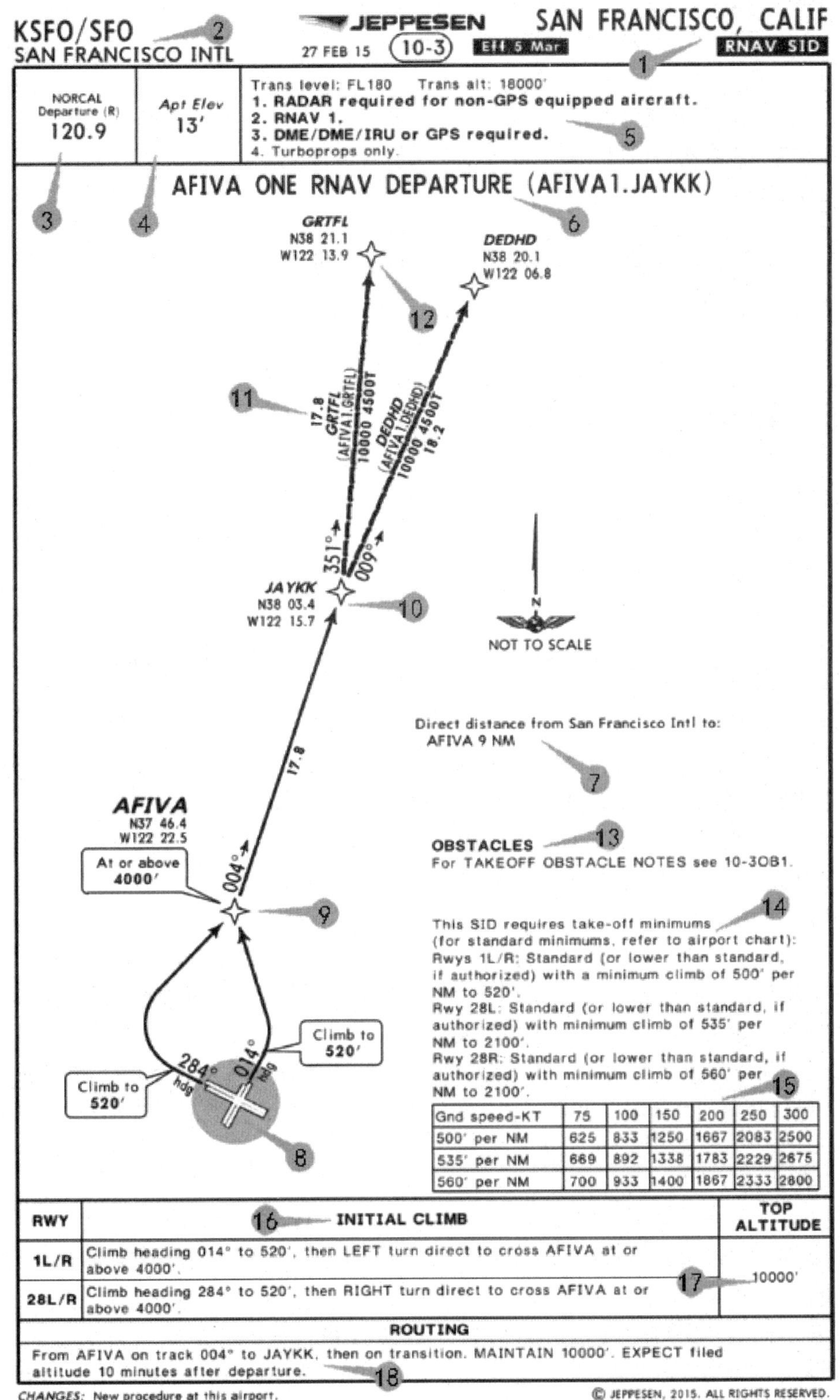

图 4.20　AFIVA ONE 区域导航离场程序

1. 图面信息标注

标注1:航图标识及机场所在地名。该图为区域导航离场图,机场所在地为旧金山,加利福尼亚州。

标注2:机场代码及机场名称,旧金山国际机场的ICAO四字识别代码为KSFO,IATA三字识别代码为SFO,该离场程序所服务的主要机场名称为旧金山国际机场。

标注3:NORCAL离场管制中心频率为120.9 MHz。

标注4:旧金山机场标高为13 ft。

标注5:过渡高度、过渡高度层及使用该离场图的注意事项。

标注6:区域导航离场程序名称。根据程序名称,说明该离场图上的离场程序是第一次修改的版本。

标注7:文字说明。从旧金山国际机场到AFIVA航路点的直线距离为9 n mile。

标注8:该离场图中的主要机场及跑道。

标注9:航路点AFIVA,飞机飞越该航路点的高度不低于4 000 ft。该区域导航离场程序的名称使用该航路点来命名。

标注10:离场程序的终止点,亦即过渡程序的开始点。该定位点为非强制报告点,名称为JAYKK,飞机飞越该定位点时高度不低于4 000 ft。

标注11:过渡程序的名称及其计算机代码。

标注12:过渡程序的终止点,飞机飞越GRTFL航路点后,航空器加入航路飞行。

标注13:障碍物的说明。

标注14:爬升梯度说明。其中使用1L跑道和1R跑道起飞时,使用标准最小爬升梯度500 ft/n mile(如果许可的话,可以低于标准爬升梯度),并保持这个梯度爬升至520 ft;使用28L跑道起飞时,使用标准最小爬升梯度为535 ft/n mile,并保持这个梯度爬升至2 100 ft;使用28R跑道起飞时,使用标准最小爬升梯度为560 ft/n mile,并保持这个梯度爬升至2 100 ft。

标注15:地速与爬升率换算表。若航空器地速为200 kn,保持535 ft/n mile的爬升梯度爬升,则爬升率为1 783 ft/min。

标注16:各跑道离场程序的起始爬升阶段说明。如果从1L跑道或者1R跑道起飞离场,保持014°航向爬升到520 ft,然后直飞至AFIVA航路点,则飞越该航路点的高度不低于4 000 ft。

标注17:起始爬升的最大高度为10 000 ft。

标注18:离场程序结束后的飞行路径说明。飞机飞越AFIVA航路点,保持004°航迹飞至JAYKK航路点,然后开始过渡程序飞行,保持高度10 000 ft。在离场程序结束后10 min内获取ATC进一步的指令上升至指定高度。

2. 实施过程与方法

假设使用1 L跑道起飞,起飞地速为100 kn,使用DEDHD过渡程序。

按照爬升率换算表,飞机起飞后以833 ft/min的爬升率、保持014°的航向爬升,同时在GPS上设置“直飞AFIVA”,当飞机爬到520 ft时,左转直飞AFIVA航路点。飞机飞越AFIVA时高度不低于4 000 ft。飞机飞越AFIVA后,调整航迹至004°直飞JAYKK航路点,飞机到达JAYKK后离场程序结束,开始过渡程序飞行。过渡程序开始后,保持飞机高度不低于10 000 ft,直飞DEDHD航路点。飞机在离场10 min内获得预期指定高度。飞机到达DEDHD航路点,过渡程序结束。

复习思考题

1. 标准仪表离场图的目的和作用是什么？
2. 标准仪表离场图的基本布局是怎样的？请画图说明。
3. 标准仪表离场图的标题栏包含哪些基本信息？
4. 标准仪表离场图的平面图包含哪些基本信息？
5. 在离场过程中，如果发生通信失效的情况，飞行员应该如何处置？
6. 离场飞行计划如何制订？查阅相关资料，自行制订一份简单的离场飞行计划。
7. 什么是过渡程序？过渡程序在离场图上如何表示？
8. 列出标准仪表离场图相关的航图简缩字，并写出英文全称和含义。
9. 结合本章附录中的图 4.23～图 4.25，描述标准仪表离场程序的实施过程。

本章附录

图 4.21～图 4.25 为本章收录的部分杰普逊标准仪表离场图。

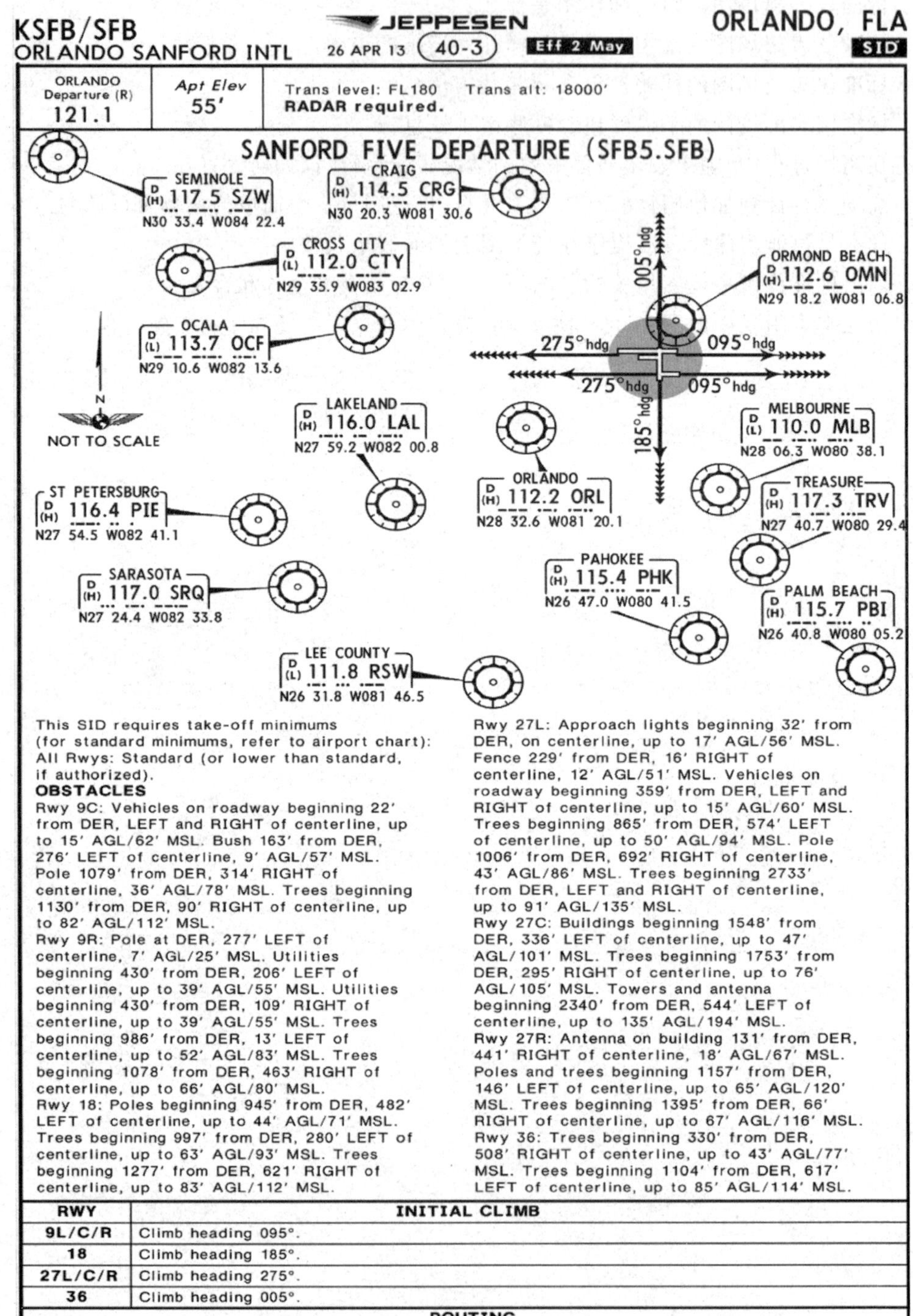

KSFB/SFB
ORLANDO SANFORD INTL
JEPPESEN
26 APR 13 (40-3) Eff 2 May
ORLANDO, FLA
SID

ORLANDO Departure (R) 121.1	Apt Elev 55'	Trans level: FL180 Trans alt: 18000' RADAR required.

SANFORD FIVE DEPARTURE (SFB5.SFB)

This SID requires take-off minimums (for standard minimums, refer to airport chart): All Rwys: Standard (or lower than standard, if authorized).

OBSTACLES

Rwy 9C: Vehicles on roadway beginning 22' from DER, LEFT and RIGHT of centerline, up to 15' AGL/62' MSL. Bush 163' from DER, 276' LEFT of centerline, 9' AGL/57' MSL. Pole 1079' from DER, 314' RIGHT of centerline, 36' AGL/78' MSL. Trees beginning 1130' from DER, 90' RIGHT of centerline, up to 82' AGL/112' MSL.

Rwy 9R: Pole at DER, 277' LEFT of centerline, 7' AGL/25' MSL. Utilities beginning 430' from DER, 206' LEFT of centerline, up to 39' AGL/55' MSL. Utilities beginning 430' from DER, 109' RIGHT of centerline, up to 39' AGL/55' MSL. Trees beginning 986' from DER, 13' LEFT of centerline, up to 52' AGL/83' MSL. Trees beginning 1078' from DER, 463' RIGHT of centerline, up to 66' AGL/80' MSL.

Rwy 18: Poles beginning 945' from DER, 482' LEFT of centerline, up to 44' AGL/71' MSL. Trees beginning 997' from DER, 280' LEFT of centerline, up to 63' AGL/93' MSL. Trees beginning 1277' from DER, 621' RIGHT of centerline, up to 83' AGL/112' MSL.

Rwy 27L: Approach lights beginning 32' from DER, on centerline, up to 17' AGL/56' MSL. Fence 229' from DER, 16' RIGHT of centerline, 12' AGL/51' MSL. Vehicles on roadway beginning 359' from DER, LEFT and RIGHT of centerline, up to 15' AGL/60' MSL. Trees beginning 865' from DER, 574' LEFT of centerline, up to 50' AGL/94' MSL. Pole 1006' from DER, 692' RIGHT of centerline, 43' AGL/86' MSL. Trees beginning 2733' from DER, LEFT and RIGHT of centerline, up to 91' AGL/135' MSL.

Rwy 27C: Buildings beginning 1548' from DER, 336' LEFT of centerline, up to 47' AGL/101' MSL. Trees beginning 1753' from DER, 295' RIGHT of centerline, up to 76' AGL/105' MSL. Towers and antenna beginning 2340' from DER, 544' LEFT of centerline, up to 135' AGL/194' MSL.

Rwy 27R: Antenna on building 131' from DER, 441' RIGHT of centerline, 18' AGL/67' MSL. Poles and trees beginning 1157' from DER, 146' LEFT of centerline, up to 65' AGL/120' MSL. Trees beginning 1395' from DER, 66' RIGHT of centerline, up to 67' AGL/116' MSL.

Rwy 36: Trees beginning 330' from DER, 508' RIGHT of centerline, up to 43' AGL/77' MSL. Trees beginning 1104' from DER, 617' LEFT of centerline, up to 85' AGL/114' MSL.

RWY	INITIAL CLIMB
9L/C/R	Climb heading 095°.
18	Climb heading 185°.
27L/C/R	Climb heading 275°.
36	Climb heading 005°.

ROUTING

EXPECT vectors to appropriate fix. **MAINTAIN 2000'.** EXPECT further clearance to filed altitude/flight level 10 minutes after departure.

CHANGES: Procedure renumbered, obstacles.

图 4.21　SANFORD FIVE 标准仪表离场程序

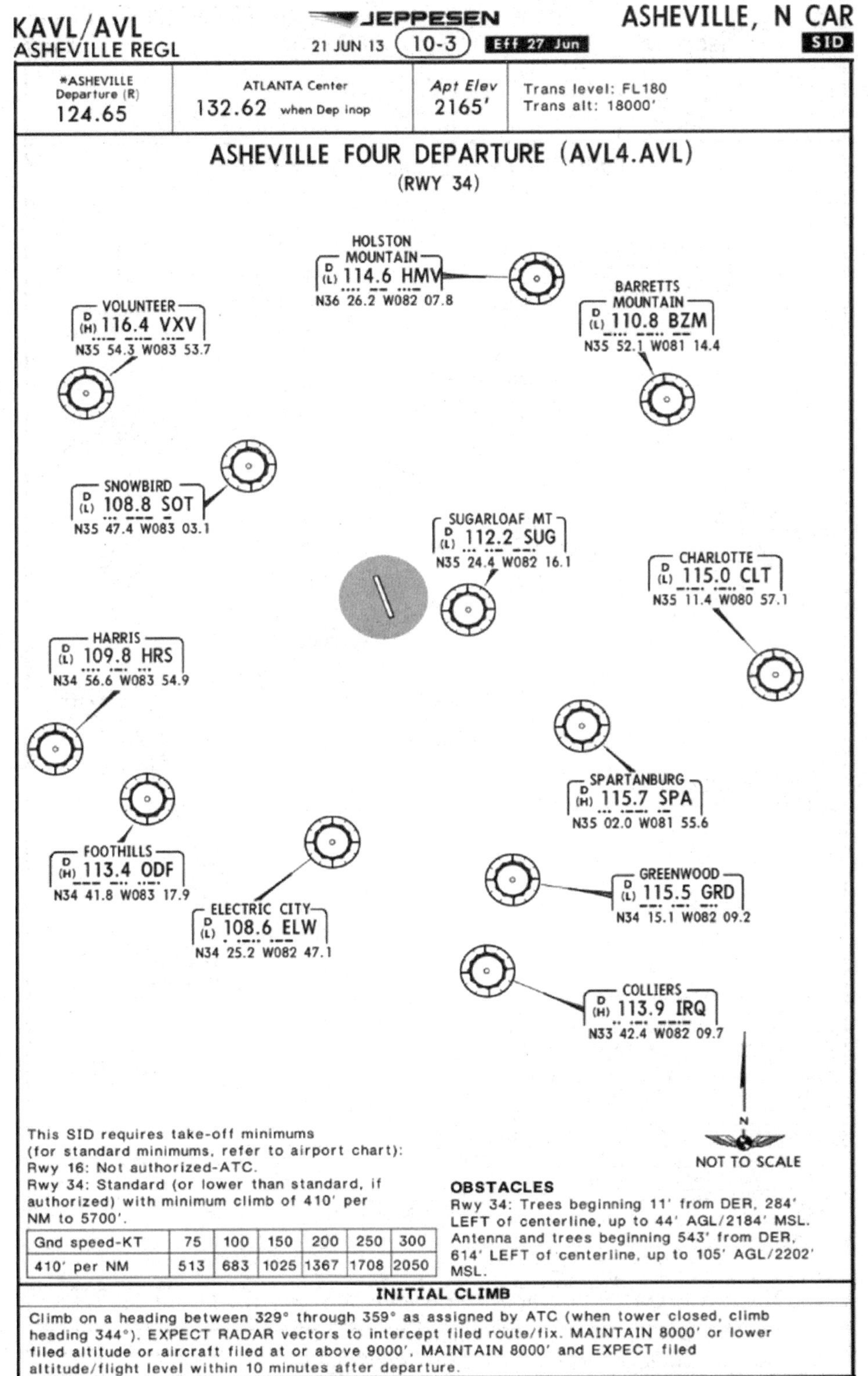

Gnd speed-KT	75	100	150	200	250	300
410' per NM	513	683	1025	1367	1708	2050

图 4.22　ASHEVILLE FOUR 标准仪表离场程序

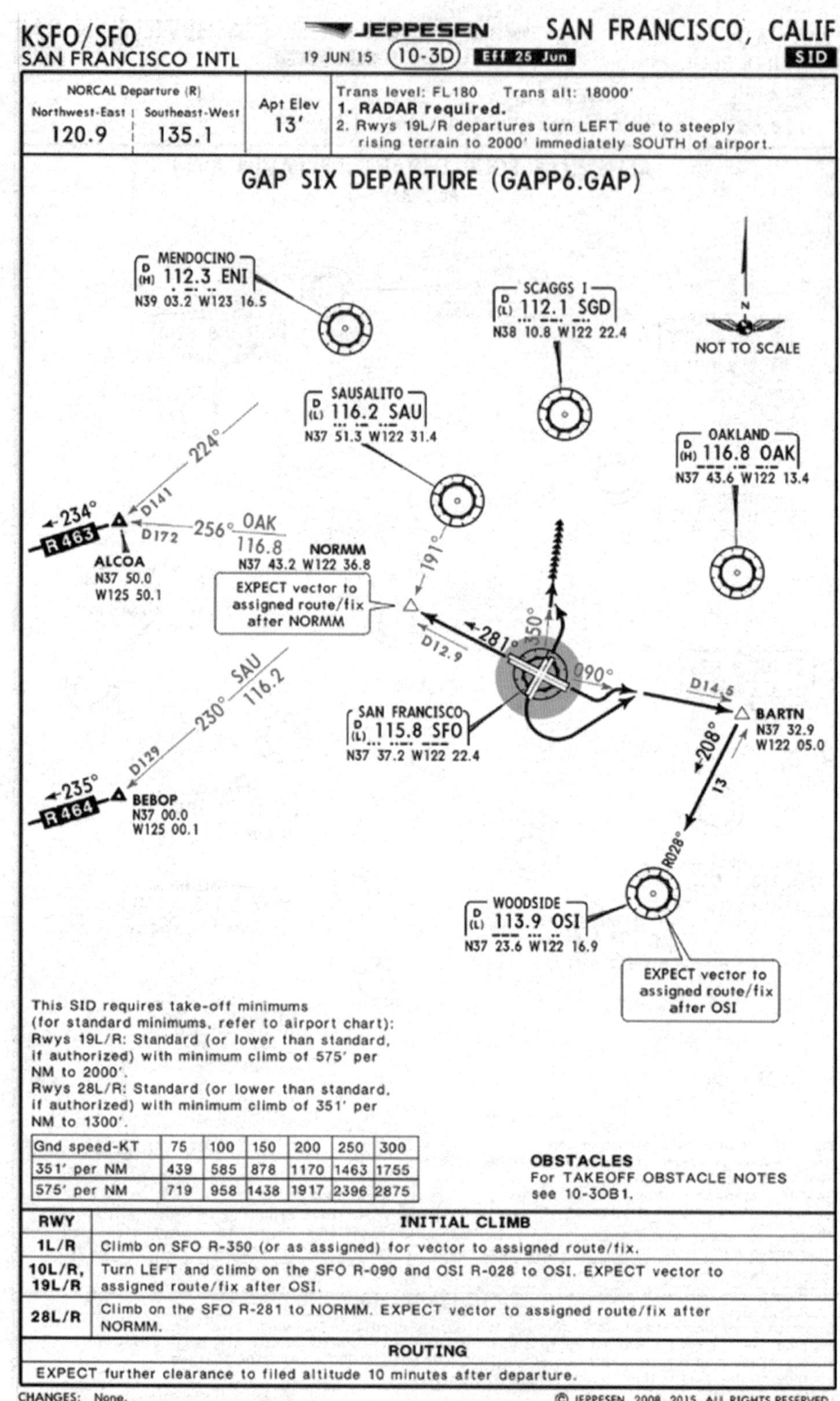

Gnd speed-KT	75	100	150	200	250	300
351' per NM	439	585	878	1170	1463	1755
575' per NM	719	958	1438	1917	2396	2875

RWY	INITIAL CLIMB
1L/R	Climb on SFO R-350 (or as assigned) for vector to assigned route/fix.
10L/R, 19L/R	Turn LEFT and climb on the SFO R-090 and OSI R-028 to OSI. EXPECT vector to assigned route/fix after OSI.
28L/R	Climb on the SFO R-281 to NORMM. EXPECT vector to assigned route/fix after NORMM.

ROUTING
EXPECT further clearance to filed altitude 10 minutes after departure.

图 4.23 GAP SIX 标准仪表离场程序

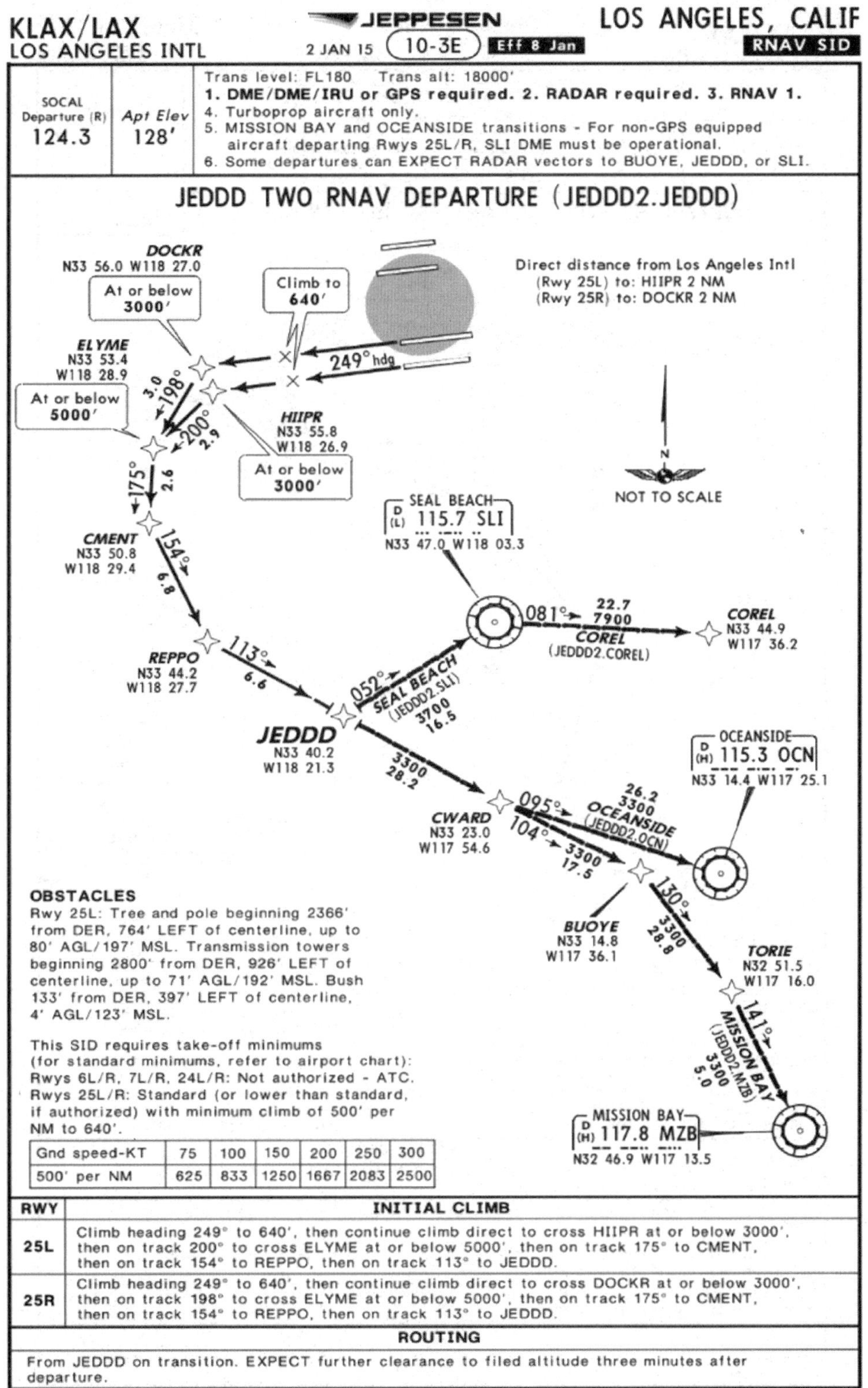

图 4.24　JEDDD TWO 区域导航离场程序

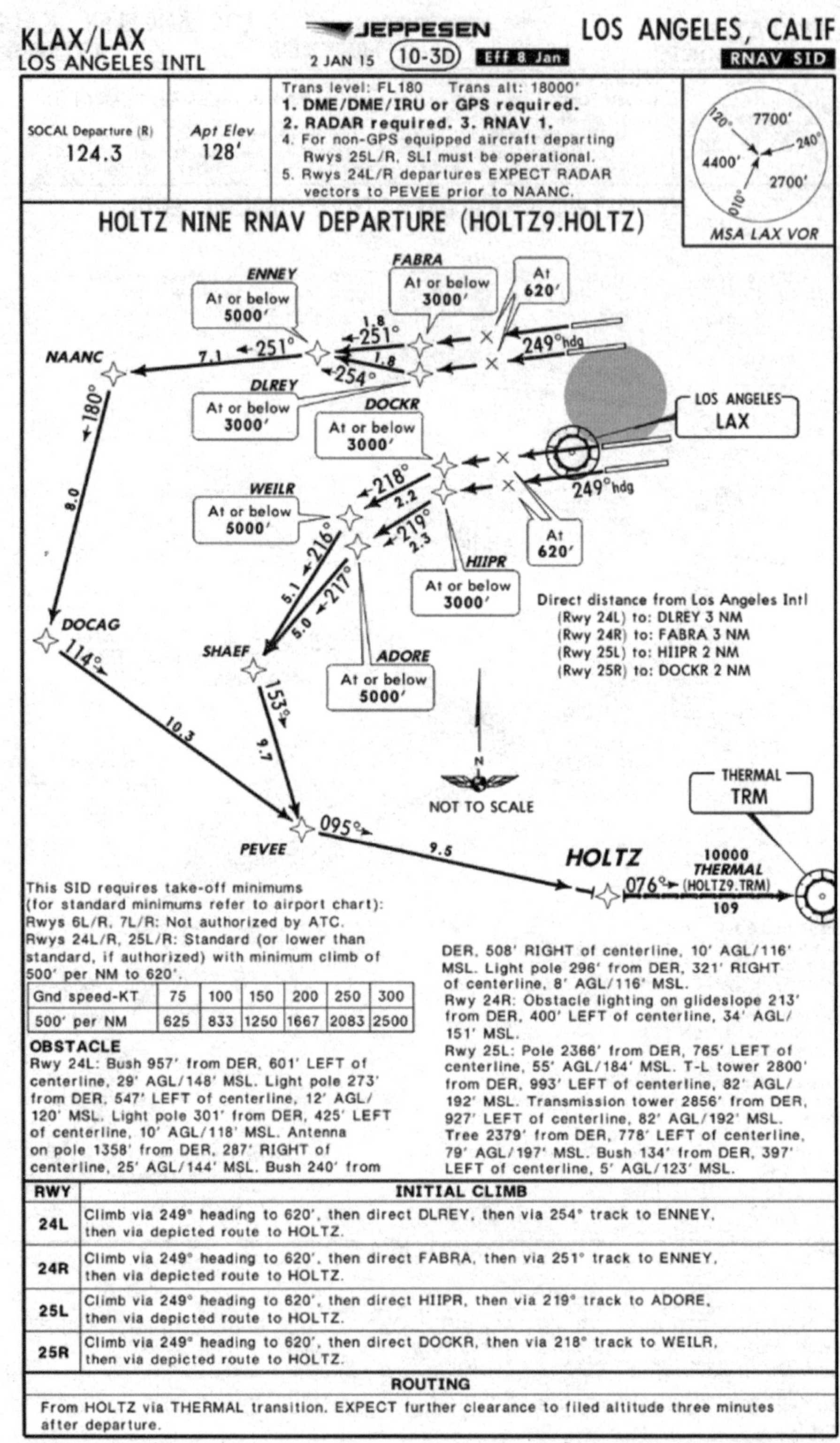

图 4.25 HOLTZ NINE 区域导航离场程序

第 5 章　标准仪表进场图

5.1　概　述

在交通繁忙的机场，进场的飞机较多，必须对进场的飞机规定各自的飞行路线，以控制机场周围空域的交通流量，维护空中交通秩序。同时，这也可以大大减少管制员的工作量及陆空通话时间，在某些情况下，还有助于减少燃油消耗并提供减噪程序等，这些规定的飞行路线称为标准仪表进场航线。在中小型或不繁忙的机场，一般不规定专门的进场航线。

标准仪表进场程序（STAR）提供脱离航路飞行、过渡到终端区飞行的方法。程序实施过程中，必须控制好飞行航迹、高度和速度等飞行要素。一般情况下，STAR 终止于仪表进近程序的起点（IAF）。

设计 STAR 的目的，一方面是用图形的形式标绘出从航路过渡到终端区的航路结构，另一方面是方便 ATC 利用 STAR 标注的进场航路代号发布进场指令，简化飞行许可投递程序和飞行员之间的通话程序，从而减轻 ATC 的工作量。假如某机场没有公布 STAR，那么 ATC 可能需要发布较复杂的进场指令。

5.2　标准仪表进场图的基本布局

标准仪表进场图的基本布局与标准仪表离场图类似，整体上由标题栏和平面图两部分组成，如图 5.1 所示。

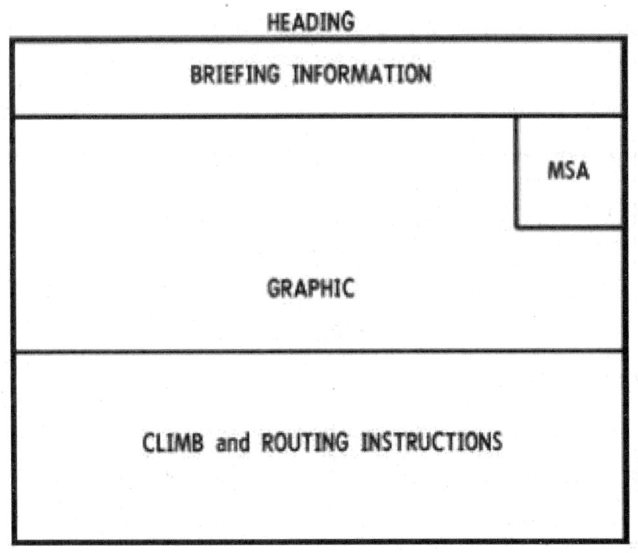

图 5.1　标准仪表进场图的基本布局

5.2.1 标题栏

进场图标题栏主要包括图边信息、通信频率、机场标高、高度表拨正数据和运行限制等内容。

1. 图边信息

图边信息位于杰普逊航图的顶部,图中的信息按照方便飞行员查阅和使用进场图数据的顺序进行排列,这有助于快速识别和查找所需要的进场程序。查阅进场图的图边信息,一般按照进场图标识、索引号、航图日期等顺序查阅。

图边信息主要包含进场图标识、地名、主要机场的名称和识别代码、航图索引号和航图日期等,如图 5.2 所示。

图 5.2 标题栏的图边信息

标准仪表进场图标识用黑底白字矩形框中的简缩字标注在进场图的右上角,代表了程序类型,“STAR”代表标准仪表进场程序,“RNAV STAR”代表区域导航进场程序。

图 5.2 中,右上角的“ORLANDO,FLA”为该标准仪表进场程序图服务的地名。该进场图对应的机场名称为“ORLANDO SANFORD INTL”,位于机场名称之上的“KSFB/SFB”分别是 ICAO 机场四字代码和 IATA 三字代码。

进场图索引号的编排规则和离场图索引号相似,主要区别为第三个字符统一划定为“2”,代表进场图。图 5.2 中进场图索引号为“40-2C”。

航图日期一般包括修订日期和生效日期。查看航图日期的目的是确认该航图的有效性和可用性。如图 5.2 所示,该标准仪表进场图中的“6 DEC 13”表示修订日期为 2013 年 12 月 6 日,“Eff 12 Dec”表示生效日期为 2013 年 12 月 12 日。

2. 通信频率、机场标高、高度表拨正数据和运行限制

在进场图标题栏图边信息正下方的一栏内从左向右包含通信频率、机场标高、高度表拨正数据和运行限制,如图 5.3 所示。

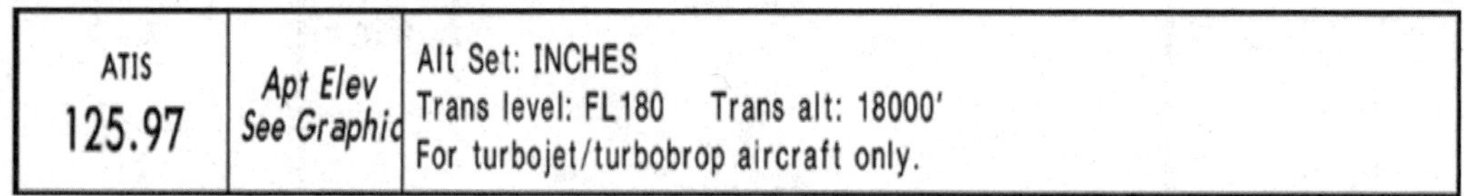

图 5.3 图边信息正下方栏

在标准仪表进场图标题栏图边信息下方栏的第一个矩形方框内,一般标出机场的 ATIS 通信频率。除 ATIS 通信频率外,有时还可能标注有进近、塔台、地面等管制通信频率。如果这些管制单位对进场不提供管制服务,则这些频率通常在标准仪表进场图上不进行标注,只标注在进近图上。通信频率中前后缀符号的含义参见第 3 章航路图相关内容。图 5.3 中自动终端情报服务频率为 125.97 MHz。

在进场图的标题栏中,机场标高与高度表拨正数据紧随通信频率框之后,图 5.3 中的机场

标高参见平面图,而有的标题栏内会直接标注机场标高的数值。

图 5.3 中的高度表拨正数据表明,气压单位采用英寸汞柱,过渡高度层为标准海平面气压高度 18 000 ft,过渡高度为修正海平面气压高度 18 000 ft。

在进场图标题栏高度表拨正数据框内,针对具体情况还可能包含一些方面的运行限制,在查阅和使用这些进场图时应加以注意。这些限制主要包括机型限制、速度限制、机载设备限制、地面设备限制、减噪程序等,如图 5.4 所示。

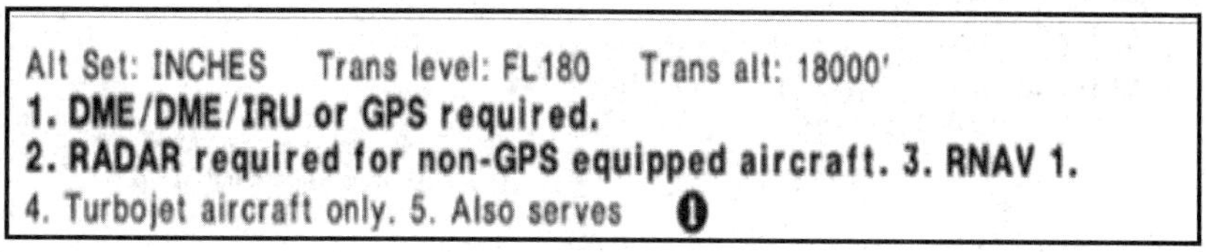

Alt Set: INCHES　Trans level: FL180　Trans alt: 18000'
1. DME/DME/IRU or GPS required.
2. RADAR required for non-GPS equipped aircraft. 3. RNAV 1.
4. Turbojet aircraft only. 5. Also serves ❶

图 5.4　运行限制信息

(1) 机型限制

一些程序是专门针对某种特定机型设计的,比如喷气式、涡桨、非涡喷航空器等。图 5.3 表明该进场图仅适用于涡喷航空器。

(2) 速度限制

速度限制通常用矩形方框、参照不同标准在平面图上标注出来。有时在标题栏的附加信息栏中对速度限制加以说明,并在平面图上用矩形框标注具体速度限制信息。

在一些进场图上,除采用以上方法说明速度限制信息外,还用符号“■”标注限速点(SLP, Speed Limit Point)。

(3) 机载设备限制

某些进场程序专门针对装载有 DME、GPS、RNAV 等特殊设备的航空器设计。有时一些进场程序仅在机载通信设备失效的时候使用。图 5.4 中的信息表明,本进场图适用于装载 DME、IRU 或 GPS 的航空器,对于没有装载 GPS 的航空器需要装载二次监视雷达才可以使用。

(4) 地面设备限制

如果一个进场程序是基于一种特定的地面设备而设置的,那么在该设备关闭时,该程序将限制使用。

(5) 减噪程序

为了减小航空器进场所带来的噪声,在某些机场专门设计减噪进场程序,并附有时间说明。在某国际机场进场图上,在标题栏的附加信息框内,特别注明“This arrival utilized for noise abatement between 0000 LT and 0830 LT”,说明在地方 000 时在 0000～0830 之间使用,主要用于减噪。

5.2.2　平面图

飞行员在查阅进场图标题栏信息后,如果需要进一步了解进场航路结构及其他相关信息,应继续查阅进场图的平面图。平面图中的信息主要包括进场程序命名和编号、方位、机场、导航台和定位点、飞行航迹和导航计划等,如图 5.5 所示。

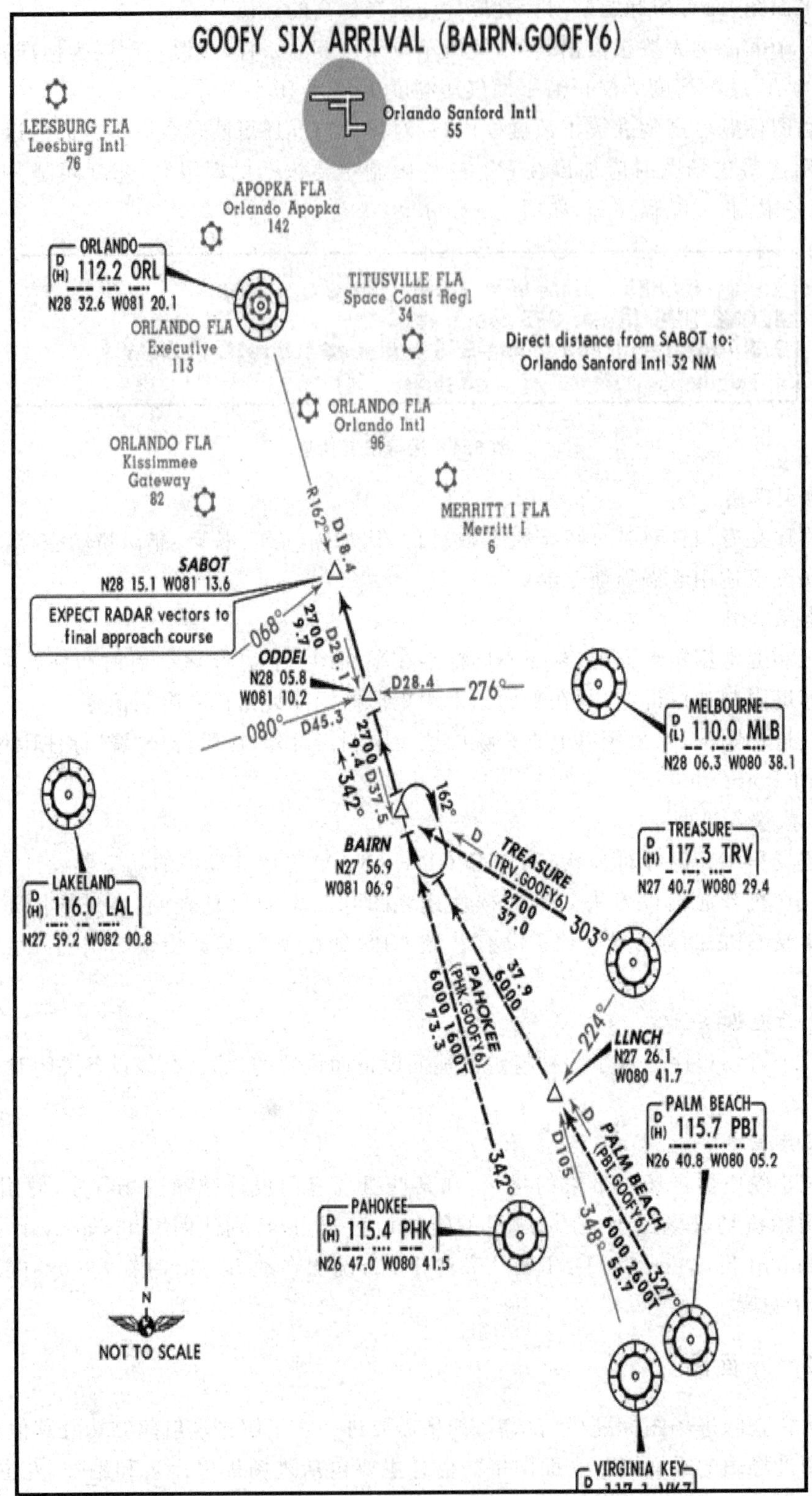

图5.5 平面图中的进场程序

1. 进场程序名称和编号

较多情况下，进场程序的名称以进场程序的起点来命名。此时，如果有多个进场程序都是根据同一个定位点来命名，则进场程序通过数字（如果该程序名称本身不含数字）或者字母（如果该程序名称中含有字母）来加以区分。在某些进场图上，除进场程序名称以外，还提供进场程序的计算机代码与导航数据库程序识别代码。进场程序的计算机代码紧随进场程序名称之后，以圆括号进行标注。这些计算机代码可提供便携的方式填写飞行计划。进场程序的导航数据库程序识别代码用斜体字标注在方括号内，供航空电子系统（如 FMS）在飞行中导航与计划飞行使用，其不具备 ATC 功能，也不能用于填写飞行计划。

图 5.5 中，奥兰多桑福德国际机场 40-2C 进场图中，进场程序的名称为“GOOFY SIX ARRIVAL (BAIRN. GOOFY6)”，其中圆括号中的“BAIRN. GOOFY6”为进场程序 GOOFY SIX ARRIVAL 的计算机代码。

在美国，常采用过渡航路将航空器从航路引导至进场航路，进场程序的名称就以过渡航路与进场程序的交汇点来命名。如图 5.6 所示，奥兰多国际机场 20-2G 进场图中，进场程序的名称为“MINEE FIVE ARRIVAL (MINEE. MINEE5)”，“MINEE”为过渡航路与进场程序的交汇点，以此来命名进场程序。

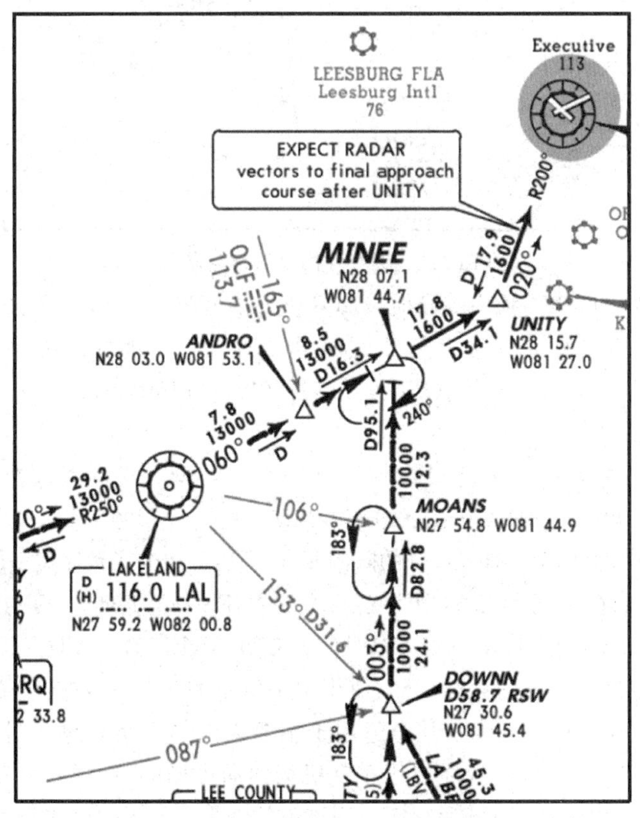

图 5.6　过渡航路与进场航路的交汇点

但是，有的进场程序的名称还以进场程序的结束点来命名。如图 5.7 所示，程序名称为“CORLL ONE ARRIVAL”，CORLL 为进场程序的结束点。

需要说明的是，进场程序的程序名称、计算机代码与导航数据库程序识别代码，这三种标注方式在某些图上可能出现不同的组合,有些进场图上只标注有进场程序的名称与导航数据库程序识别代码,而有的进场图上只标注有进场程序的程序名称和计算机代码,还有的进场图则同时提供三种名称代码。

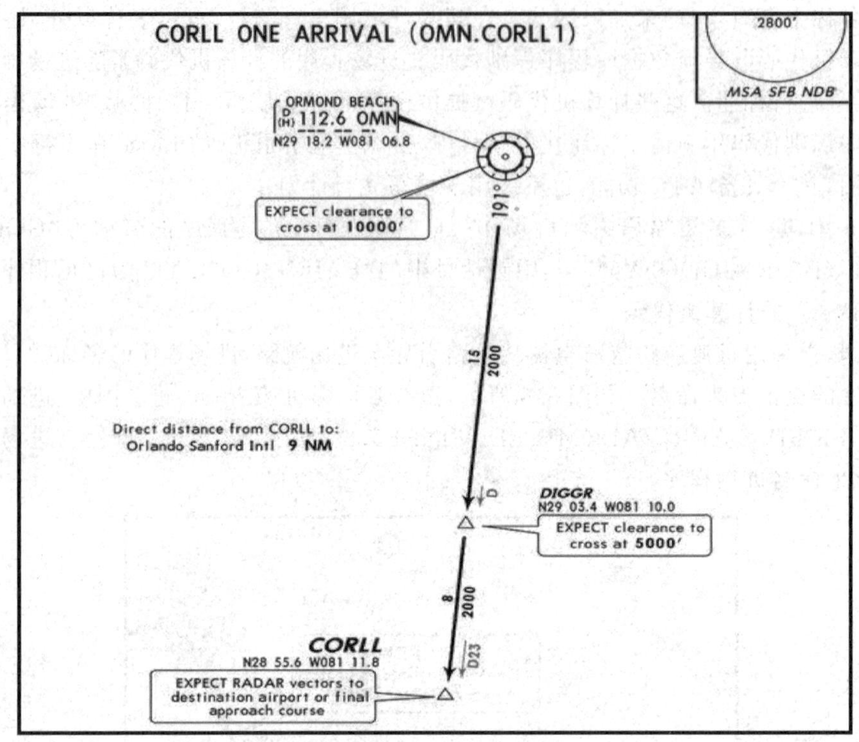

图5.7 进场程序以结束点命名

如果对进场航路的高度、航路或导航设施等重要内容进行了修订,就必须对进场程序进行更名,更名时在定位点名称后附加字母或顺序号。图5.5中进场图程序名称“GOOFY SIX ARRIVAL”,表示是在原有程序“GOOFY ONE/TWO/THREE/FOUR/FIVE ARRIVAL”的基础上进行修订的。

平面图中进场程序名称下方有时会标注进场程序类型。进场程序类型主要有ARRIVALS、RNAV、VECTOR、DME、GPS、LOSTCOMMS等。

如果对进场程序的使用范围有特殊的限制要求,则通常在进场程序类型的下方用小号字体给出相应的限制条件,如在进场程序类型下方的小字“GPS OR FMS EQUIPPED AIRCRAFT USE OF RNAV TRANSITION ONLY WHEN CLEARED BY ATC”说明仅当ATC许可时,安装有GPS或者FMS的航空器,可以使用图中所示的4条RNAV进场过渡程序。

许多大型机场,设计有一个或者几个适用于主要来向的进场程序。进场程序类型下方标注的“FROM WEST”,表示这些程序适用于从机场西面进场的航空器。

在进场程序名称后面,紧跟进场程序所适用跑道的编号。如果一个进场程序适用于某条特定的跑道,则该跑道在进场图上必须特别标注。如图5.8所示,说明该进场程序仅适用于9号跑道。

SHAMU ONE ARRIVAL (SHAMU.SHAMU1)
(RWY 9)

图5.8 进场程序适用于特定的跑道

2. 方　位

根据进场程序的航迹线和航路点布局情况，进场图的平面图既可以按垂直方向绘制，也可以按水平方向绘制。每张进场图上都标注有指北箭头，以帮助将航图对正北方，但并不要求一定按真北方向对正。一般情况下，进场图上的 1 in，对应实际距离为 5 n mile。如果进场程序图上标注“NOT TO SCALE”，则表示该幅进场图不按比例尺绘制。

进场图上使用与航路图相同的边界线来描述不同的区域划分边界，如国界线、QNE/QNH 分界线、专用空域边界等，用以提醒飞行员高度表拨正等。

3. 机　场

大多数进场图都是专门为某一机场设计的，该机场为主要机场，在标题栏列出主要机场的名称。在进场图的平面图上，主要机场用一个圆形的阴影标注。在阴影区内，描绘出所有可用跑道和临时跑道的轮廓。跑道轮廓不按比例尺绘制，但跑道的轮廓可以显示出跑道的大致走向以及跑道间的长度关系。

有些进场图上的进场程序还服务于主要机场附近的其他机场，这些机场采用和航路图及区域图相同的符号标绘，并且注明机场名称和标高。

与进近图和区域图不同，在进场图上，没有标注地形信息。如果需要查询地形信息，可以在区域图或者世界航空图上获取。

4. 导航台和定位点

同离场程序类似，进场程序也是由一系列的导航设施定义，并在进场图的平面图中将这些导航设施全部绘制出来。

沿着进场飞行路线所设置的定位点，可以供飞行员用于检查飞行路径是否正确。这些定位点用其相对于导航台的位置或者经纬度来定义。

进场图上的常用符号参见第 3 章航路图的相关内容，主要区别是标准仪表进场图上的导航台符号没有磁北指标。

5. 飞行航迹

进场图上的飞行航迹符号主要有：进场航迹、进场过渡程序、雷达引导航迹和等待航线四种。

(1) 进场航迹

进场航迹用带箭头的粗实线表示。一般情况下，进场航迹包括磁航线角、航段里程、最低航路高度等信息。

1) 磁航线角

用某一导航台的向台或背台方位给出进场航线的磁航线角。在某些进场航路上，磁方位角后面标注字母“hdg”，表示该航段须按磁航向而非磁航线角飞行。

2) 航段里程

与航路图类似，进场程序的航迹信息包含各定位点之间的航段里程。当进场程序中有 DME 台可用时，进场程序中的定位点可使用 DME 距离进行定位，衔接该定位点的航段可能同时提供航段里程与 DME 距离信息。在进场飞行时，参考飞越各定位点或导航台的高度限制以及各航段的航段里程，可以有效地规划下降航迹，控制航空器进场飞行的下降率。

3) 最低航路高度

航段的最低航路高度的标注方式参见第 3 章航路图的相关内容。如果进场航迹上没有注明最低航路高度，则应查找相关下降计划信息。

(2) 进场过渡程序

在根据ICAO PANS—OPS标准设计的进场程序中,进场程序直接从脱离航路飞行的一点开始,对于根据不同航路来向所设计的多个进场程序,可能会存在共用一部分航段的现象。而在根据美国TERPS标准设计的进场程序中,则采用设置多个进场过渡程序的办法来分离不同航路来向的进场飞行,其进场程序仅包括不同航路来向进场的共用航段部分。这种设置在进场程序前的过渡程序,可以引导航空器从航路结构过渡到进场程序的起点。

进场过渡程序在进场图的平面图上用带箭头的虚线表示。进场过渡的起点通常为航路上的某一导航台或定位点,并以该点来命名。与进场航迹类似,在过渡程序的航迹线上标注过渡程序的名称、航段里程、最低航路高度和方位等信息。

如图5.9所示,在桑福德国际机场的40-2C标准仪表进场图上,以TREASURE VOR/DME台为起点的进场过渡程序被命名为"TREASURE",其计算机代码为"TRV. GOOFY6",其中"TRV"表示进场过渡程序的起点,"GOOFY6"则表示与进场过渡衔接的进场程序。由图上进场程序的名称及其计算机代码"GOOFY SIX ARRIVAL(BAIRN. GOOFY6)"可知,该过渡程序终止于进场程序GOOFY6的起点,即定位点BAIRN。此外,以PALM BEACH VOR/DME台为起点的进场过渡程序被命名为"PALM BEACH",其计算机代码为"PBI. GOOFY6";以"PBI"表示进场过渡程序的起点,以PAHOKEE VOR/DME台为起点的进场过渡程序被命名为"PAHOKEE",其计算机代码为"PHK. GOOFY6",以"PHK"表示进场过渡程序的起点,同样都终止于进场程序GOOFY6的起点BAIRN定位点。

(3) 雷达引导航迹

如果ATC提供雷达引导进场,在进场图上将标注有一系列黑色粗短箭头线"➧➧➧➧➧➧➧"来表示雷达引导航迹。如图5.10所示,进场过渡程序结束点BAIRN处和定位点ODDEL处,飞机保持360°航向由雷达引导至航空器进场,由ATC提供航迹引导。

(4) 等待航线

在大多数进场图上,都设置有一个或多个等待程序。进场图中的等待程序可以设置在进场程序或进场过渡程序的起点、中间的某个定位点或导航台处,也可以设置在进场程序的结束点,如图5.11所示。设置等待程序的目的是为了便于管制员在繁忙的机场终端区或在危险天气情况下进行空中流量管理。进场图上公布的等待程序的标示方法与航路图上标示的等待程序相同。

6. 注释说明

在进场图平面图上,除了上述相关符号外,还经常出现以文本或者列表信息等形式列出的与进场程序相关的说明。

如图5.12所示,该信息框描述了不同机场、使用不同跑道的进场程序的航路/航迹的构成情况。图中标明了奥兰多国际机场、利斯堡国际机场和其他机场的进场路径,具体信息如下:奥兰多国际机场由17L/R、18L/R跑道进场,飞越BAIRN定位点沿ORL VOR台162°径向线飞至ODDEL定位点,然后保持360°航向飞离定位点,由标注"❷"的雷达引导至最后进近航线;35L/R、36L/R跑道进场,保持360°航向飞离定位点,由标注"❸"雷达引导至最后进近航线。利斯堡国际机场进场,飞越BAIRN定位点沿ORL VOR台162°径向线飞至SABOT定位点,等待雷达引导至机场。除奥兰多国际机场和利斯堡国际机场之外的其他机场进场,飞越BAIRN定位点沿ORL VOR台162°径向线飞至SABOT定位点,等待雷达引导至最后进近航线。

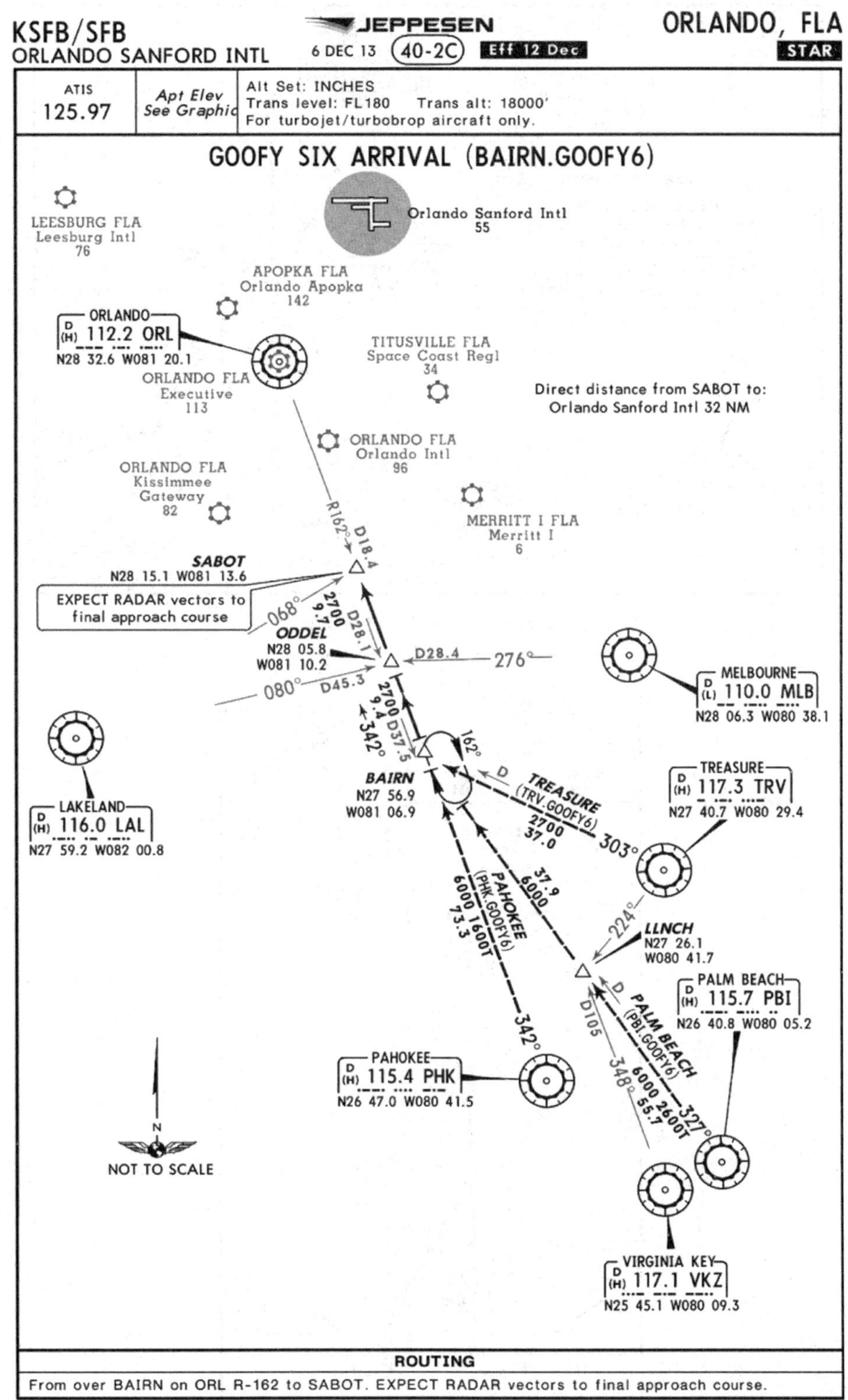
KSFB/SFB
ORLANDO SANFORD INTL
JEPPESEN
6 DEC 13
40-2C
Eff 12 Dec
ORLANDO, FLA
STAR
ATIS
125.97
Apt Elev
See Graphic
Alt Set: INCHES
Trans level: FL180 Trans alt: 18000'
For turbojet/turbobrop aircraft only.
GOOFY SIX ARRIVAL (BAIRN.GOOFY6)
LEESBURG FLA
Leesburg Intl
76
Orlando Sanford Intl
55
APOPKA FLA
Orlando Apopka
142
ORLANDO
112.2 ORL
N28 32.6 W081 20.1
ORLANDO FLA
Executive
113
TITUSVILLE FLA
Space Coast Regl
34
Direct distance from SABOT to:
Orlando Sanford Intl 32 NM
ORLANDO FLA
Orlando Intl
96
ORLANDO FLA
Kissimmee
Gateway
82
MERRITT I FLA
Merritt I
6
R162°
D18.4
SABOT
N28 15.1 W081 13.6
EXPECT RADAR vectors to
final approach course
068°
2700
9.7
D28.1
ODDEL
N28 05.8
W081 10.2
D28.4
276°
080°
D45.3
2700
9.4
342°
D37.5
162°
MELBOURNE
110.0 MLB
N28 06.3 W080 38.1
BAIRN
N27 56.9
W081 06.9
TREASURE
(TRV.GOOFY6)
2700
37.0
303°
TREASURE
117.3 TRV
N27 40.7 W080 29.4
LAKELAND
116.0 LAL
N27 59.2 W082 00.8
PAHOKEE
(PHK.GOOFY6)
6000 1600T
73.3
37.9
6000
224°
LLNCH
N27 26.1
W080 41.7
PALM BEACH
115.7 PBI
N26 40.8 W080 05.2
D105
PALM BEACH
(PBI.GOOFY6)
6000 2600T
55.7
348°
327°
342°
PAHOKEE
115.4 PHK
N26 47.0 W080 41.5
NOT TO SCALE
VIRGINIA KEY
117.1 VKZ
N25 45.1 W080 09.3
ROUTING
From over BAIRN on ORL R-162 to SABOT. EXPECT RADAR vectors to final approach course.
CHANGES: ISM NDB removed.
© JEPPESEN, 2005, 2013. ALL RIGHTS RESERVED.

图 5.9　进场过渡程序

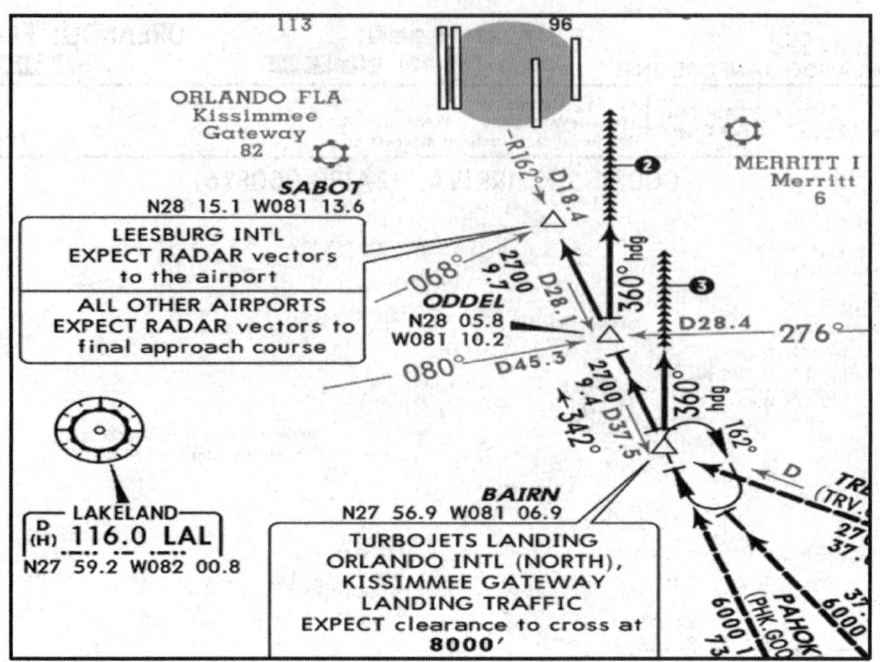

图 5.10 雷达引导进场航迹

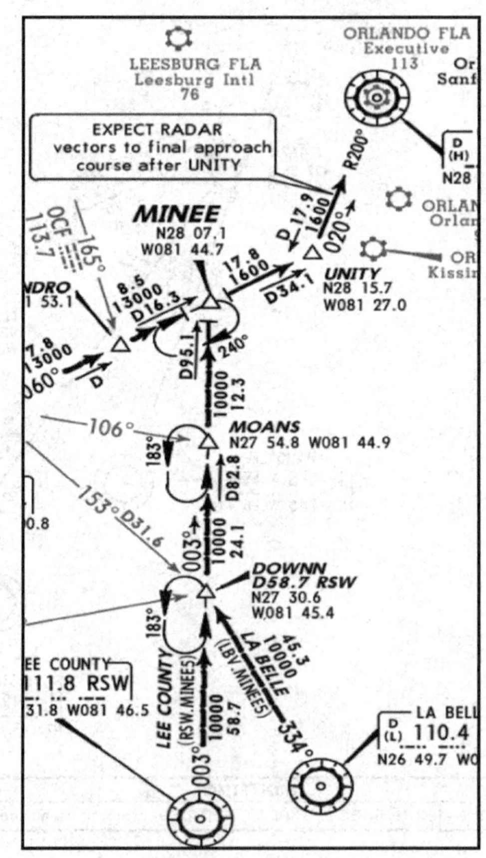

图 5.11 进场图中的等待程序

ROUTING	
ORLANDO INTL	❷ **Rwys 17L/R, 18L/R:** From over BAIRN on ORL R-162 to ODDEL. Depart ODDEL heading 360° for vector to final approach course. ❸ **Rwys 35L/R, 36L/R:** Depart BAIRN heading 360° for vector to final approach course.
LEESBURG INTL	From over BAIRN on ORL R-162 to SABOT. EXPECT RADAR vectors to the airport.
ALL OTHER AIRPORTS	From over BAIRN on ORL R-162 to SABOT. EXPECT RADAR vectors to final approach course.

图 5.12　不同机场的进场路径说明

在进场图的平面图中，以文字说明的形式标注出某定位点或导航台到某机场的直线距离，如图 5.13 所示。定位点 UNITY 为进场程序的结束点，该定位点距奥兰多桑福德国际机场的直线距离为 33 n mile，ORL VOR 台距奥兰多桑福德国际机场的直线距离为 15 n mile。

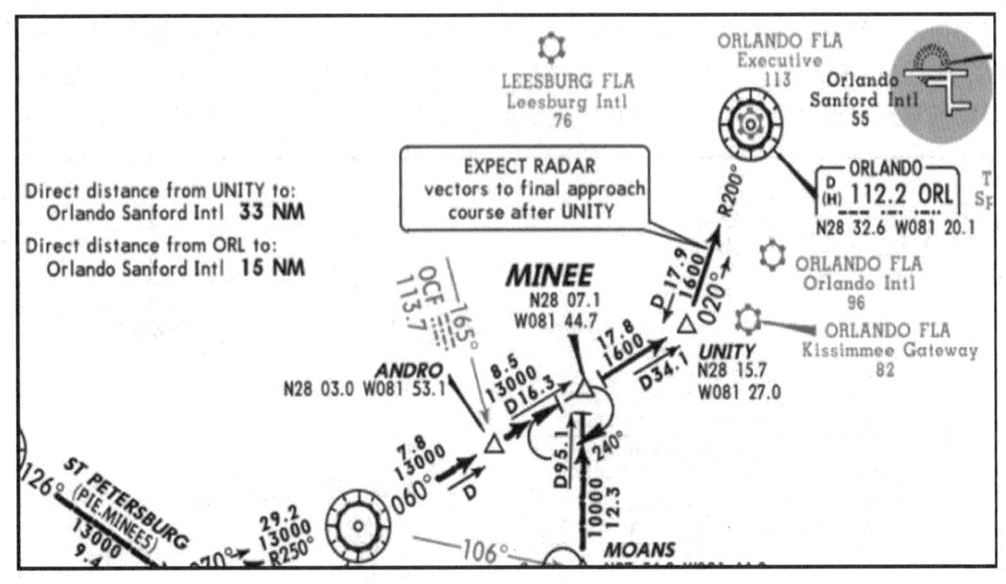

图 5.13　定位点或导航台到机场的距离说明

7. 通信失效程序

如果遵照仪表飞行规则在进场飞行过程中与 ATC 失去通信联系，则需要立即执行平面图中公布的通信失效程序。因此，进场之前，必须详细阅读通信失效进场程序图，以备通信失效时使用。大部分进场图的平面图中公布通信失效程序，边框标注"▼ LOST COMMS ▼ LOST COMMS"。如图 5.14 所示，图中标注的是美国奥兰多国际机场 20-2B 进场图的平面图左下角的通信失效程序。程序要求："从奥兰多国际机场北面着陆时，继续保持航迹到航路点 KAYWY，然后左转切入 36R 跑道，最后进近磁航线，实施进近；从奥兰多国际机场南面着陆时，继续保持航迹到航路点 BUNIE，然后左转切入 18L 跑道，最后进近磁航线，实施进近"。

在进场图上，通常在进场程序的各定位点或航段处标出明确的高度与速度限制，其中速度

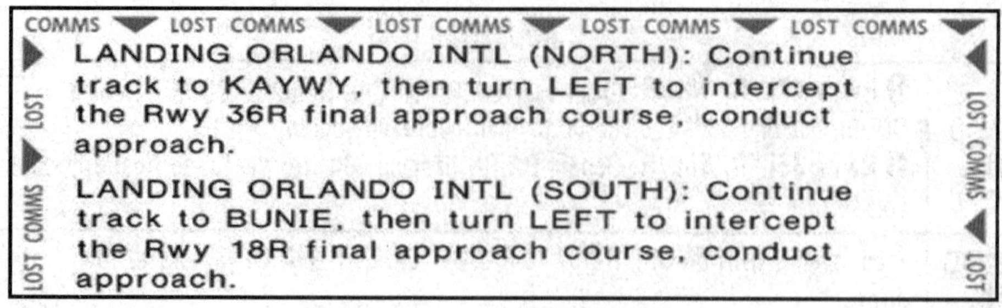

图 5.14　奥兰多国际机场通信失效程序

限制可以针对航路上的定位点,也可以针对部分或者整条航路。速度限制一般与某一特定的高度结合。如图 5.15 所示,在奥兰多国际机场 20-2A 标准仪表进场图上,在进场程序的三个定位点 LAMMA、JESUP 和 COZMO 处分别标注了高度与速度限制的信息:涡喷航空器在 KISSIMMEE GATEWAY、ORLANDO INTL 和 SPACE COAST REGL 机场着陆,飞越定位点 LAMMA 的预期高度为 12 000 ft;涡喷航空器在 MERRITT I 机场着陆,飞越定位点 LAMMA 的预期高度为 15 000 ft;涡喷航空器在 ORLANDO INTL 机场南面着陆,飞越定位点 LAMMA 的预期速度为 250 kn;涡喷航空器在奥兰多国际机场 18 跑道着陆,飞越定位点 COZMO 时的预期高度为 10 000 ft;涡喷航空器在 MERRITT I 机场着陆,飞越定位点 BITHO 的预期高度为 8 000 ft,飞越该定位点后由雷达引导至最后进近航线。

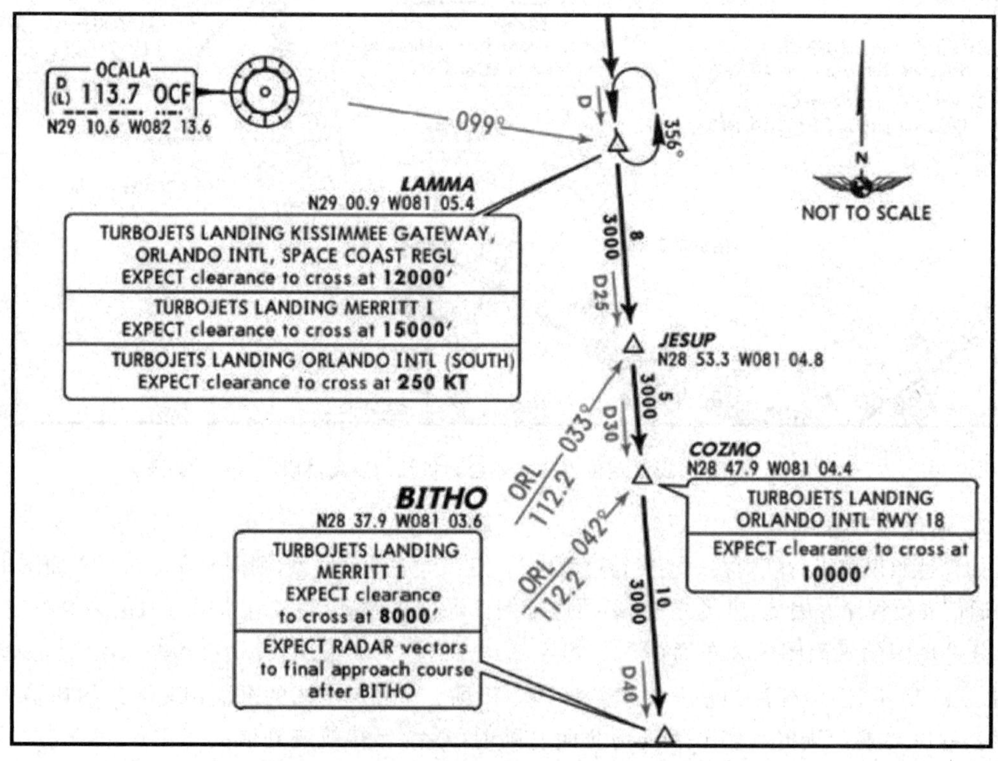

图 5.15　进场程序的高度与速度限制

5.3　标准仪表进场图的识读与应用

前面讲述了标准仪表进场图的格式及其具体信息，本节主要结合具体的进场图从制订进场飞行计划、标准仪表进场图和 RNAV 标准仪表进场图的具体信息的识读以及相应进场程序的实施过程与方法等方面加深对标准仪表进场程序的理解，从而达到正确应用标准仪表进场图的目的。

5.3.1　进场飞行计划的制订

飞行员可以通过填报飞行计划，将飞行意图提供给 ATC。如果目的地机场有正式公布的 STAR，那么飞行员通常会选择一条进场程序并将其名称及过渡程序的计算机代码填写在飞行计划表上。如果在飞行计划中没有指定 STAR 程序，则在进场前可由 ATC 指定一个进场程序。飞行员可以不接受指定的 STAR，但是必须提前通知 ATC。在美国，飞行员不选择 STAR 时，可以在飞行计划表的备注栏填写上“NO STAR”，否则必须严格按照航图上公布的程序实施进场。

通常，如果 ATC 同意使用计划的进场程序，则 IFR 进场许可指令可以简化为“cleared as filed”；如果因为气象或其他原因导致交通拥挤，管制员可能会重新指定不同的 STAR、航路或高度。一旦飞行员接受了指令，管制员就认为飞行员能够遵照指定 STAR 所公布的要求和限制来飞行。飞行员必须仔细阅读 STAR 程序，拒绝执行那些超出航空器性能的程序。如果飞行员不能按照公布的程序执行进场，则需要及时通知 ATC，可以向 ATC 请求非标准进场。

5.3.2　标准仪表进场程序的实施

进场准备时，飞行员应该首先掌握进场图中的基本信息和关键信息，如图 5.16～图 5.19 所示。

1. 美国圣地亚哥国际机场 10-2D 标准仪表进场图

如图 5.16 所示，在美国圣地亚哥国际机场 10-2D 标准仪表进场图上，选择使用 SHAMU ONE ARRIVAL 标准仪表进场程序。

(1) 图面信息标注

标注 1：航图标识及机场所在地名。本图为标准仪表进场图，该标准仪表进场图服务的地名为“SAN DIEGO，CALIF”，即美国加利福尼亚州的圣地亚哥。

标注 2：机场代码和机场名称。圣地亚哥国际机场的 ICAO 四字代码为 KSAN，IATA 三字代码为 SAN；该标准仪表进场图对应的主要机场名称为圣地亚哥国际机场。

标注 3：自动终端情报服务频率。ATIS 频率为 134.8 MHz，该机场提供数字化的 ATIS 信息。

标注 4：机场标高。圣地亚哥国际机场的标高为 17 ft。

标注 5：高度表拨正数据及使用该进场图的注意事项。在“SAN DIEGO”国际机场 10-2D 进场图上，气压单位采用英寸汞柱，TL 为标准气压高度 18 000 ft，TA 为修正海平面气压高度 18 000 ft。实施该进场程序需要飞机配备 DME 导航台接收器和机场区域雷达引导才可用。

标注 6：进场程序的名称。根据程序名称中的数字 1，说明该进场程序为第 1 次修订的版本。

标注 7：该进场程序适用于 9 号跑道。

标注 8：进场过渡程序的开始点。此处为 LOS ANGELES VOR/DME 台，飞机飞越该导 VOR 导航台的高度不得高于 FL270(27 000 ft)。

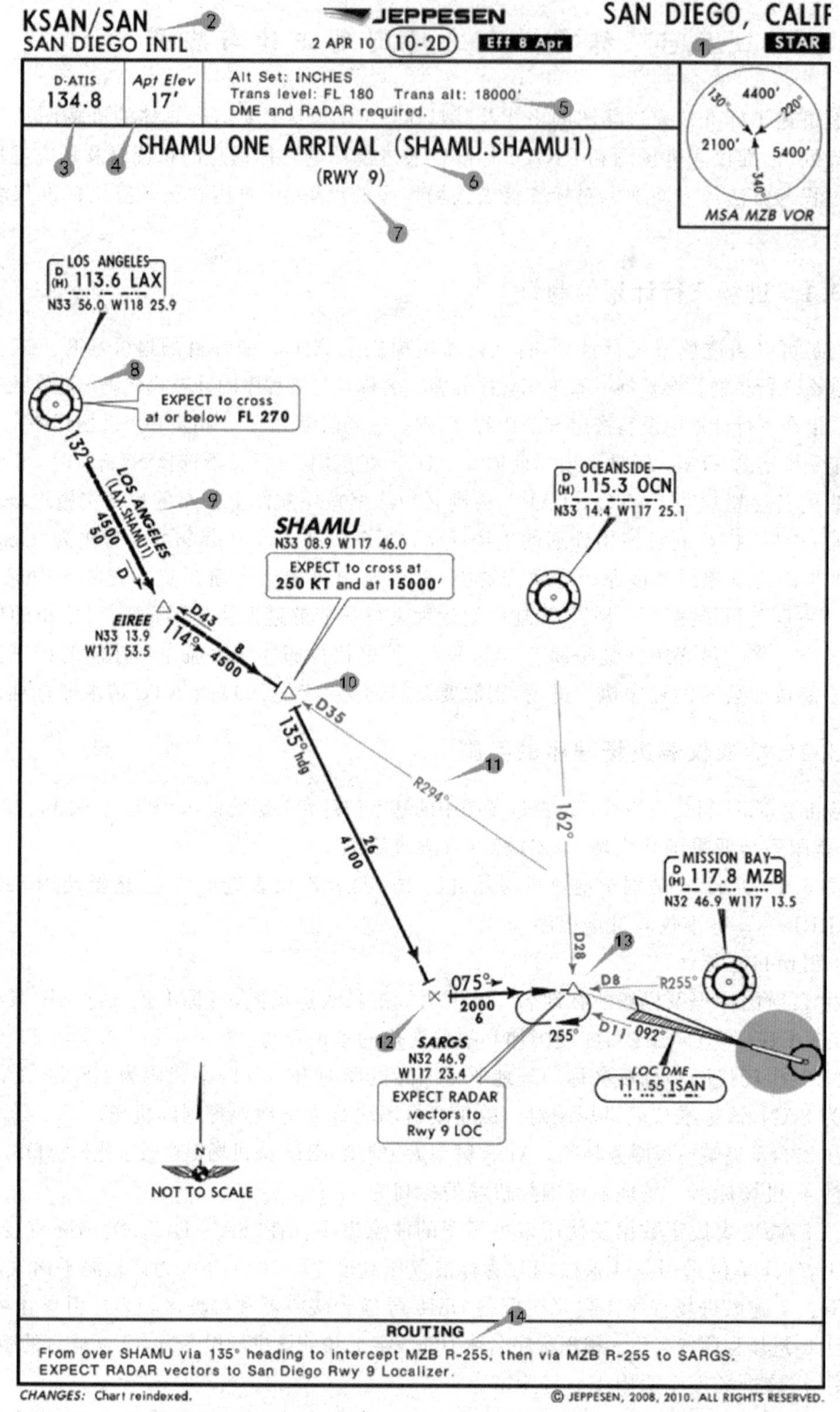

图 5.16 KSAN SHAMU ONE ARRIVAL 标准仪表进场图

标注 9：进场过渡程序的名称及其计算机代码。该过渡程序的名称为 LOS ANGELES，其导航数据库里的计算机代码为 LAX. SHAMU1。

标注 10：进场过渡程序的结束点，也就是进场程序的起点。此处为非强制报告点 SHAMU，飞越该定位点的速度为 250 kn，高度为 15 000 ft。值得注意的是，此处公布的速度和高度并不一定是实际的真实指令，只是作为下降计划的提示信息。

标注 11：MISSION BAY VOR/DME 台提供 294°的径向线。该径向线和 MISSION BAY DME 台 35 n mile 的距离弧确定 SHAMU 定位点。

标注 12：里程分段点，即转弯点。

标注 13：进场程序的终止点 SARGS，也就是进近程序的起点，从这一点开始实施真正的进近程序。飞机飞越 SARGS 定位点后，期待雷达引导至 9 号跑道的航向台。

标注 14：进场程序路径的文字说明。飞机飞越 SHAMU 定位点后，沿 135°的航向切入 MZB VOR 提供的 255°径向线，然后沿 MZB VOR 255°径向线飞至 SARGS 等待定位点。等待雷达引导至 9 号跑道航向台。

（2）实施过程与方法

LAX VOR/DME 台为该进场程序的起始点。在机载 VOR 导航控制盒上，调谐 LAX VOR/DME 台频率为 113.6 MHz，并利用其识别代码 LAX 的莫尔斯电码进行辨听，当飞行员确认导航信息无误后，沿 132°径向线对 LAX VOR/DME 进行背台飞行。预计通过 LAX VOR 不得超过 27 000 ft，许可该进场程序后，过 LAX 台后开始下降，飞 50 n mile 到达 EIREE 定位点，目标高度即最低航路高度为 4 500 ft，过 EIREE 后保持 114°航迹飞 8 n mile 至 SHAMU 定位点（该定位点由 MZB VOR/DME 提供的 294°径向线和 35 n mile 距离弧确定）。飞过该定位点时保持空速 250 kn，高度 15 000 ft。飞越 SHAMU 沿 135°航向，高度下降到 4 100 ft 并保持，飞行 26 n mile 至转弯点；然后切入 MZB 255°径向线，高度下降至 2 000 ft，飞 6 n mile 到达 SARGS 定位点并加入等待程序（该等待程序出航航迹为 255°）。之后，航空器等待雷达引导切入 09 跑道的航向道，完成 ILS 进近着陆。

2. 美国萨克拉门托国际机场 20-2B 标准仪表进场图

如图 5.17 所示，在美国萨克拉门托国际机场 20-2B 标准仪表进场图上，选择使用 TUDOR TWO ARRIVAL 程序进场。

（1）图面信息标注

标注 1：航图标识及机场所在地名。本图为标准仪表进场图，该标准仪表进场图服务的地名为“SACRAMENTO，CALIF”，即美国加利福尼亚州的萨克拉门托。

标注 2：航图索引号及航图日期。该进场图航图索引号为“20-2B”；该标准仪表进场图的修订日期为 2014 年 11 月 7 日，生效日期为 2014 年 11 月 13 日。

标注 3：机场代码和机场名称。萨克拉门托国际机场 ICAO 四字代码为 KSMF，IATA 三字代码为 SMF；该标准仪表进场图对应的主要机场名称为萨克拉门托国际机场。

标注 4：自动终端情报服务频率。该频率为 126.75 MHz，本机场提供数字化的 ATIS 信息。

标注 5：机场标高。萨克拉门托国际机场的标高为 27 ft。

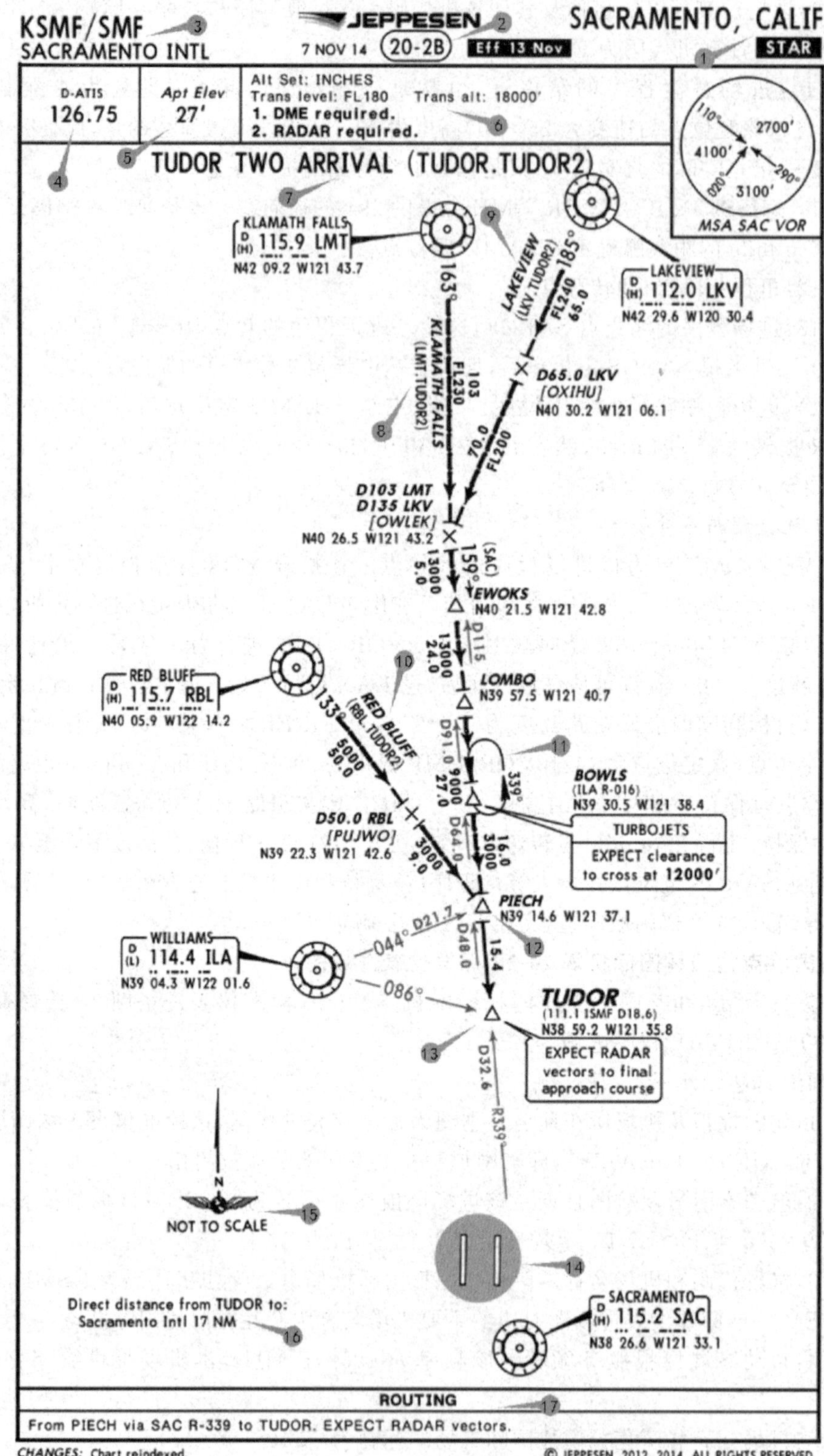

图5.17 KSMF TUDOR TWO ARRIVAL 标准仪表进场图

标注 6:高度表拨正数据及使用该进场图的注意事项。在萨克拉门托国际机场 20-2B 进场图上,气压单位采用英寸汞柱,TL 为标准气压高度18 000 ft,TA 为修正海平面气压高度18 000 ft;实施该进场程序需要飞机配备 DME 导航台接收器和机场区域雷达引导才可用。

标注 7:该进场程序名称。程序名称中的数字 2 说明该进场程序为第 2 次修订的版本。

标注 8～10:进场过渡程序的名称及其计算机代码。该过渡程序的名称分别为 KLAMATH、LAKEVIEW 和 RED BLUFF,其导航数据库里的计算机代码为 LMT. TUDOR2、LKV. TUDOR2 和 RBL. TUDOR2。三条进场过渡程序的开始点分别为 KLAMATH FALLS VOR/DME 台、LAKEVIEW VOR/DME 台和 RED BLUFF VOR/DME 台。

标注 11:进场程序中的等待程序。该等待程序的等待定位点为 BOWLS,涡轮喷气式飞机飞越该等待定位点的高度为 12 000 ft。

标注 12:进场过渡程序的结束点,也就是进场程序的起点。此处为非强制报告点 PIECH。

标注 13:进场程序的终点为非强制报告点 TUDOR。该定位点由 SACRAMENTO VOR 所提供的 339°径向线和 32.6 n mile 的距离弧确定。飞机飞越该定位点后由雷达引导至最后进近航迹。

标注 14:该进场图中的主要机场及其跑道。

标注 15:“NOT TO SCALE”表示该进场图未按比例绘制。

标注 16:注释说明。从定位点 TUDOR 到萨克拉门托国际机场的直线距离为 17 n mile。

标注 17:进场程序路径的文字说明。从进场过渡程序的结束点 PIECH 沿 SAC 339°径向方位线到达 TUDOR,然后雷达引导至最后进近航迹。

(2) 实施过程与方法

假设航空器从 RBL VOR/DME 开始进场,首先执行进场过渡程序 RED BLUFF。在机载 VOR 导航控制盒上,调谐 RBL VOR/DME 台频率为 115.7 MHz,并利用其识别代码 RBL 的莫尔斯电码进行辨听,当飞行员确认导航信息无误后,沿 133°径向线对 RBL VOR/DME 进行背台飞行。飞越 RBL VOR/DME 后沿 133°径向线下降至最低航路高度 5 000 ft,保持该高度飞行 50 n mile 到达 PUJWO 航路点,过 PUJWO 航路点下降至 3 000 ft,飞行 9.0 n mile 到达 PIECH 航路点(该航路点由 RBL 133°径向线和 ILA 044°径向线交叉确定)。PIECH 距 SAC VOR 48 n mile。飞越 PIECH 后沿 SAC 329°径向线飞行 15.4 n mile 到达定位点 TUDOR(该点距 ISMF 航向道距离 18.6 n mile)。当飞机飞至 TUDOR,根据雷达引导切入 ILS 进近航向道完成进近着陆。

假设航空器从 LKV VOR/DME 开始进场,首先执行进场过渡程序 LAKEVIEW。在机载 VOR 导航控制盒上,调谐 RBL VOR/DME 台频率为 112.0 MHz,并利用其识别代码 LKV 的莫尔斯电码进行辨听,当飞行员确认导航信息无误后,沿 185°径向线对 LKV VOR/DME 进行背台飞行。过 LKV VOR/DME 后沿 185°径向线飞行,高度下降至 21 000 ft,飞行 65 n mile 到达 OXIHU 航路点。航空器过 OXIHU 后高度下降至 20 000 ft,飞行 70 n mile 到达 OWLEK 航路点。在机载 VOR 导航控制盒上,调谐 SAC VOR/DME 台频率为 115.2 MHz,并利用其识别代码 SAC 的莫尔斯电码进行辨听,当飞行员确认导航信息无误后,左转沿 SAC VOR 339°径向线飞行,高度下降至 13 000 ft,飞行 5 n mile 到达定位点 EWOKS(该定位点距 SAC VOR/DME 台 115 n mile)。航空器飞越定位点 EWOKS 保持 SAC 339°径向线,高度保持13 000 ft,飞行24.0 n mile到达LOMBO定位点。飞越LOMBO定位点后,继续保持SAC 339°径向线,高度下降至9 000 ft,飞行27 n mile后到达BOWLS定位点。

如果没有下一步指令,则飞行员需要在BOWLS定位点加入等待程序,该等待程序为非标准等待程序,出航航迹为339°,在该航路点一边等待一边下降高度至12 000 ft,等待下一步的许可指令。收到进近管制进一步指令后,继续飞到TUDOR航路点等待管制员给出具体的航向和高度,沿给出的航向和高度飞行,切入ILS航向道。一般情况下,距最后进近定位点2 n mile左右,接着完成ILS进近着陆。

3. 美国洛杉矶国际机场10-2F标准仪表进场图

如图5.18所示,在美国洛杉矶国际机场10-2F标准仪表进场图,选择使用OLDEE ONE ARRIVAL程序进场。

(1) 图面信息标注

标注1:航图标识及机场所在地名。本图为标准仪表进场图,该标准仪表进场图服务的地名为"LOS ANGELES,CALIF",即美国加利福尼亚州的洛杉矶。

标注2:航图索引号及航图日期。该进场图航图索引号为"10-2F";该标准仪表进场图的修订日期为2010年4月2日,生效日期为2010年4月8日。

标注3:机场代码和机场名称。洛杉矶国际机场ICAO四字代码为KLAX,IATA三字代码为LAX;该标准仪表进场图对应的主要机场名称为洛杉矶国际机场。

标注4:自动终端情报服务频率。该频率为133.8 MHz,本机场提供数字化的ATIS信息。

标注5:机场标高。洛杉矶国际机场的标高为126 ft。

标注6:高度表拨正数据及使用该进场图的注意事项。在洛杉矶国际机场10-2F进场图上,气压单位采用英寸汞柱,TL为标准气压高度18 000 ft,TA为修正海平面气压高度18 000 ft;实施该进场程序需要飞机配备DME导航台接收器和机场区域雷达引导才可用。期望与加利福尼亚南部终端雷达进近管制中心取得联系,以获取与该进场程序对应的跑道分配。

标注7:扇区最低安全高度(MSA)。扇区划分以SAX VOR导航台为中心,划分为3个扇区,其中010°～120°扇区的MSA为4 400 ft,120°～240°扇区的MSA为7 700 ft, 240°～010°扇区的MSA为2 700 ft。

标注8:进场程序名称及其计算机代码。该进场程序的名称为OLDEE ONE ARRIVAL,其导航数据库里的计算机代码为OLDEE. OLDEE1。根据程序名称中的数字1,说明该进场程序为第1次修订的版本。

标注9:该进场图中的主要机场、跑道以及位于主要机场和跑道附近的导航设施LOS ANGELES VOR/DME台。

标注10:进场程序的开始点为JULIAN VOR/DME台。此处JLI台作为等待定位点,设左转弯等待程序(非标准等待程序),出航航迹为108°,入航航迹为288°,最低等待高度为FL180(18 000 ft)。

标注11:等待程序。该等待程序以入航航迹为基准为左转弯,因此为非标准等待程序。该等待程序以RONLD为等待定位点(由JLI VOR/DME 303°径向线和31 n mile的距离弧确定),出航航迹为303°,入航航迹为123°,出航边的飞行距离限制为5 n mile。

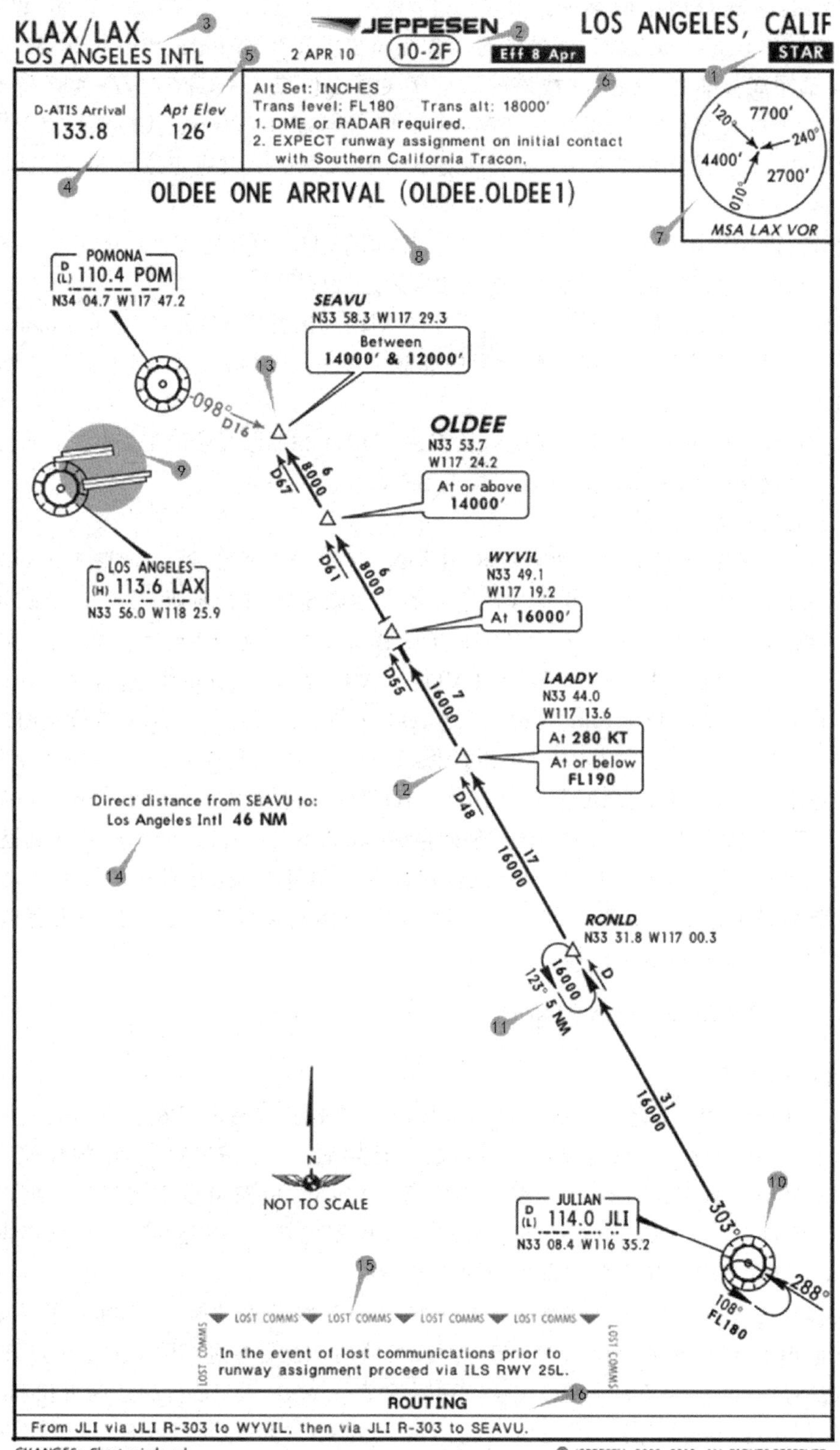

图 5.18　KLAX OLDEE ONE ARRIVAL 标准仪表进场图

标注 12:进场程序中的某一定位点 LAADY。定位点 RONLD、LAADY、WYVIL 和 OLDEE 分别由 JLI VOR/DME 所提供的 303°径向线以及 31 n mile、48 n mile、55 n mile 和 61 n mile 的距离弧确定。航空器按该进场程序飞越定位点 LAADY 时,高度不高于 FL190 (19 000 ft),速度为 280 kn;飞越定位点 WYVIL 时高度为 16 000 ft。飞越定位点 WYVIL 时高度为 16 000 ft;飞越定位点 OLDEE 时高度不低于 14 000 ft;飞越定位点 SEAVU 时高度为 12 000~14 000 ft。

标注 13:进场程序的终点 SEAVU。定位点 SEAVU 由 POM VOR/DME 台 98°径向线和 67 n mile 的距离弧定位。从该定位点开始实施进近程序。

标注 14:注释说明。从定位点 SEAVU 到洛杉矶国际机场的直线距离为 46 n mile。

标注 15:通信失效程序。在获取分配的跑道之前一旦通信失效,则可通过 LIS 备降至 25L 跑道。

标注 16:进场程序路径的文字说明。从 JLI VOR/DME 台开始沿 JLI 303°径向方位线飞到 WYVIL,然后继续保持 303°航迹到定位点 SEAVU。

(2) 实施过程与方法

JLI VOR/DME 为进场程序的起始点,在机载 VOR 导航控制盒上,调谐 JLI VOR/DME 台频率为 114.0 MHz,并利用其识别代码 JLI 的莫尔斯电码进行辨听,当飞行员确认导航信息无误后,沿 303°径向线对 JLI VOR/DME 实施背台飞行。过 JLI 台后沿着 303°航迹,高度 16 000 ft,当 DME 机载设备显示距离 JLI VOR/DME 台 31 n mile 时,到达 RONLD 点。然后,保持航迹 303°,飞行 17 n mile 后到达 LAADY 定位点。飞越 LAADY 定位点时的高度不高于 FL190(19 000 ft),速度为 280 kn;继续保持航迹 303°,飞行 7 n mile 后到达 WYVIL 定位点。飞越 WYVIL 点时的高度不低于 16 000 ft;仍然保持航迹 303°,飞行 6 n mile 后到达定位点 OLDEE,高度不低于 14 000 ft。保持航迹 303°不变,飞行 6 n mile 后到达定位点 SEAVU,高度介于 12 000~14 000 ft 之间。定位点 SEAVU 为进场程序的结束点,航空器到达该定位点后结束进场程序,下一步根据 ATC 指令下降高度或者进近。如果没有取得 ATC 继续进近的许可,则在该点实施等待程序。

5.3.3 区域导航(RNAV)进场

1. 区域导航概述

区域导航(RNAV)是允许航空器在陆基导航信号覆盖范围内或在航空器自备式导航系统能力范围内,在任意一条预定航线上飞行的一种导航方法。RNAV 使用的导航设备包括 GPS、FMS、VOR/DME、LORAN 和 INS/IRS 等。RNAV 航路可以实现机场之间的直线飞行,提高飞行效率。RNAV 航路的每个航路点都预先确定,采用经纬度坐标或者与 VOR/DME 的相对距离方位来定义航路点的地理位置。

在大多数的进场图上,包括那些没有设计 RNAV 进场程序的航图,都标注了导航设施和定位点的地理坐标,以供 GPS 和 FMS 等导航设备使用。在有些进场图上的定位点,既标注了该定位点的经纬度坐标,又标注了该定位点到附近某一 VOR/DME 台的径向方位和 DME 距离。同时,使用这两种方式来定义定位点,便于使用 RNAV 和 VOR/DME 导航的不同航空器根据各自的机载设备选择适用的定位方式。

在杰普逊航图上,RNAV 导航的航路点用四角星符号来标示,如图 5.19 所示。需要说明的是，图中采用在三角形标注的 VOR/DME 定位点名称下面标注其地理位置坐标，也可能会使用 RNAV 导航。

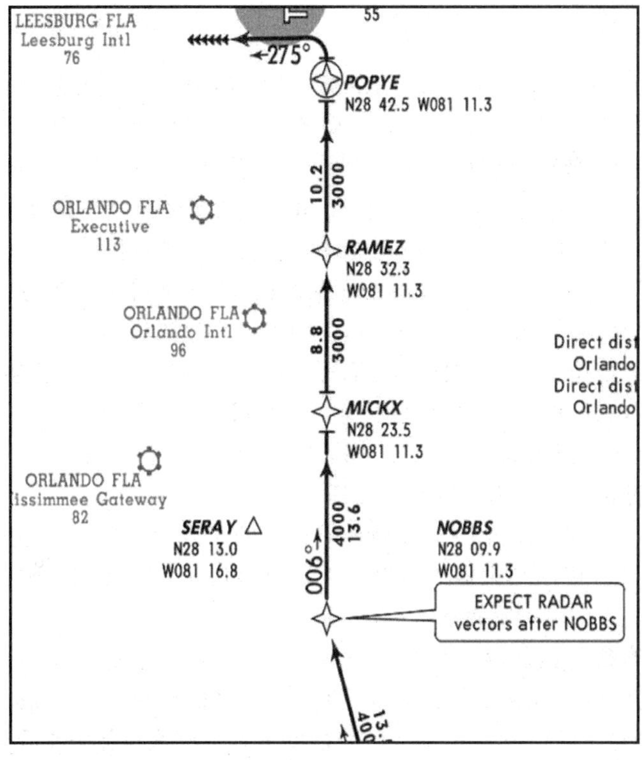

图 5.19　区域导航航路点

有一些标准仪表进场程序也可以使用机载 RNAV 设备实施区域导航进场，如果航图标识中标注“RNAV STAR”，则说明该进场程序以 RNAV 导航方法为主。区域导航进场图在平面图中的进场程序名称中加以注明，如图 5.20 所示。

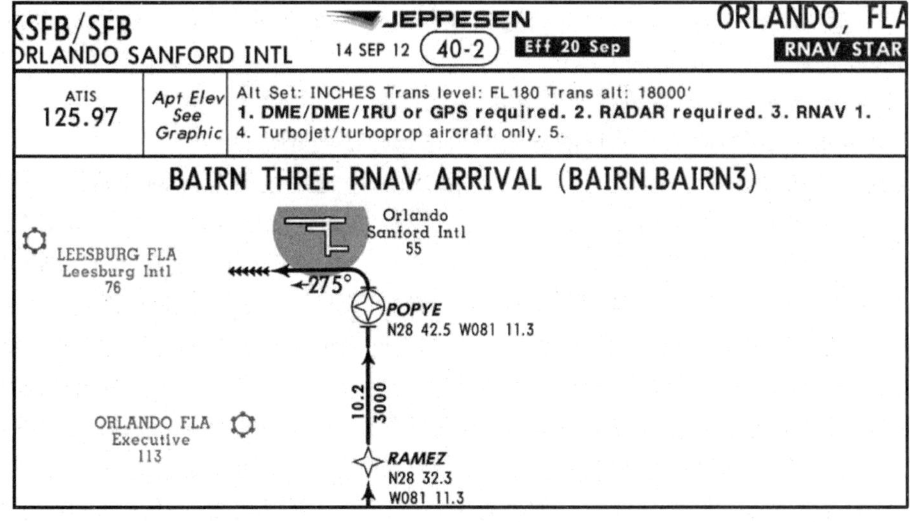

图 5.20　RNAV 进场图标识

2. 美国洛杉矶国际机场10-2A区域导航(RNAV)进场图

如图5.21所示为美国洛杉矶国际机场10-2A区域导航(RNAV)进场图,图中各标注信息的具体含义如下所述。

(1) 图面信息标注

标注1:航图标识及机场所在地名。“RNAV STAR”代表区域导航进场;该标准仪表进场图服务的地名为“LOS ANGELES,CALIF”,即美国加利福尼亚州的洛杉矶。

标注2:高度表拨正数据及使用该进场图的注意事项。在洛杉矶国际机场10-2A进场图上,气压单位采用英寸汞柱。过渡高度层为FL180(标准海平面气压高度18 000 ft),过渡高度为TA修正海平面气压高度18 000 ft。实施该进场程序需要飞机配备DME/DME/IRU或者GPS、机载雷达,并且GPS支持RNAV1;不配备GPS的飞机需装有雷达,该进场程序仅适用于喷气式飞机;24L/R、25L/R跑道期望雷达引导到最后进近航段。

标注3:RNAV进场程序名称。根据程序名称,说明该RNAV进场程序为第3次修订的版本。

标注4:RNAV进场过渡程序的开始点为非强制报告点ROSIN。

标注5:RNAV进场过渡程序的名称及其计算机代码。该过渡程序的名称为ROSIN,其导航数据库里的计算机代码为ROSIN. BUFIE3。

标注6:RNAV航路点GOATZ。飞越该航路点的速度为280 kn,高度为12 000 ft。

标注7:进场过渡程序的结束点为SANTA CATALINA VOR/DME导航台,也就是进场程序的起点。飞越该导航台的高度为12 000 ft。

标注8:RNAV航路点FITOW。航空器飞越该航路点时的速度为250 kn,高度为12 000 ft。同时,该航路点处的航路高度转换符号表明,在到达FITOW航路点之前,航段的最低航路高度为12 000 ft,而经过FITOW航路点之后航段的最低航路高度则需要下降至10 000 ft。

标注9:进场程序的终点为SEAL BEACH VOR/DME导航台。飞机飞越SLI台时的高度为7 000 ft。飞越该导航台后保持330°航向,实施雷达引导。

标注10:雷达引导标志。

标注11:注释说明。从SLI VOR/DME台到洛杉矶国际机场的直线距离为20 n mile。

标注12:进场程序路径的文字说明。从SXC VOR/DME台沿着066°径向线飞到FITOW,然后按照该RNAV进场图上的航线标和高度飞至SLI VOR/DME台,过台后保持330°航向实施雷达引导至最后进近航迹。

(2) RNAV进场程序的实施过程与方法

在得到进场许可时,确认要使用的进场图和进场程序的起始点。

首先执行进场过渡程序ROSIN。定位点ROSIN为进场过渡程序的开始点,飞越ROSIN,沿033°航迹,高度下降至FL280(28 000 ft),飞行47.0 n mile到达定位点MALIT。飞越定位点MALIT,飞行高度下降至12 000 ft,飞行63.0 n mile到达定位点GOATZ。飞越GOATZ时,高度下降至12 000 ft,速度保持280 kn。此后,飞机沿034°航迹,保持高度12 000 ft飞行17.0 n mile,到达SXC VOR/DME台,飞越SXC台的高度仍保持12 000 ft,进场过渡程序结束。

当得到进场许可时,管制员会明确飞行员起始点为SXC VOR,并且会指出明确的高度。但有些时候,管制员为了节省空域或时间,会给飞行员指令,让飞机从某一点开始做进场,而不是飞完整个程序,但是高度信息和航向信息一定会明确给出。因此,在做进场时,首先要听清ATC指令,严格按照ATC指令执行。如果管制员没有给选择某个确定的进场程序起始点,则一般会根据飞机进场时距某个点的距离确定,一般而言,管制员会要求从最近的点做进近。

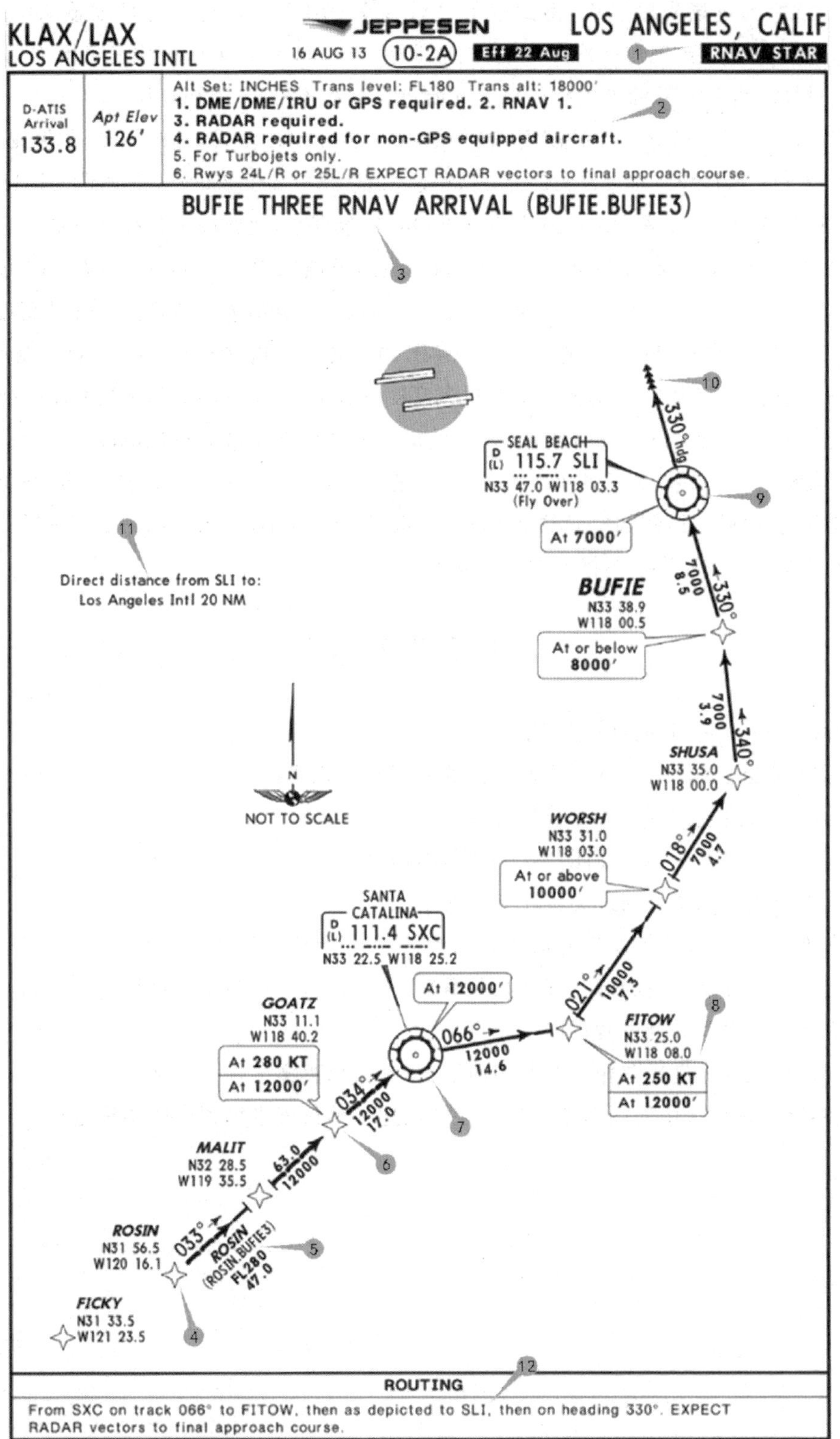

图 5.21　KLAX BUFIE THREE 区域导航进场图

选择SXC为进场程序起点,得到许可之后直飞SLI VOR,将飞行计划输入GPS,此时GPS的显示屏上便会出现航空器应飞的航向、距离和时间等信息。选择完起始进场点,便要确定起始进场高度。本图的进场程序要求起始进场高度不低于12 000 ft。

当飞机以不低于12 000 ft的高度飞过SXC VOR/DME台后,飞机需要保持12 000 ft ,沿066°航迹飞向FITOW。需要注意的是,在此航段速度不应高于250 kn,高度不低于12 000 ft。过定位点FITOW点后,沿着021°航迹直飞至WORSH航路点,此航段飞行高度不低于7 000 ft。过WORSH航路点时的高度不低于10 000 ft。飞越航路点WORSH后,沿着018°航迹飞向SHUSA,此航段最低航路高度为7 000 ft。过了SHUSA点沿着340°航迹,航段高度保持在7 000 ft,直到航路点BUFIE,飞越航路点BUFIE时的高度不超过8 000 ft。飞过航路点BUFIE时,沿着330°航迹飞向SLI VOR,此时保持过台高度不低于7 000 ft,SLI为进场程序的结束点,至此,完成进场程序飞行。过SLI台后,沿330°航向由雷达引导至最后进近航段。

对于飞机进场,如果ATC没有给出明确的进场许可,飞机要严格保持ATC所给出的高度。一旦得到进场许可,例如"MMY1,clear bufie. bufie1 arrival via SXC,12 000 feet"之后,飞行员才可以严格按照进场图标识执行进场程序。

复习思考题

1. 标准仪表进场图的目的和作用是什么?
2. 标准仪表进场图的基本布局是怎样的?请画图说明。
3. 标准仪表进场图的标题栏包含哪些基本信息?
4. 标准仪表进场图的平面图包含哪些基本信息?
5. 标准仪表进场图上的进场程序如何命名?
6. 在进场过程中,如果发生通信失效的情况,飞行员应该如何处置?
7. 进场飞行计划如何制订?查阅相关资料,自行制订一份简单的进场飞行计划。
8. 为什么要设置进场过渡程序?
9. 列出标准仪表进场图相关的航图简缩字,并写出英文全称和含义。
10. 结合本章附录中的图5.22~图5.28,描述标准仪表进场程序的实施过程。

本章附录

图 5.22～图 5.28 为本章收录的部分杰普逊标准仪表进场图。

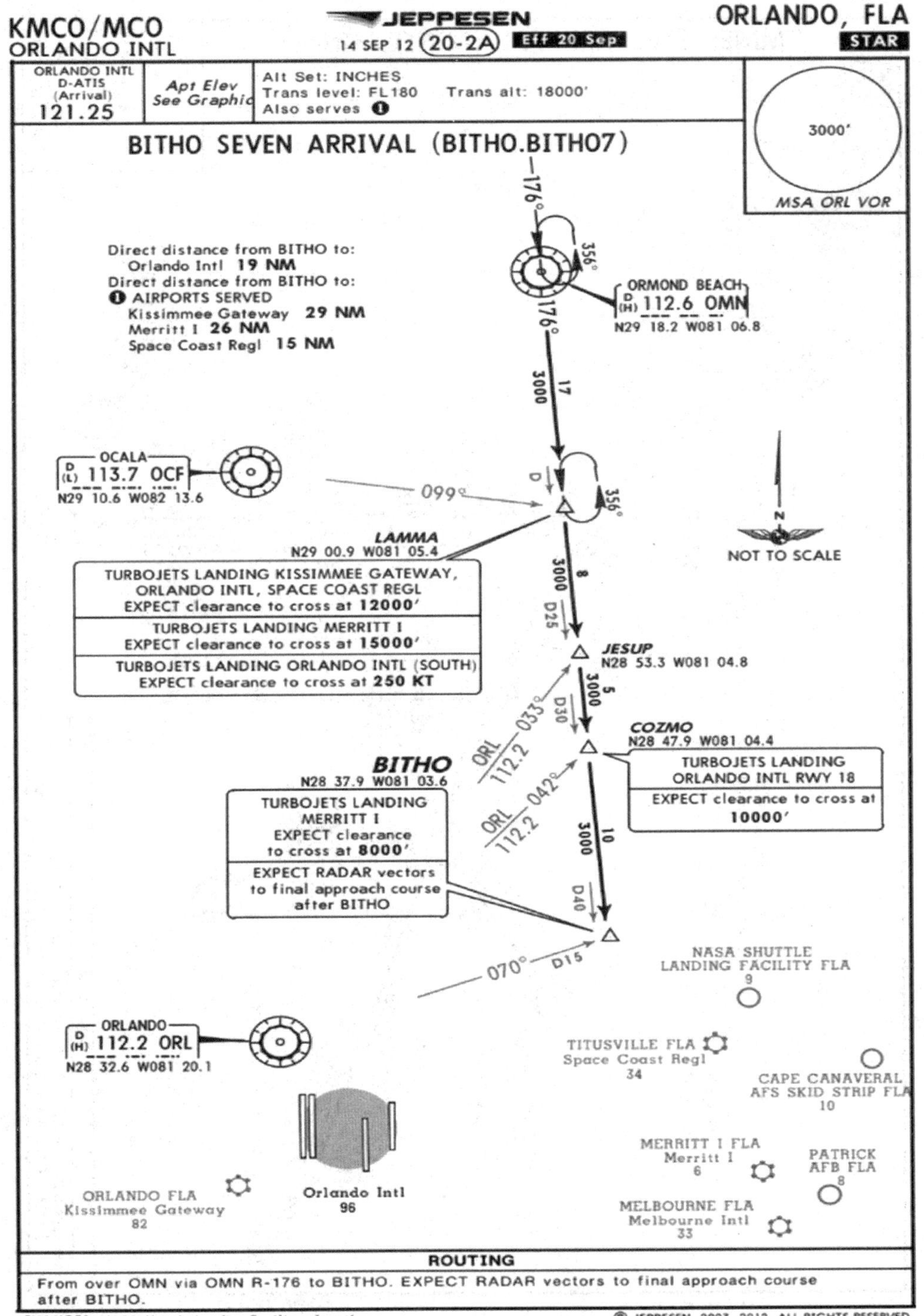

图 5.22　奥兰多 BITHO SEVEN 标准仪表进场程序

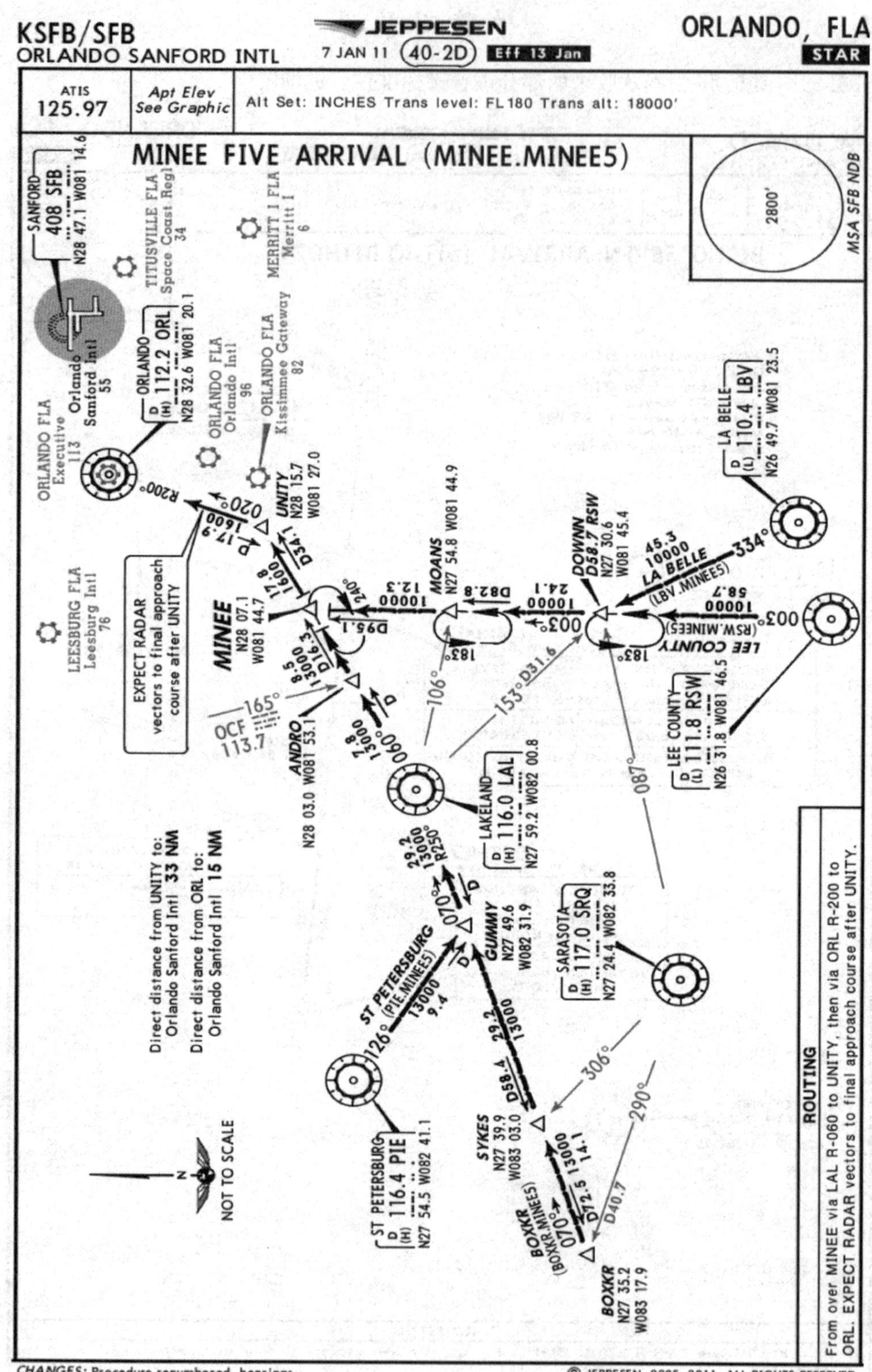

图 5.23 MINEE FIVE 标准仪表进场程序

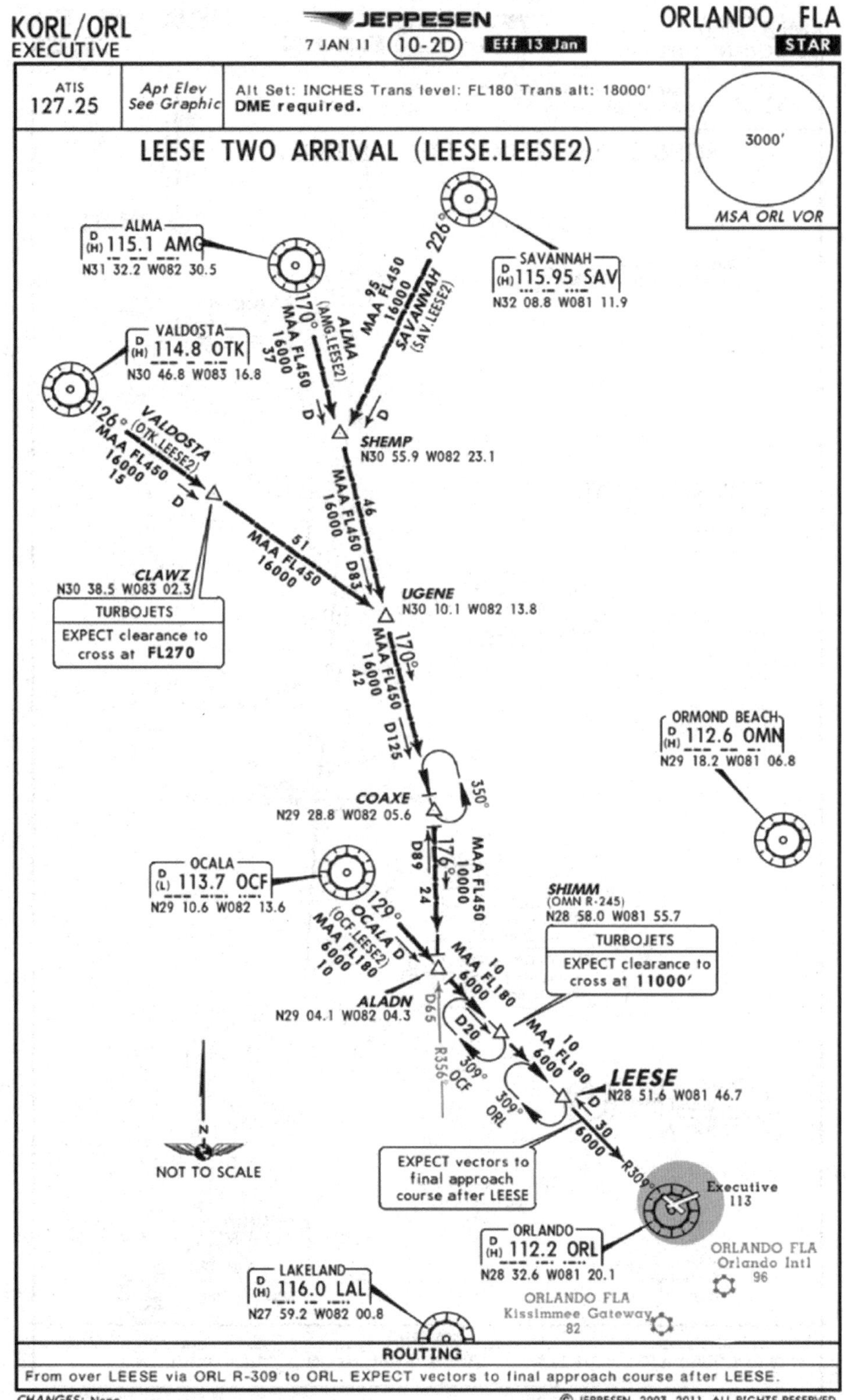

图 5.24　LEESE TWO 标准仪表进场程序

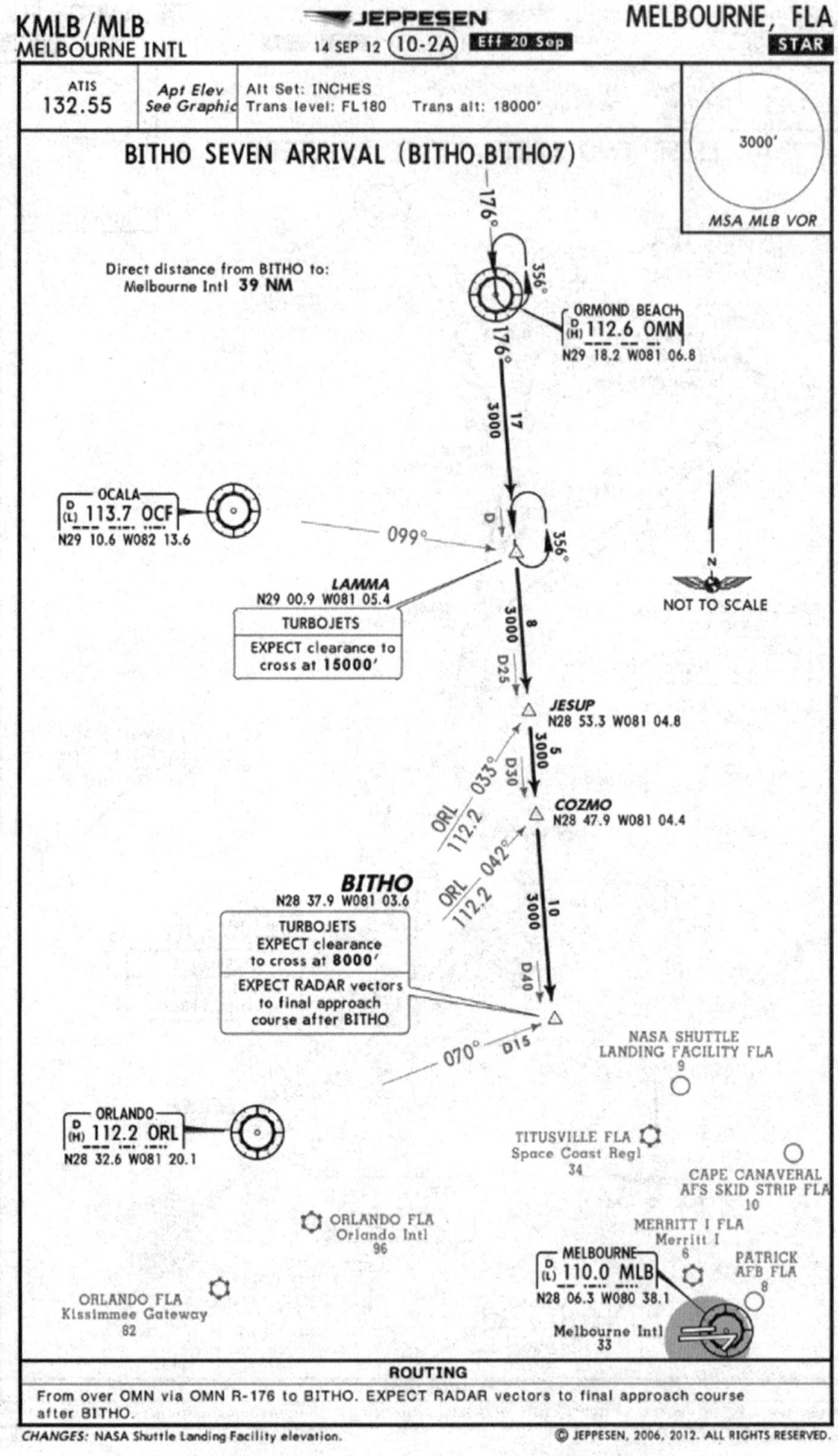

图 5.25 墨尔本国际 BITHO SEVEN 标准仪表进场程序

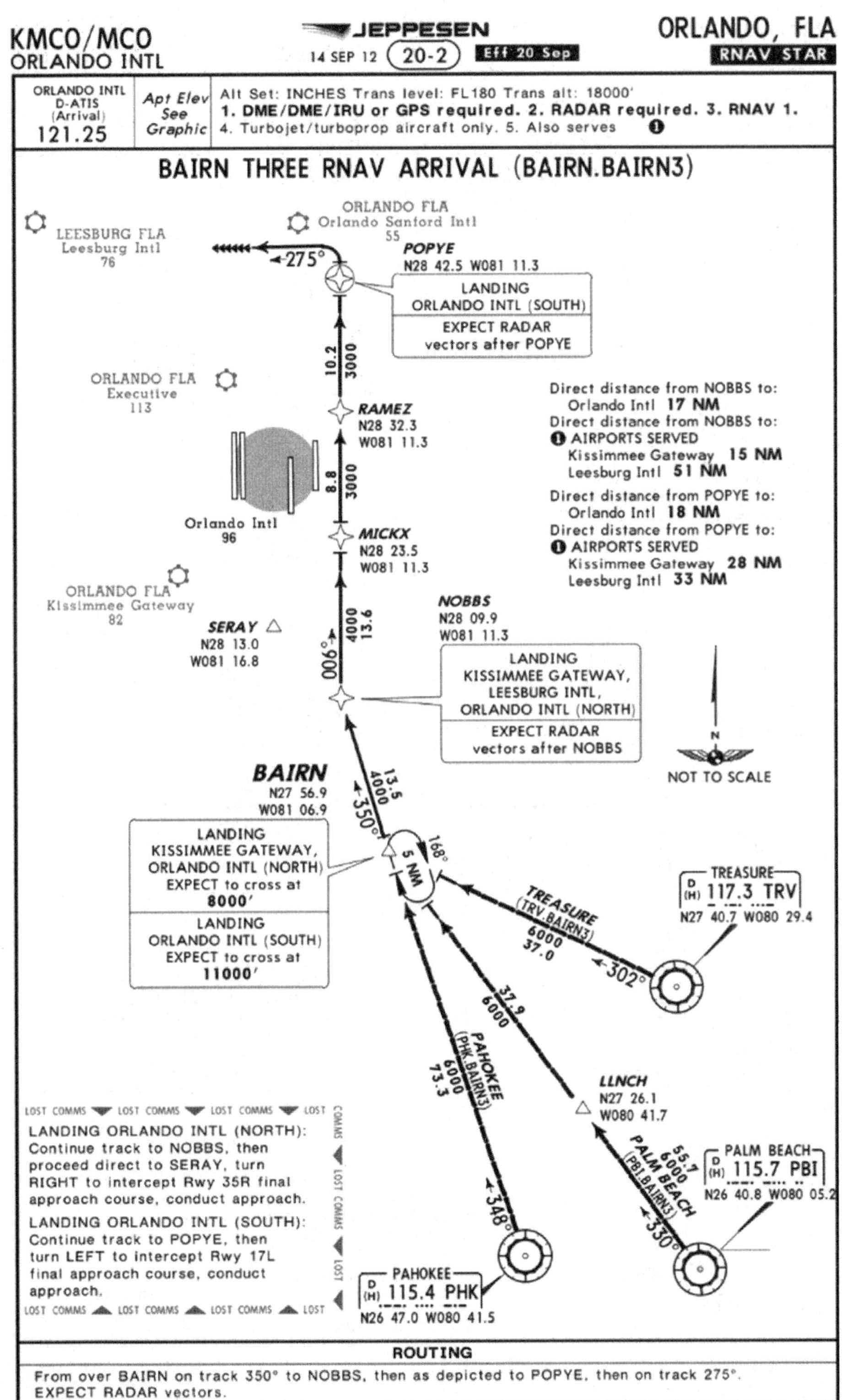

图 5.26　BAIRN THREE 区域导航进场程序

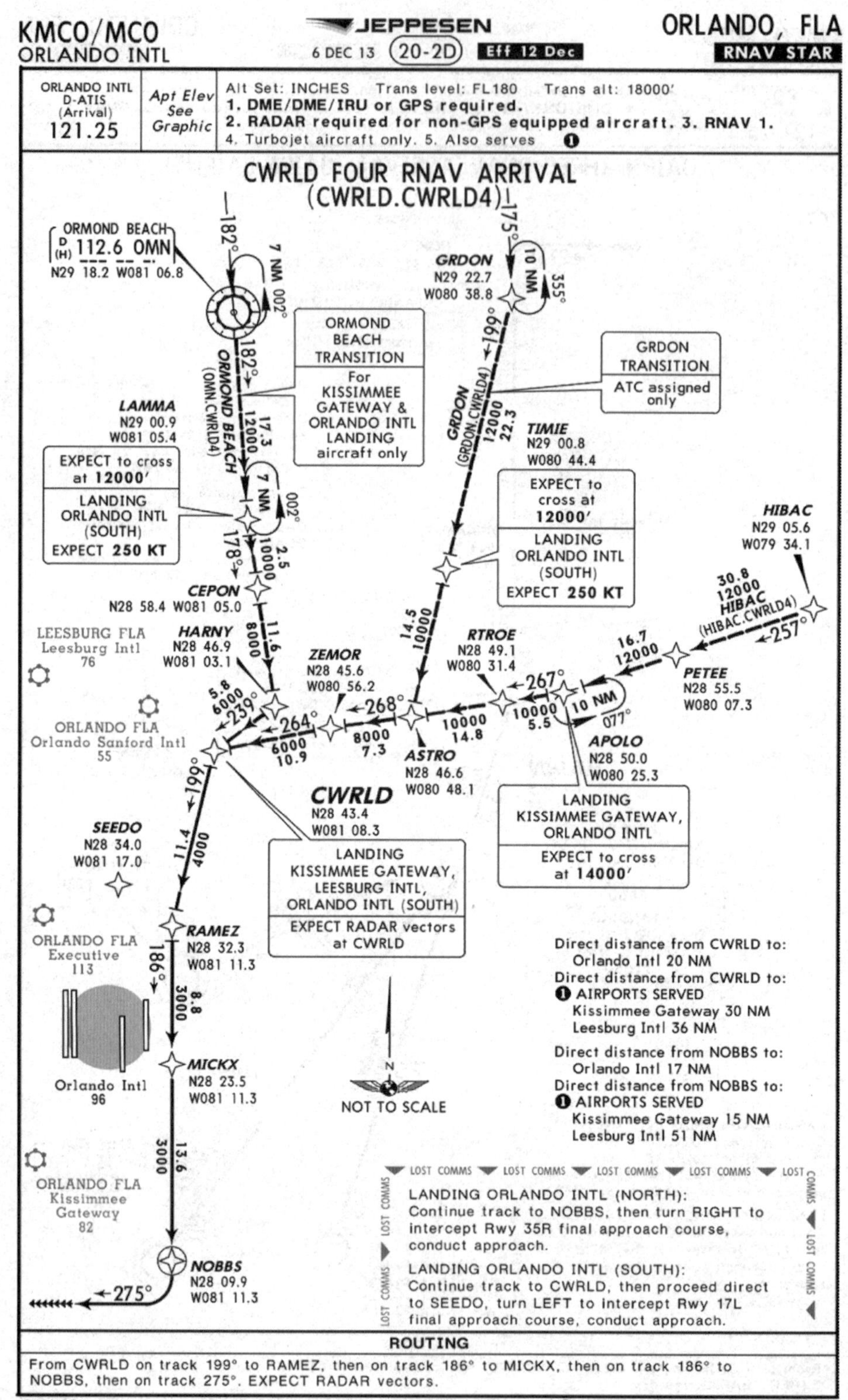

图 5.27 奥兰多国际机场 CWRLD FOUR 区域导航进场程序

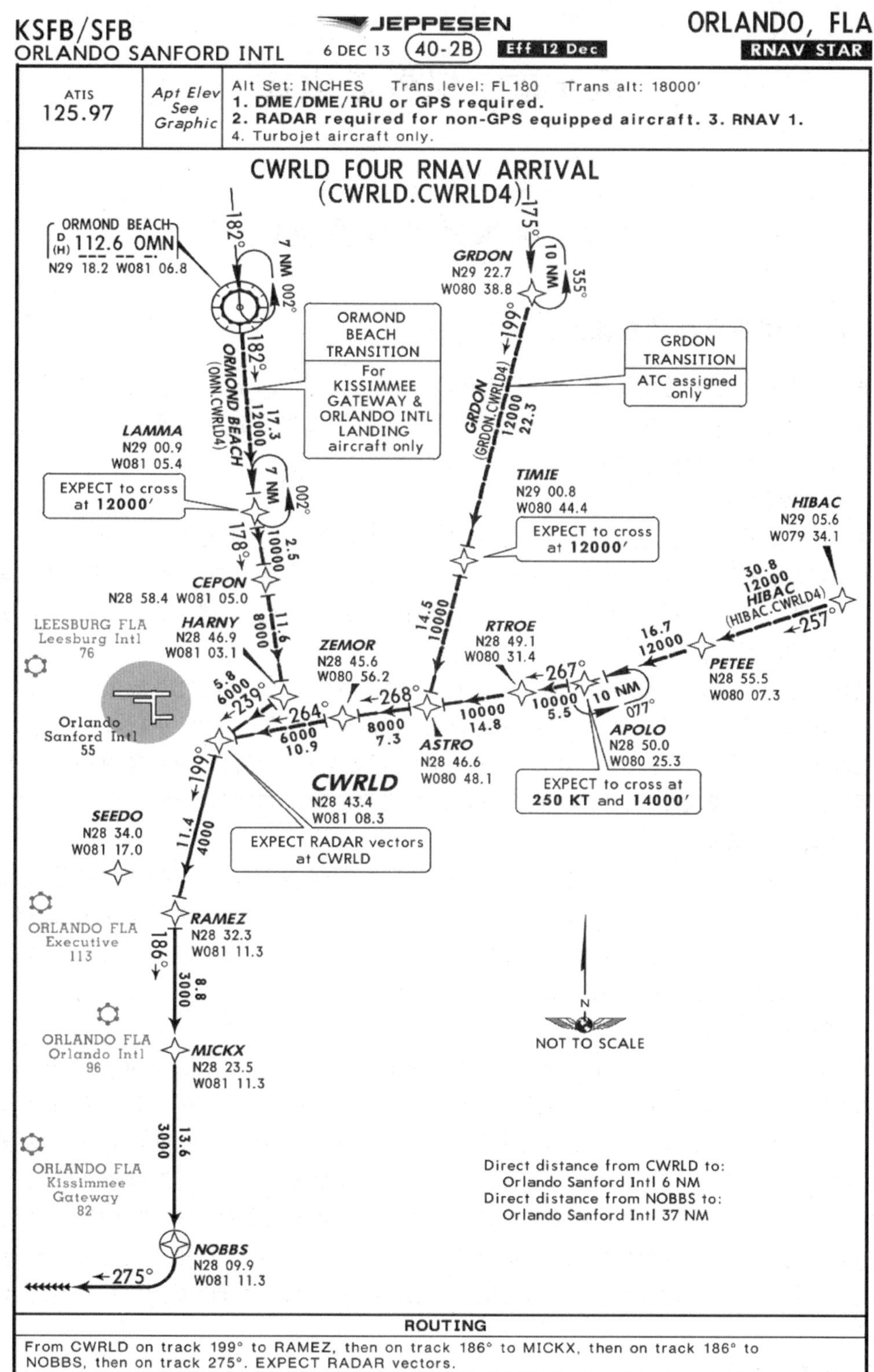

图 5.28　奥兰多桑福德国际机场 CWRLD FOUR 区域导航进场程序

第 6 章　仪表进近图

6.1　仪表进近程序概述

6.1.1　进近程序的航段划分

进近程序一般分为进场航段、起始进近航段、中间进近航段、最后进近航段和复飞等待航段。每个进近程序都至少含有一个等待程序，用来作为复飞程序完成后等待第二次进近或者作为管制中心调控机场流量使用。

1. 进场航段

进场航段是飞机从航路上的某个导航台或定位点脱离并且准备起始进近的过程。一般在此过程中，管制中心会指示飞机下降到合适的高度并且指定出合适的航向。在较大型的机场，一般会有标准仪表进场程序，使得飞机沿着指定的进场路线飞行，以减少控制中心的压力。

2. 起始进近航段

起始进近航段是飞机从起始进近定位点(IAF)到中间进近定位点(IF)或最后进近定位点(FAF)的航段。在此航段，飞机主要用来降低高度，沿着进近航路飞行并且对正跑道。在此进近航段中，由于飞机具有较大的速度，在转弯的时候容易造成飞机脱离预定航迹并且无法修正的情况。因此，在此航段飞行员一定要严格控制飞机的速度和转弯速率。

3. 中间进近航段

中间进近航段是飞机从中间进近定位点(IF)到最后进近定位点(FAF)的航段。在此阶段，飞机主要需调整外形并减小速度到预定的进近速度且对正跑道，一般不会再大幅度地降低高度。此时，如果飞机高度过高，应该在此阶段尽量下降到规定高度，在 FAF 之前保持一段距离的平飞，避免匆忙地大速率下降高度，否则容易造成危险。

4. 最后进近航段

最后进近航段是飞机对正跑道并且下降到决断高度/高(DA/H)或者最低下降高度/高(MDA/H)的过程。这个阶段是飞机进近中最关键和最复杂的一个过程。其仪表飞行部分是从最后进近定位点至复飞点(MAP)，目视飞行部分可以向跑道做直线着陆或者向机场做目视盘旋着陆。飞行员需要控制飞机对正跑道并且减速到进近速度，跟随下滑道或者阶段下降高度下降。在这个过程，飞行员不但要控制好飞机的航向，也要控制好飞机的速率，并且完成降落前检查单，直到飞机下降到规定高度来判断是否仅需进近或者复飞(根据是否能看到跑道或者进近引导灯)。在天气情况比较好的情况下，在规定高度之前就可以看到机场的跑道或者进近引道灯。

5. 复飞等待航段

复飞等待阶段一般是飞机下降到决断高度或者最低下降高度时，无法满足继续进近并且复飞的过程。在此阶段，飞行员需要控制好飞机的速度和爬升率。在天气情况不满足目视飞行的阶段，需要飞行员严格按照标准复飞程序或管制员的指令（有时管制员根据具体情况会给出与标准复飞程序不一样的指令），爬升到复飞指定的高度后执行等待，并核实复飞检查单。在天气状况良好的情况下，如果机场条件允许，飞机可以做起落航线来完成第二次着陆。

6.1.2　进近程序的分类

在广义的含义中，进近指的是飞机按照标准程序下降并且对正跑道的过程。根据在进近中是否使用仪表来领航分为两种进近：目视进近（不使用仪表领航）和仪表进近（使用仪表领航）。当然，目视进近的工作量远小于仪表进近的工作量，但是目视进近不适用于低云、低能见度的天气情况。

仪表进近程序根据在最后进近航段仪表提供的导航设施是否能够提供下滑道信息分为精密进近程序和非精密进近程序两种类型。精密进近是飞机在最后航段导航设备提供航向信息和下滑道信息，飞行员可以跟随航向道来控制自己的下滑速率，精确程度比较高。非精密进近指的是导航设备只能提供航向信息，不能提供下滑道信息，精确程度比较低。比如在雷丁机场的 34 号跑道，既可以实施精密进近，又可以实施非精密进近；16 号跑道只有非精密进近。在低云、低能见度的情况下，一般采用 34 号跑道实施精密进近。

1. 精密进近

精密进近程序主要使用的导航设施有仪表着陆系统（ILS）、微波着陆系统（MLS）和精密进近雷达（PAR），其中，ILS 的应用最为普遍。

在我国，大部分的机场都安装了仪表着陆系统，其中，Ⅰ类仪表着陆系统最为常见。根据机场的导航设施和飞机上的导航设备的条件，仪表着陆系统可以分为Ⅰ、Ⅱ、Ⅲ类等级。决断高度（DA）为 60 m 以上，机场能见度（VSI）在 800 m 以上的为Ⅰ类仪表着陆系统，这是我国机场最主要的仪表着陆系统等级，也是本书中提到的雷丁机场 34 号跑道仪表着陆系统的类型。精密进近雷达由于其被动性（飞行员无法看到下滑道信息，只能通过管制员指挥飞行员控制下滑速率），我国不再将其单独作为一种进近方式，而是作为一种辅助方式来控制机场流量。而微波着陆系统作为一种精密进近方式，其设备价格高昂，维护费用高，难以普及到各个机场，所以此进近已经很少或者不再使用。仪表着陆系统通常与 DME 台配合使用来确定与机场之间的距离，使得进近更加灵活和直观。

2. 非精密进近

非精密进近是指飞机在最后进近航段的过程中，导航设备无法提供下滑道信息，只能提供航向信息的进近。非精密进近主要有 VOR 进近、NDB 进近、LOC 进近（ILS 下滑道信息不工作）、GPS 进近（根据 GPS 能否提供下滑道信息分为精密或非精密进近，无法提供下滑道信息的时候为非精密进近）。我国现有的非精密进近方式大部分为 VOR 进近和 NDB 进近；而在美国雷丁机场，常用的非精密进近为 GPS 进近和 LOC 进近。

非精密进近的缺点是飞机无法通过下滑道信息来控制下滑速率，只能通过表速、油门设置和高度等经验数据来进行阶段下降直到最低下降高度来判断是继续进近还是复飞。

3. 目视进近

目视进近是飞机在天气好的情况下，通过飞机的灯光和飞行员的经验下降并且落地的过程。在国内机场一般都是仪表进近，较少使用目视进近的方式落地。在美国雷丁机场，只有在飞行训练的最初阶段会实施目视进近，因此，本书对目视进近不做过多叙述。

6.1.3 仪表进近程序的模式

进近的方式直接决定了进近的效率和燃油的消耗量,作为航空公司,选择合适的进近方式使得利润最大化是与公司的发展和强盛息息相关的。下面介绍几种常见的进近方式。

1. 直线进近

直线进近是进近的最简单的方式,也是最为省时省力的一种进近方式。直线进近有利于分离机场交通的进出,减轻管制中心和飞行员的工作压力。但是此进近方式受机场周围地形和管制空域的影响,一般在地形变化不大并且进近空域较大的情况下使用。雷丁机场34号跑道ILS进近便采用了此种方式,如图6.1所示。雷丁机场周围地形较为平坦,所以采用直线进近的方式,减轻了飞行员和塔台的工作压力。

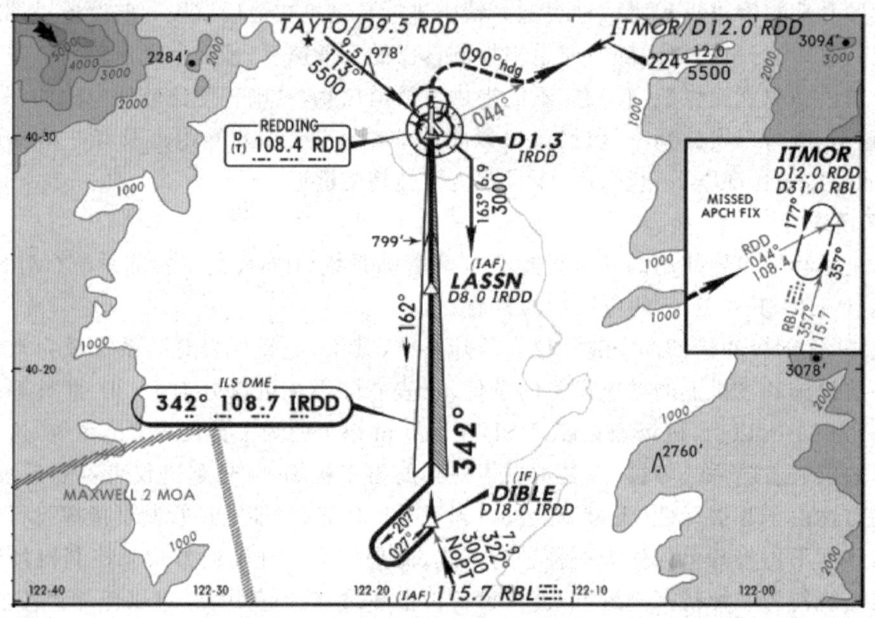

图 6.1 直线进近

2. 反向程序

当飞机进近方向和飞机进场方向相反时,一般采用反向程序。反向程序的优点是使用的导航点较少,能够减小机场运营成本,一般作为非精密进近使用。但是反向程序的缺点也十分明显:该程序利用的是机场跑道延长线方向划出的空域,且占地面积较大,飞行时间较长,不利于节省航空公司的运营成本。反向程序主要有三种类型:基线转弯、45°/180°程序转弯和80°/260°程序转弯,如图6.2所示。

从图6.2中可以看出,反向程序一般将起始进近定位点和最后进近定位点设为同一个点,通过转弯的方式来降低高度并且完成进近,路线相对较长,这对节省航空公司运营成本是不利的。

3. 沿DME弧进近

如果在机场装有DME台,则飞机可以使用DME台来作为距离设施,用一个确定的距离沿着DME台做曲线进近。这种方式进近的优点是可以较好地分离进场和离场的航空器;缺

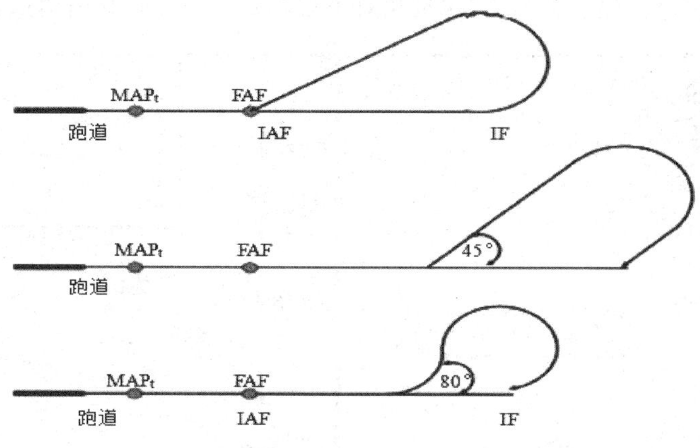

图 6.2 反向程序示意图

点是进近阶段飞行员的操作较为复杂，如果没有自动驾驶仪的帮助，任务比较繁重，而且在天气状况不好的情况下，飞机很难保持好距离和航迹，如图 6.3 所示。

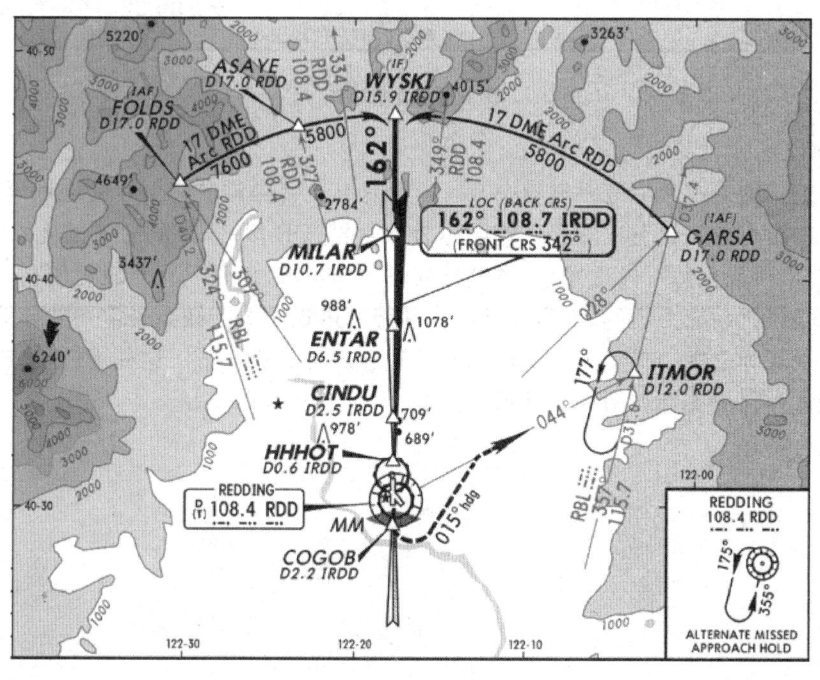

图 6.3 沿 DME 弧进近

从图 6.3 中可以看出，雷丁机场 16 号跑道 LOC 进近程序采用的就是沿 DME 弧进近，DME 弧的距离为 17 n mile，并且沿 DME 弧进近的时候，飞机处于山顶之上，山体带来的颠簸气流会对飞机的进近产生影响，难以控制飞机的高度和速度，在阴雨天气下尤为明显。

4. 直角航线

直角航线为航空器在起始进近航段降低高度，或航空器进场时不适宜进入反向程序时使用的程序。其优点是在机场管制空域空间不够狭长的时候，可以通过近似及等待航线的程序来降低高度。但其缺点也很明显，对于飞行员来说，需要通过盘旋的方式降低高度，同时还要关注自己是否超出盘旋保护范围,工作量相对于直线进近较大。其结构形式如图 6.4 所示。

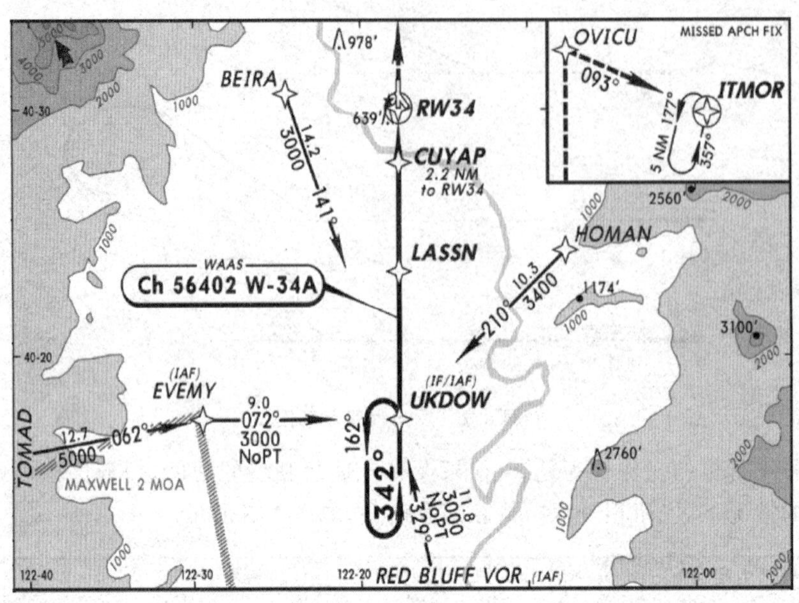

图 6.4 直角航线

5. 推测航迹

推测航迹指的是在起始进近航段中有一段没有导航台提供航迹引导的进近模式。其中起始进近航段中没有导航台引导的那一航段称为推测段(DR 段)。推测航迹的优点是占用的空域面积比较小,可以代替反向程序,节省进近的时间和空域;而且飞行时较为便利,也可以为空中交通管制提供机动能力,可以说是一种较为理想的进近模式。缺点是需要的导航台比较多,并且要求布局较为合理。在美国雷丁机场及其附近机场一般不采用这种进近模式。推测航迹程序中进近各航段的布局如图 6.5 所示。

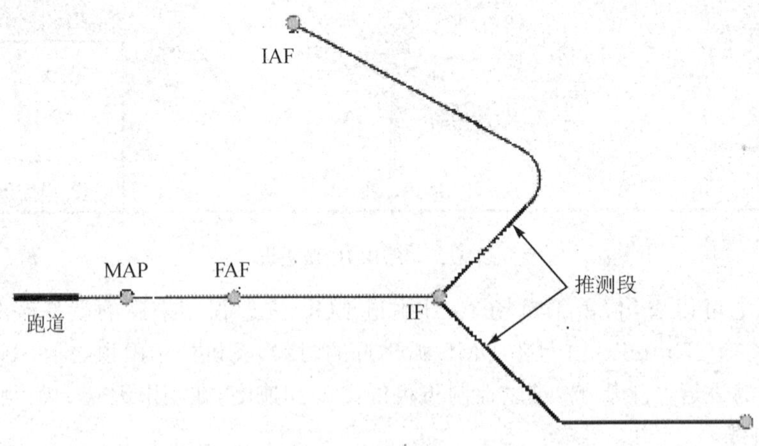

图 6.5 推测航迹

推测航迹程序的结构有以下两种形式:

U 型程序：在 DR 航段之前的转弯和切入最后进近航段（IF 处）的转弯方向相同，用于反向进入。

S 型程序：在 DR 航段之前的转弯和切入最后进近航段（IF 处）的转弯方向相反，用于顺向进入。

6.2　仪表进近图的基本布局

6.2.1　进近图的基本布局

杰普逊仪表进近图主要包括标题栏、平面图、剖面图以及着陆最低标准四部分，如图 6.6 所示。其中标题栏部分包括：图边信息、通信频率、进近简令条、复飞程序说明和最低安全高度等内容。平面图部分则生动具体地给出飞机按照仪表进近程序做机动飞行的形式。剖面图部分以立面图的形式给出飞机在进近的过程中高度的下降过程、地速-下降率换算表和灯光与复飞图标。着陆最低标准部分给出了允许飞机下降的最低高度和最低能见度或跑道视程。

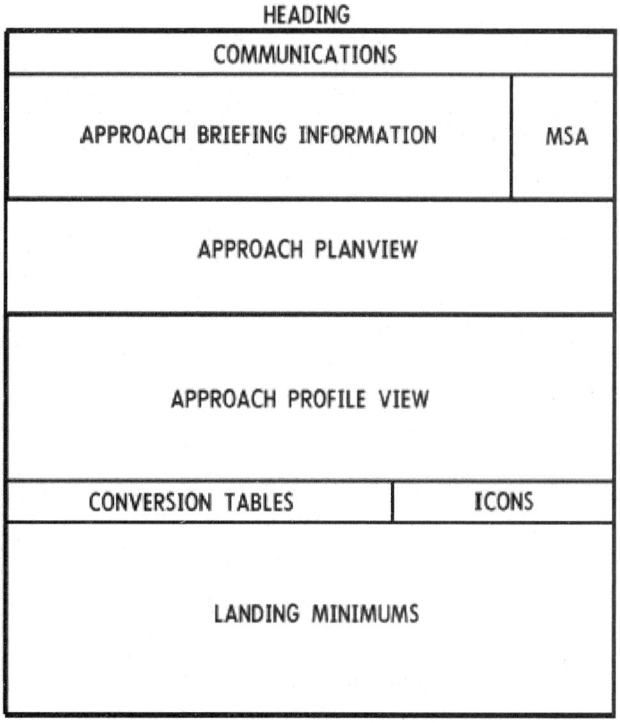

HEADING
COMMUNICATIONS
APPROACH BRIEFING INFORMATION
MSA
APPROACH PLANVIEW
APPROACH PROFILE VIEW
CONVERSION TABLES
ICONS
LANDING MINIMUMS

图 6.6　仪表进近图的基本布局

6.2.2　进近图图例

1. 标题栏

杰普逊仪表进近图标题栏部分包括图边信息、通信频率、进近简令条和最低安全高度三部分。下面以进近简令条格式的杰普逊仪表进近图为例来介绍其布局和信息。进近简令条格式的主要特点是将仪表进近的主要信息按照固定顺序进行排列，以最大程度地方便飞行员使用。

(1) 图边信息

图边信息部分主要包括机场地名、程序名称、进近图索引号、进近图日期、机场代码和机场名称等内容，如图6.7所示。

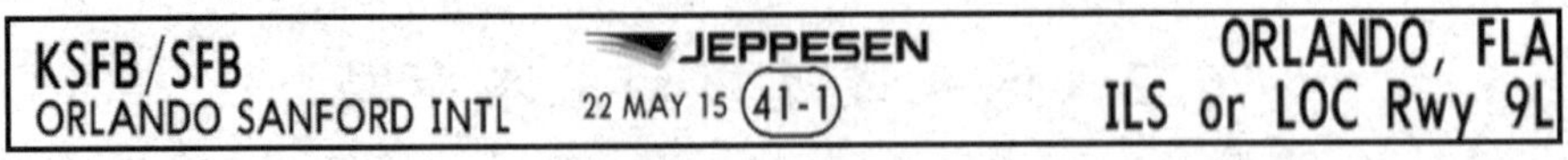

KSFB/SFB ORLANDO SANFORD INTL	JEPPESEN 22 MAY 15 (41-1)	ORLANDO, FLA ILS or LOC Rwy 9L

图6.7 图边信息

阅读进近图时一般从进近图的右上角开始，按照从右向左的顺序进行阅读。如图6.7所示，右上角首先标明机场地名“ORLANDO,FLA”，为机场所在的主要城市名称。

程序名称“ILS or LOC Rwy 9L”位于机场名称的下面，便于飞行员参考。关于进近程序的命名，杰普逊公司采用提供最后进近航迹引导的导航设施名称来命名，如果需要，则在程序名称前附加对导航设备要求的说明。图6.7中的程序名称的含义为：航向台必备，下滑台可用时，管制员许可为“ILS Rwy 9L”进近；下滑台不可用时，管制员许可为“LOC Rwy 9L”进近。杰普逊仪表进近图常见程序名称及其含义如表6.1所列。

表6.1 进近程序的名称及其含义举例

程序名称	含 义	备 注
ILS Rwy 15R	15右跑道航向台和下滑台必备的ILS进近	—
LOC Rwy 15R	15右跑道下滑台不可用的航向台进近	—
ILS or LOC Rwy 15R	15右跑道航向台必备。下滑台可用时，管制员许可为“ILS Rwy 9L”进近；下滑台不可用时，管制员许可为“LOC Rwy 9L”进近	—
ILS or Loc DME Rwy 36	36跑道航向台必备。下滑台可用时，管制员许可为“ILS Rwy 36”进近；下滑台不可用时，管制员许可为“LOC DME Rwy 36”进近	—
LOC (BACK CRS) Rwy 27L	27左跑道下滑台不可用的航向台(反航道)进近	—
VOR Rwy 16	16跑道VOR进近	DME必备
VOR DME Rwy 23	23跑道VOR DME进近	—
VOR DME-A	不满足直线进近着陆标准的VOR DME进近	进近着陆没有确定的跑道，或者进近着陆方向与跑道夹角超过30°
VOR Z Rwy 29	29跑道第1个VOR进近程序	—
VOR Y Rwy 29	29跑道第2个VOR进近程序	—
VOR X Rwy 29	29跑道第3个VOR进近程序	—
NDB Rwy 31	31跑道NDB进近	双ADF必备，DME必备
NDB-A,B,C	只能执行NDB盘旋着陆标准，“A,B,C”代表机场的3个NDB进近程序，分别按照字母顺序命名	进近着陆没有确定的跑道，或者进近着陆方向与跑道夹角超过30°

续表 6.1

程序名称	含　义	备　注
NDB-Z,Y,X	某机场有 3 个 NDB 进近程序，其中“Z,Y,X”分别代表第 1、2、3 个进近程序	按照 ICAO 的要求，若同一跑道的进近程序相同，则应该在标识中增加一个字母后缀以示区分
RADAR-1 ASR Rwys 16,34	16、34 跑道机场监视雷达进近，1 代表远程雷达	—
RADAR-3 ASR Rwys 16,34	16、34 跑道机场监视雷达进近，3 代表中程雷达	—
RNAV(GPS)Rwy 06	06 跑道基于 GPS 的区域导航进近	—
RNAV(GNSS)Rwy 05	05 跑道广域增强系统区域导航进近	—
GLS Rwy 30	30 跑道局域增强系统区域导航进近	—
RNAV(RNP)Rwy	未限定导航设备的区域导航进近	—
RNAV(VOR/DME)Rwy	基于 VOR/DME 的区域导航进近	—

进近图的索引号标示在进近图的图边信息中间区域的椭圆形框中，以方便飞行员查找使用。图 6.7 中的“41-1”为该幅进近图的索引号。

进近图的日期一般标注在进近图索引号的两侧，左侧标注为修订日期，右侧标注为生效日期。如果图中没有标注具体的生效日期，则表示“收到即生效”。如图 6.7 中，该幅进近图的修订日期为 2015 年 5 月 22 日；飞行员拿到该幅图的日期即为生效日期。

机场代码和机场名称标注在机场图的左上角。机场代码同时给出 ICAO 规定的机场四字代码和 IATA 规定的机场三字代码。图 6.7 中，奥兰多桑福德国际机场的机场代码为“KSFB/SFB”。其中“KSFB”为 ICAO 规定的机场四字代码，斜线后的“SFB”为 IATA 规定的机场三字代码。机场名称为“ORLANDO SANFORD INTL”，机场名称中的 INTL 为后缀，说明桑福德机场为国际机场；机场名称有助于飞行员进一步判断是否选用了正确的进近图。

(2) 通信频率栏

通信频率位于标题栏图边信息的下面，按照进近时的使用顺序给出相对应的频率。如果通信频率栏中某一类频率标注多个频率，则表示从不同管制扇区进近的飞机需要调谐不同的频率联系管制员。一般通信频率会带有前后缀符号，表示一定的含义。

奥兰多桑福德机场 ILS or LOC Rwy 9L 仪表进近图的通信频率栏如图 6.8 所示。当向机场进近时，飞行员首先调谐 ATIS 频率为 125.97 MHz，了解着陆机场的机场信息和气象信息，然后在不同的进近阶段分别调谐奥兰多进近管制频率为 121.1 MHz 或 119.77 MHz、桑福德塔台频率为 120.3 MHz 和地面管制频率为 121.35 MHz。其中奥兰多进近管制划分为 2 个管制席位，在不同的扇区内使用不同的通信频率，从北扇区进近的飞机调谐为 121.1 MHz 联系管制员，从南扇区进近的飞机则需要调谐为 119.77 MHz 以联系管制员。

ATIS	ORLANDO Approach (R) North　　South	*SANFORD Tower	*Ground
125.97	121.1　　119.77	CTAF 120.3	121.35

图 6.8　通信频率栏

(3) 进近简令条和最低安全高度

进近简令条和最低安全高度位于进近图通信频率栏的下面,作为标题栏的第三部分。该部分所包含的信息相对于图边信息和通信频率较多,包括最后进近主要导航设施、最后进近磁航线角、高度检查数据、仪表进近最低高度、机场标高、接地地带标高或跑道入口高度、最低扇区高度、复飞程序说明、高度表拨正和附加要求等信息,具体信息如图6.9所示。

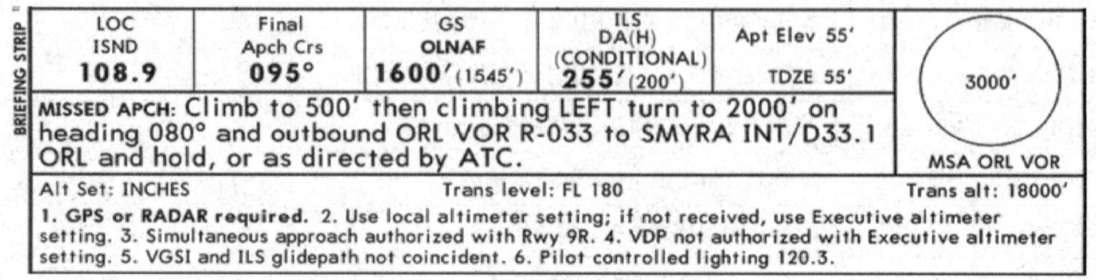

BRIEFING STRIP

LOC ISND 108.9	Final Apch Crs 095°	GS OLNAF 1600′(1545′)	ILS DA(H) (CONDITIONAL) 255′(200′)	Apt Elev 55′ TDZE 55′	3000′ MSA ORL VOR

MISSED APCH: Climb to 500′ then climbing LEFT turn to 2000′ on heading 080° and outbound ORL VOR R-033 to SMYRA INT/D33.1 ORL and hold, or as directed by ATC.

Alt Set: INCHES　Trans level: FL 180　Trans alt: 18000′

1. GPS or RADAR required. 2. Use local altimeter setting; if not received, use Executive altimeter setting. 3. Simultaneous approach authorized with Rwy 9R. 4. VDP not authorized with Executive altimeter setting. 5. VGSI and ILS glidepath not coincident. 6. Pilot controlled lighting 120.3.

图6.9　进近简令条和最低安全高度

下滑航径高度检查数据的表示方式与进近类型有关。精密进近一般标出下滑道在外指点标或某定位点的高度,用于飞行员检查飞机高度是否正常以及是否截获了正确的下滑道信号。非精密进近则标出最后进近定位点的高度。

仪表进近可以下降到的最低高度的表示也与进近类别有关。精密进近在对跑道建立目视以前,可以下降到的最低高度表示为决断高度(DA)或决断高(DH)。非精密进近在对跑道建立目视以前,可以下降到的最低高度表示为最低下降高度(MDA)或最低下降高(MDH)。决断高度和最低下降高度以平均海平面为基准。决断高和最低下降高以机场标高、跑道入口标高或接地地带标高为基准。机场标高、跑道入口标高或接地地带标高均以平均海平面为基准面。一般情况下,采用TERPS标准的进近图公布机场标高和接地地带标高,采用PANS-OPS的进近图公布机场标高和跑道入口标高。

下面将图6.9中的信息分成四个部分:

第1部分从左向右分别给出了最后进近主要导航设备的类型LOC、识别代码ISND和频率108.9 MHz;最后进近磁航道095°;下滑航径高度检查的数据表明ILS精密进近高度检查点位于定位点OLNAF,修正海压高度1 600 ft,场压高度1 545 ft;ILS进近的最低高度为决断高度255 ft,决断高为200 ft。机场标高和接地地带标高均为55 ft,以平均海平面为基准面。

第2部分为复飞程序说明。复飞程序以文字说明的形式给出进近失败时复飞的方法、注意事项以及通信失效时应参考的进近图索引号等内容。

第3部分为最低扇区高度(MSA)。以ORL VOR导航台为中心、25 n mile为半径的扇区内最低扇区高度为3 000 ft。MSA提供了航空器起飞离场及终端区机动飞行时的最低安全高度。

第4部分为高度表拨正值和进近的附加要求。图中给出以"英寸"为气压单位的高度表拨正数值、过渡高度18 000 ft和过渡高度层FL180、机载设备需要GPS或者雷达等与进近有关的其他要求。

2. 平面图

平面图位于标题栏进近简令条的下方,给出飞机在进近时仪表进近程序的具体形式。杰普逊仪表进近图平面图中的符号如图6.10(a)、(b)、(c)、(d)、(e)所示。

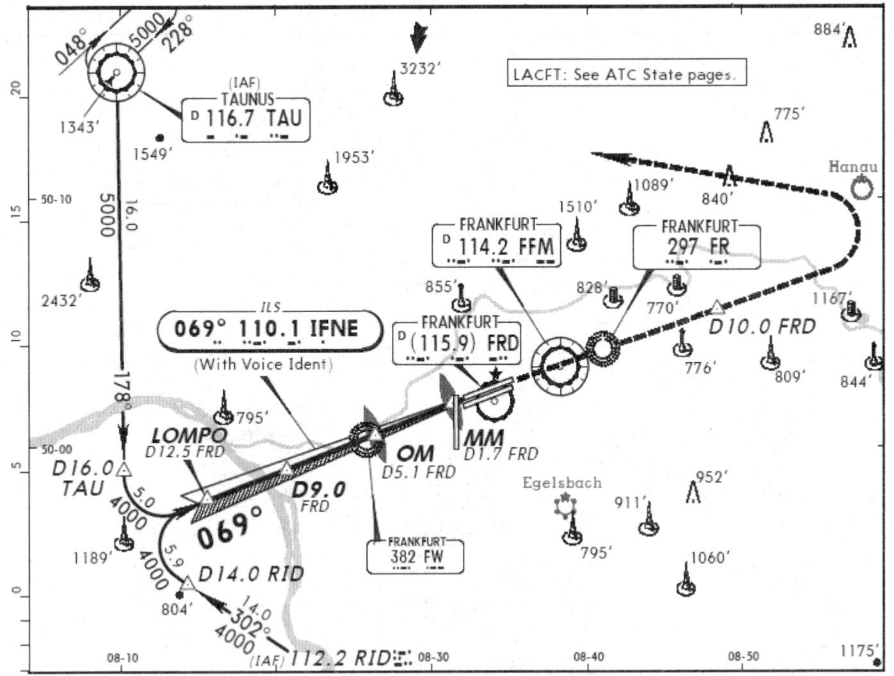

(a) ILS进近平面图

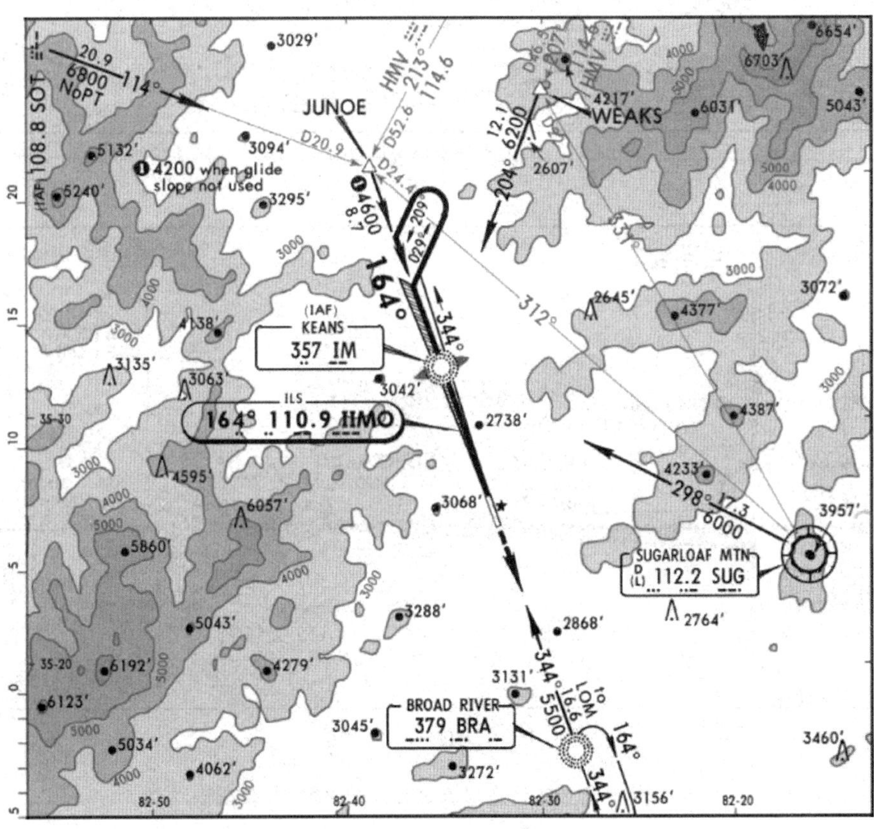

(b) 反向程序进近平面图

图 6.10　杰普逊仪表进近图的平面图

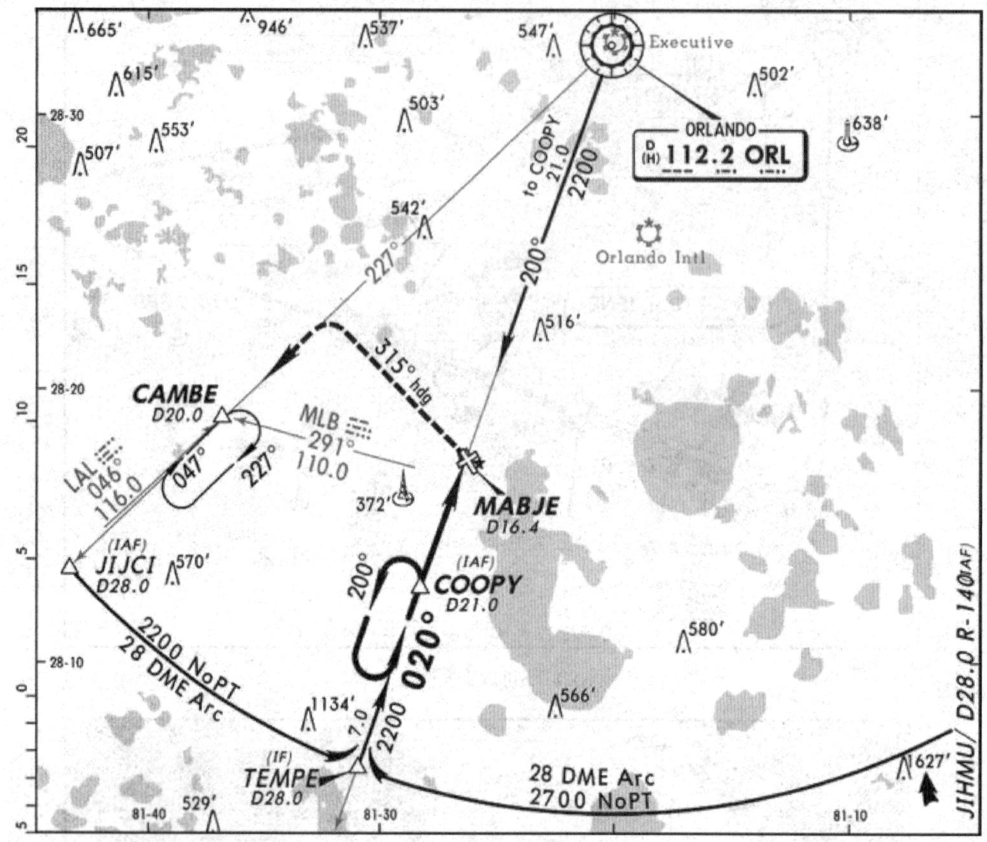

(c) 沿DME弧进近平面图

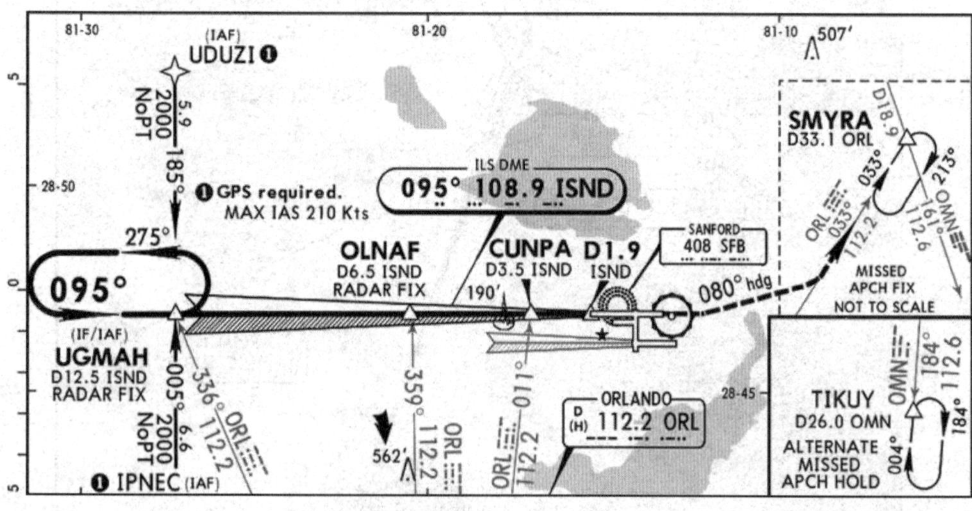

(d) ILS DME进近平面图

图 6.10 杰普逊仪表进近图的平面图(续)

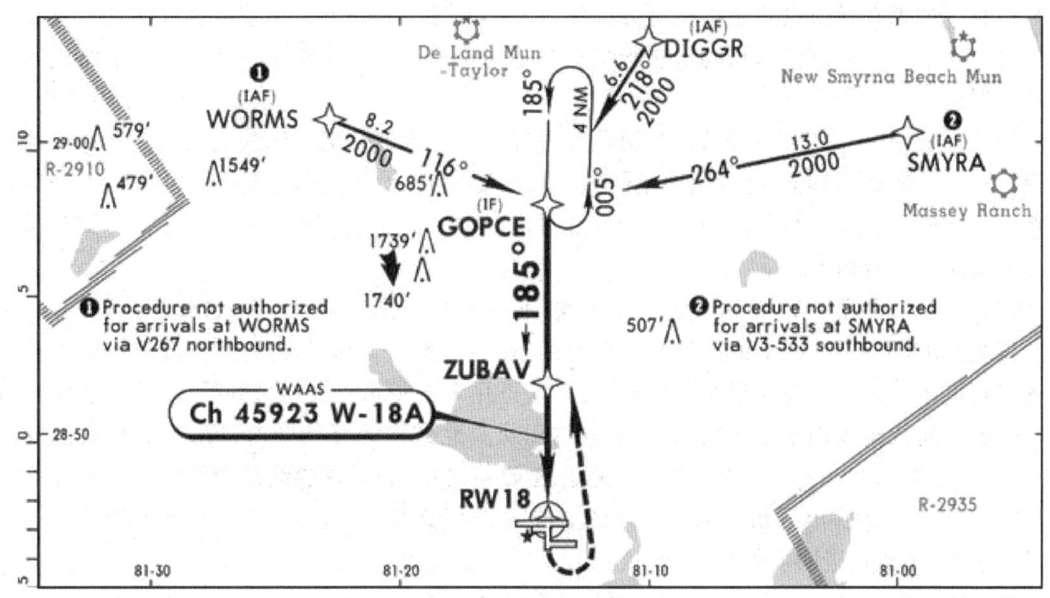

(e) 区域导航进近平面图

图 6.10　杰普逊仪表进近图的平面图(续)

(1) 比例尺、地形地貌和标高符号(不同地物的位置关系、等高线、标高点和人工建筑物)

仪表进近图的平面图按照一定比例尺绘制，一般情况下为“1 in=5 n mile”，并采用线段比例尺标画在平面图的左侧外边缘；同时也给出平面图的经纬度范围，以10′为基本单位，飞行员可以利用经纬度坐标对航空器的位置进行更新。

平面图中标绘湖泊、河流、大型水系和山峰等自然地形以及塔和房屋等人工建筑物。对于确定的人工建筑物用特定的符号来表示，而未判明的人工建筑物用“⋀”符号来表示。当进近图的平面图范围内的地形高出机场标高 4 000 ft，或者距离机场基准点(ARP)6 n mile 范围的地形高出机场标高 2 000 ft 时，在平面图上标绘出褐色的等高线及其标高值；并且，平面图中用深浅不同的褐色表示高度变化梯度，颜色越深表示标高越高。需要注意的是，平面图上没有标绘等高线不一定表示地势平坦；不能把平面图中标绘的地形和人工建筑物的标高作为下降到仪表进近程序公布的最低高度之下的依据。

(2) 专用空域

平面图中用特定的方法标绘专用空域的边界和识别信息。各类专用空域的运行时间、管理机构和空间限制范围等应参考相应的航路图。

(3) 导航设施符号及识别框

杰普逊仪表进近图的平面图标绘出与进近程序相关的导航设施符号及其识别信息。其中VOR、NDB、VOR/DME、TACAN、VORTAC 和指点标的符号与航路图类似，唯一不同的是VOR NDB 导航台符号中没有磁北指标。导航台符号可以参见第 3 章航路图的相关内容，在此不再列出。导航设施识别与航路图类似，进近图上用带阴影框的导航设施表示该导航台是最后进近采用的主要导航台，其余导航台的识别信息则放在不加阴影的方框内。导航设施识别框内的具体信息参见第 3 章航路图的相关内容。此外，在导航设施识别框的上面可能附加运行信息。如果在导航设施名称的上方标注“IAF”,则表示该 VOR 位置处为起始进近定位点的位置。航向台后航道信息识别框包括最后进近向台磁航道、频率、识别代码、莫尔斯代码和前航道磁向。

ILS、LOC、LDA、SDF 和 MLS 都用顺着进近方向右侧带有羽状短线的箭头代表进近的前航道。ILS 后航道的 LOC 进近用左半侧为实心的箭头表示,其地面导航台的发射信号和前航道相反。当航向台没有与跑道中心线延长线对准时,平面图中标绘出编制符号。具体符号信息参照航路图部分内容。

(4) 飞行航迹的符号(进近与复飞航迹线、进近过渡线、反向程序和等待程序)

仪表进近图的平面图上的航迹线主要有两种:进近航迹和复飞航迹。少数进近图中绘制目视飞行航迹。进近航迹用粗实线绘制,复飞航迹用末端带箭头的粗虚线绘制,箭头表示目视飞行航迹。航线角提供水平方向的引导,通常用从真北或磁北开始顺时针量到航线去向的角度来表示,范围为 0°～360°。进近图上一般标绘磁航线角,如果在航线角数值的后面附加大写字母“T”,则表示为真航线角。如果进近图上航线的末端标注磁航向,则说明该航线缺乏导航设备的引导,飞机进近时应保持航向飞行。

进近图上标绘两种径向方位:引导径向方位和交叉定位径向方位。引导径向方位通常用 VOR 或 NDB 导航台来引导,以帮助飞行员控制飞机沿某一径向线飞行的航迹,同时帮助飞行员确定转向最后进近航段的时机。交叉定位径向方位用于确定定位点,下降到更低的高度或者改变航向。飞机不能沿交叉定位径向方位飞行,在进近图上以浅色细实线表示。

进近过渡提供从航路到仪表进近的过渡(进场航线)引导,用带箭头的粗线表示,同时在航线上注明航线角、航段里程和最低航路高度。飞机飞越进近过渡线上的交叉点、定位点和导航台时的高度限制信息用注释标在航线一侧。有特殊要求的飞行高度包括最大高度、推荐高度和强制高度等。

采用 DME 弧进近过渡时,在 DME 弧的外侧标注距导航台的距离,内侧标注最低安全高度,用箭头表明 DME 弧的起点和终点。

区域导航进近过渡采用一个区域,主要用于 GPS 和 FMS 等区域导航系统。没有特殊说明时,区域导航进近过渡的范围为 30 n mile,图中标明飞行定位点的航线角、定位点名称和最低安全高度等。

等待程序可用于起始进近等待或复飞等待,主要等待程序用粗实线标绘,标注出航航线角、入航航线角、等待时间、等待距离、最低等待高度和等待速度限制等信息。

(5) 各种空域定位点(无线电定位点、报告点、航路点和计算机导航定位点)

进近图上的定位点用以确定各进近航段的起点,主要包括起始进近定位点(IAF)、中间进近定位点(IF)、最后进近定位点(FAF)和复飞点(MAP_t)等。

DME 定位点是根据导航台提供的磁方位角和距离确定的地理位置。磁方位角包括飞机径向方位、电台磁方位或 ILS 航向台方位等。如果平面图上不止一个 DME 台提供距离信息,则在 DME 距离数值后加上识别代码以示区分。如果 DME 定位点和指点标安装在一起,则只保留指点标的名称,不加 DME 识别代码。

航路点是用于确定区域导航进近程序走向的地理位置点,一般用经纬度坐标来表示。

计算机导航定位点(CNF)包括 DME 定位点、DME 弧的起点和终点记忆 GPS 进近图的最后进近定位点。仪表进近图中有些地方标有 CNF 和五字代码。飞行中,CNF 由机载导航数据库生成并在电子显示屏上显示。

3. 剖面图

仪表进近图的剖面图位于平面图的正下方,用立面图的形式直观地给出进近程序的飞行航迹和高度的下降过程。剖面图不按比例绘制,图中的有些符号与平面图相同。

剖面图部分主要包含下降航迹、空域定位点、推荐的下降高度(高)、地速-下降率换算表、灯光与复飞图标等。

(1) 下降航迹

剖面图中的下降航迹主要指的是仪表进近程序的最后进近航迹。从中间进近航段开始,一直到接地点的进近程序的下降航迹,最后进近航线角用大号粗体字标在最后进近航迹上。剖面图上的反向程序采用 DME 距离或出航时间两种方式来限制出航边。如图 6.11 所示,图中标绘直角航线程序出航航迹 95°、入航航迹 275°、出航边飞行时间 1 min、高度下降至修正海压高度 2 000 ft。

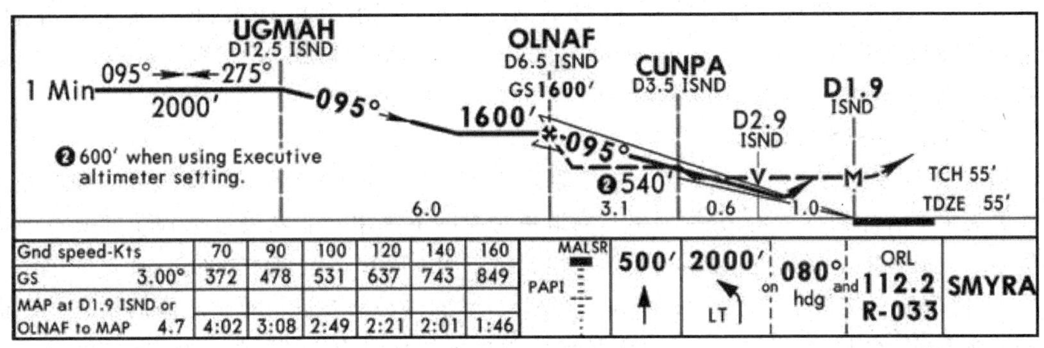

图 6.11　剖面图

(2) 定位点

剖面图用指点标、定位点、航路点和导航台来定义中间进近和最后进近航迹。

非精密进近程序最后进近定位点 FAF 用马耳他叉符号"✠"表示,标绘在最后进近航迹的起点。如图 6.7 中的 FAF 为定位点 OLNAF,距 ISND DME 台的距离为 6.5 n mile。精密进近程序最后进近航段的起点为最后进近点 FAP,不用符号来表示。剖面图底边上标注距离信息。跑道水平线上方标注的是定位点之间的距离,而跑道水平线下方标注的是定位点到跑道入口的距离。图 6.7 中仅标绘了定位点之间的距离,比如定位点 UGMAH 与 FAF 之间的距离为 6.0 n mile。

剖面图的最后进近航段通常设计一个梯级下降定位点,采用 DME 距离来定位。在该定位点之前飞机高度不能低于该定位点处的高度,飞机飞越此定位点后可以进一步下降至最低下降高度。如图 6.7 中的 CUNPA 为梯级下降定位点,距离 ISND DME 台的距离为 3.5 n mile;CUNPA 定位点之前飞机高度不能低于 540 ft。

复飞点为仪表进近未取得所需目视参考,必须开始实施复飞程序的位置点。精密进近程序的复飞点用向上的箭头表示。如果没有建立继续进近所需的目视参考,则必须开始复飞程序;非精密进近程序的复飞点用大写字母"M"表示。图 6.11 中,非精密进近程序的复飞点位于距 ISND DME 台 1.9 n mile 处。

目视下降点(VDP)指的是飞机下降到MDA,当飞行员可见跑道末端时,能进一步正常目视下降着陆的位置。VDP在剖面图中用大写字母"V"表示,标在剖面图中的下降航迹上。如果在VDP之前,飞机下降到最低下降高度,即使在能看见跑道的情况下,仍然不能继续下降,此时飞机应平飞至VDP,然后再保持相应的下滑角下降至跑道入口。图6.11中,DME 2.9 n mile位置处为目视下降点,飞机飞越该点若取得目视参考,则可以下降到最低下降高度以下目视进近着陆;而在VDP之前,飞机不能下降到最低下降高度以下飞行。

(3) 高　度

剖面图中沿下降航迹标出飞机飞越各定位点的最低高度,以平均海平面为基准面,单位是ft。有的进近图中还可能标注特殊的高度限制,比如强制高度(MADATORY)、最大高度(MAXIMUM或MAX)和推荐高度(RECOMMENDED)等。

接地地带标高(TDZE)或跑道入口标高标注在剖面图的跑道末端。跑道入口高(TCH)标注在剖面图TDZE或跑道入口标高的上方。精密进近图上直接标注跑道入口高的值,而非精密进近将TCH及数值放在方括号中,TCH后面的"displ"表示跑道入口内移。图6.11中,接地地带标高和跑道入口高均为55 ft,飞机飞越定位点UGMAH、OLNAF和CUNPA时的最低高度分别为2 000 ft、1 600 ft和540 ft。

(4) 地速-下降率换算表

地速-下降率换算表根据进近程序的类别给出不同地速所对应的下降率。精密进近程序的换算表根据程序的下滑角,分别列出不同地速对应的下降率。非精密进近程序的换算表根据最后进近航迹的下降梯度,分别列出不同地速对应的下降率。值得注意的是,地速的单位是kn,而下降率的单位是ft/min。因此,在进行相关计算时,必须要进行单位之间的换算。当机场安装有DME台时,列出复飞点与DME台的距离。如果没有DME台,则列出最后进近航段的距离及不同地速下相应的飞行时间(单位为"′""″")。如图6.11所示,下滑道下滑角为3°(相应的下降梯度为5.2%),假如地速为100 kn,则相应的下降率为531 ft/min;同时标注复飞点距ISND DME台1.9 n mile,定位点OLNAF(FAF)到复飞点的距离(最后进近航段的长度)为4.7 n mile,地速100 kn,最后进近航段的飞行时间为2 min49 s。

(5) 灯光和复飞图标

灯光部分在剖面图上用各种图标表明直线进近着陆的进近灯光系统(ALS)、目视进近坡度指示器(VASI)、精密进近坡度指示器(PAPI)以及跑道末端识别灯(REIL)等。常用进近灯光图标如表6.2所列。

表6.2　进近灯光图标

名　称	英文缩写	灯光图标
进近灯光	ALS(布局未知)	ALS

续表 6.2

名　称	英文缩写	灯光图标
Ⅰ类进近灯光系统	ALSF-Ⅰ	ALSF-I VASI
Ⅱ类进近灯光系统	ALSF-Ⅱ	ALSF-II
跑道末端灯和目视进近坡度指示系统	REIL、VASI	REIL VASI

图 6.11 中，进近灯光系统包括 MALSR（有对准跑道指示灯的中强度进近灯光系统）和 PAPI（精密进近航道指示器）。具体的灯光符号参见第 2 章机场图部分。

各种复飞图标位于灯光系统的右侧，不同的复飞图标代表不同的含义，如表 6.3 所列。值得注意的是，复飞图标仅提供起始复飞的方法，具体的复飞过程可结合平面图，再参考进近简令条中复飞程序的文字说明进行。图 6.10 中，复飞图标的含义为飞机爬升到指定高度 500 ft，小于 45°左转至高度 2 000 ft，沿着 80°航向，切入 ORL 台 33°径向方位，飞到定位点 SMYRA。

表 6.3　复飞图标的符号及含义

图　标	含　义
RT	大于 45°右转
LT	大于 45°左转
LT	小于 45°左转

续表 6.3

图　标	含　义
 ↑	爬升
 6000′ ↑	爬升至指定高度 6 000 ft
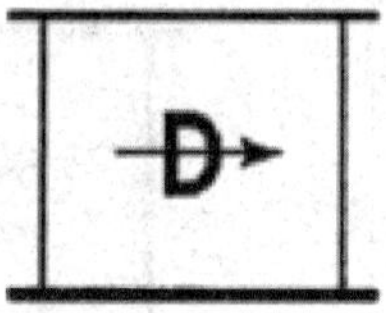 D	直线
 270° hdg	270°航向
 ANY 117.9 R-270	切入 ANY VOR 台(频率为 117.9 MHz)270°径向方位
 PODUK	到达 PODUK 定位点
 ANY 117.9	ANY VOR 台,频率为 117.9 MHz
 090° RT	大于 45°右转至指定 90°航线角

续表 6.3

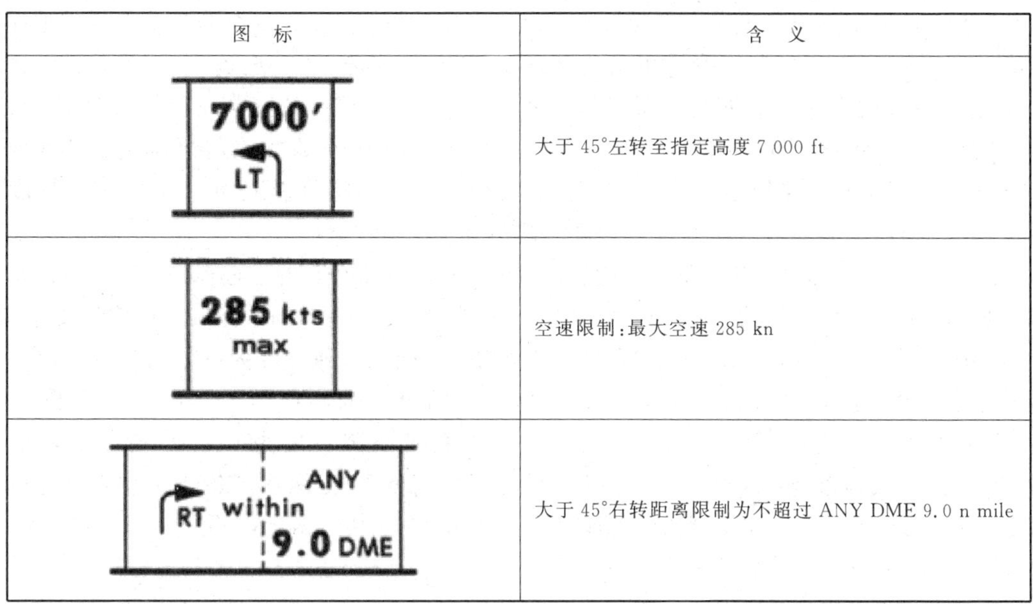

图　标	含　义
7000′ LT	大于 45°左转至指定高度 7 000 ft
285 kts max	空速限制：最大空速 285 kn
RT within ANY 9.0 DME	大于 45°右转距离限制为不超过 ANY DME 9.0 n mile

4. 着陆最低标准

着陆最低标准部分位于仪表进近图的最底部，列出飞机进近时必须达到的着陆最低标准，作为转入目视进近着陆的限制条件。着陆最低标准包括仪表进近的最低高度和最低能见度或跑道视程。仪表进近的最低高度与进近类型有关。非精密进近程序的最低高度表示为 MDA/MDH，而精密进近程序的最低下降高度表示为 DA/DH。

机场进近着陆标准与程序类别、进近类别、航空器分类、无线电导航及目视助航设施是否正常工作等因素有关。着陆最低标准部分的图面信息如图 6.12 和图 6.13 所示。

(1) 精密进近的着陆最低标准

精密进近的着陆最低标准包括决断高度/决断高、能见度或跑道视程，如图 6.12 所示。图 6.12 中，根据程序类别分为直线进近着陆最低标准和目视盘旋着陆最低标准两部分。

<table>
<tr><th rowspan="3"></th><th colspan="5">STRAIGHT-IN LANDING RWY 36L</th><th colspan="2" rowspan="2">CIRCLE-TO-LAND</th></tr>
<tr><th colspan="3">ILS
DA(H) 212′ (200′)</th><th colspan="2">LOC (GS out)
MDA(H) 400′ (388′)</th></tr>
<tr><th>FULL</th><th>TDZ or CL out</th><th>ALS out</th><th></th><th>ALS out</th><th>Max Kts</th><th>MDA(H)</th></tr>
<tr><td>A</td><td rowspan="4">RVR 550m
VIS 800m</td><td rowspan="4">RVR 720m
VIS 800m</td><td rowspan="4">1200m</td><td rowspan="3">RVR 720m
VIS 800m</td><td rowspan="3">RVR 1500m
VIS 1600m</td><td>100</td><td rowspan="2">560′(533′)-1600m</td></tr>
<tr><td>B</td><td>135</td></tr>
<tr><td>C</td><td>180</td><td>630′(603′)-2800m</td></tr>
<tr><td>D</td><td>1200m</td><td>RVR 1800m
VIS 2000m</td><td>205</td><td>730′(703′)-3600m</td></tr>
</table>

图 6.12　精密进近的着陆最低标准

直线进近着陆最低标准又分为下滑道正常工作和下滑道失效两种情况。当下滑道正常工作时，决断高度为 212 ft，决断高为 200 ft。“FULL”代表在所有灯光系统都正常工作的情况下，A、B、C、D 四类航空器的跑道视程均为 550 m，能见度均为 800 m；“TDZ or CL out”表示当接地地带灯或跑道中线灯不工作的情况下,A、B、C、D 四类航空器的跑道视程均为 720 m,能见度均为 800 m;“ALS out”表示当进近灯光系统不工作的情况下,A、B、C、D 四类航空器的跑道视程或能见度均为 1 200 m。当下滑台失效或不工作时,实施 LOC 进近程序,属于非精密进近,最低下降高度为 400 m,最低下降高为 388 m。在进近灯光系统正常工作的情况下,A、B、C 三类航空器的跑道视程为 720 m,能见度为 800 m;D 类航空器的跑道视程或能见度均为 1 200 m。当进近灯光系统不工作时,A、B、C 三类航空器的跑道视程为 1 500 m,能见度为 1 600 m;D 类航空器的跑道视程为 1 800 m,能见度为 2 000 m。

目视盘旋进近着陆是飞机向某一条跑道进近或沿进近图中公布的进近程序下降到 MDA/H,然后通过盘旋飞行加入起落航线,在另一条跑道上着陆的进近程序。目视盘旋进近着陆没有特指某一条跑道。图 6.12 中盘旋着陆最低标准 A、B 类航空器最低下降高度为560 ft,最低下降高为 533 ft,能见度或跑道视程为 1 600 m;C 类航空器最低下降高度为 630 ft,最低下降高为 603 ft,能见度或跑道视程为 2 800 m;D 类航空器最低下降高度为 730 ft,最低下降高为 703 ft,能见度或跑道视程为 3 600 m。除了最低下降高度以外,图中还给出了航空器速度的限制。图 6.12 中 A、B、C、D 四类航空器的最大速度分别为 100 kn、135 kn、180 kn 和 205 kn。

(2) 非精密进近的着陆最低标准

非精密进近的最低着陆标准的格式及内容与精密进近最低着陆标准类似。非精密进近的最后进近航段如果有定位点,则允许采用较低的着陆最低标准。当能识别 DME 定位点时,可以降低着陆最低标准,如图 6.13 所示。直线进近着陆有 DME 定位点时的最低下降高度为 860 ft,最低下降高为 361 ft,没有 DME 定位点时的最低下降高度为 1 260 ft,最低下降高为 761 ft;目视盘旋着陆有无 DME 定位点各类航空器的最低下降高度/高的数值也不相同。

TERPS AMEND 10E 27 JUN 2013

	STRAIGHT-IN LANDING RWY 34						CIRCLE-TO-LAND		
	MDA(H) 860′(361′) With D2.6			MDA(H) 1260′(761′) Without D2.6				With D2.6	Without D2.6
		RAIL out	ALS out		RAIL out	ALS out	Max Kts	MDA(H)	MDA(H)
A	½	¾	1	½	¾	1	90	920′(415′)-1	1260′(755′)-1
B				¾	1¼		120	960′(455′)-1	1260′(755′)-1¼
C				1¾	2¼		140	960′(455′)-1½	1260′(755′)-2¼
D	1	1¼		2	2½		165	1060′(555′)-2	1260′(755′)-2½

图 6.13　非精密进近的着陆最低标准

杰普逊公司在确定仪表进近图的着陆最低标准时主要采用三种规范性文件:ICAO 9365 文件(全天候运行手册);JAR OPS-1,E 分册;FAA 手册 8260.3B(TERPS)。世界各国分别以 PANS OPS、JAR OPS 和 TERPS 甚至自己国家特有的标准为依据来确定着陆最低标准。PANS OPS 对应 ICAO DOC 8168 第Ⅱ卷的第 1 版或第 2 版。杰普逊仪表进近图在着陆最低标准部分的左下角边缘标注程序设计所采用的规范。采用 PANS OPS 标准和 TERPS 标准的区别在着陆最低标准部分主要体现在能见度或跑道视程数值的单位上。PANS OPS 标准能见度或跑道视程的单位为米,而 TERPS 标准采用英里或百英尺。图 6.13 中左下角边缘的注释表明该仪表进近图着陆最低标准部分采用 TERPS 标准;在 34 跑道直线进近着陆一栏中，在有 DME 定位点条件下，所有灯光都正常工作时，A、B、C 三类航空器的能见度均为 $\frac{1}{2}$ mile，D 类航空器能见度为 1 mile；当跑道对准指示灯不工作时，A、B、C 三类航空器的能见度均为$\frac{3}{4}$ mile，D 类航空器的能见度为 $1\frac{1}{4}$ mile；当进近灯光系统不工作时，A、B、C 三类航空器的能见度均为 1 mile，D 类航空器的能见度为 $1\frac{1}{4}$ mile。当 34 跑道直线进近着陆没有 DME 定位点时，A、B、C、D 四类航空器的能见度分别为$\frac{1}{2}$ mile、$\frac{3}{4}$ mile、$1\frac{3}{4}$ mile 和 2 mile；当跑道对准指示灯不工作时，A 类航空器的能见度为$\frac{3}{4}$ mile，B、C、D 三类航空器的能见度分别为 $1\frac{1}{4}$ mile、$2\frac{1}{4}$ mile 和 $2\frac{1}{2}$ mile；当进近灯光系统不工作时，A 类航空器的能见度为 1 mile，B、C、D 三类航空器的能见度要求与跑道对准指示灯不工作时相同，仍然分别为 $1\frac{1}{4}$ mile、$2\frac{1}{4}$ mile 和 $2\frac{1}{2}$ mile。

6.3　仪表进近图的识读与应用

6.3.1　雷丁机场仪表进近程序应用范例

雷丁机场的主跑道为 34 号跑道，在静风或北风的时候，一般采用此跑道。在雨季的时候，风向变化，进近程序才会使用 16 号跑道。下面，将结合雷丁机场的仪表进近图来具体阐述进近程序的实施过程。

1. 雷丁机场 34 跑道 ILS 进近图

ILS 进近是最常用的仪表进近方式，在我国大部分机场都安装有这种进近导航系统。在雷丁机场，阴雨天气情况下，一般采用 ILS 来引导进近并降落。

ILS 的优点：① 不但提供水平引导，还可以提供垂直方向引导，比其他的导航设备精度更高。② 允许飞机下降到更低的高度。③ 需要的机场标准低，在非精密进近无法做到降落的情况下，采用 ILS 进近一般可以做到到达决断高度并继续进近降落。

ILS 的缺陷：① 造价昂贵。在美国很多机场，因为 ILS 造价昂贵，所以没有安装 ILS 系统；而且 ILS 需要维护的频率比普通的进近次数更多。② 容易受到干扰。机场一般设有 ILS 进近等待区，如果飞机在做 ILS 进近的时候，其他飞机进入 ILS 保护区域，则会对 ILS 信号产生影响；而且地形也成为影响 ILS 进近的因素。

(1) 图面信息标注

图 6.14 为雷丁机场 34 号跑道 ILS 仪表进近图，图中各标注信息的含义如下所述。

标注 1：进近程序名称及机场所在地名。34 跑道 ILS 或者 LOC（ILS 下滑道不工作）进近。机场所在地名：雷丁，加利福尼亚州。如果对机场的代码不熟悉，那么可以通过机场名称来查找。在杰普逊航图里，机场名称的排列顺序为机场首字母按字母表顺序排列。

标注 2：进近图索引号。通过索引号“11-1”可以快速查找到该幅进近图。

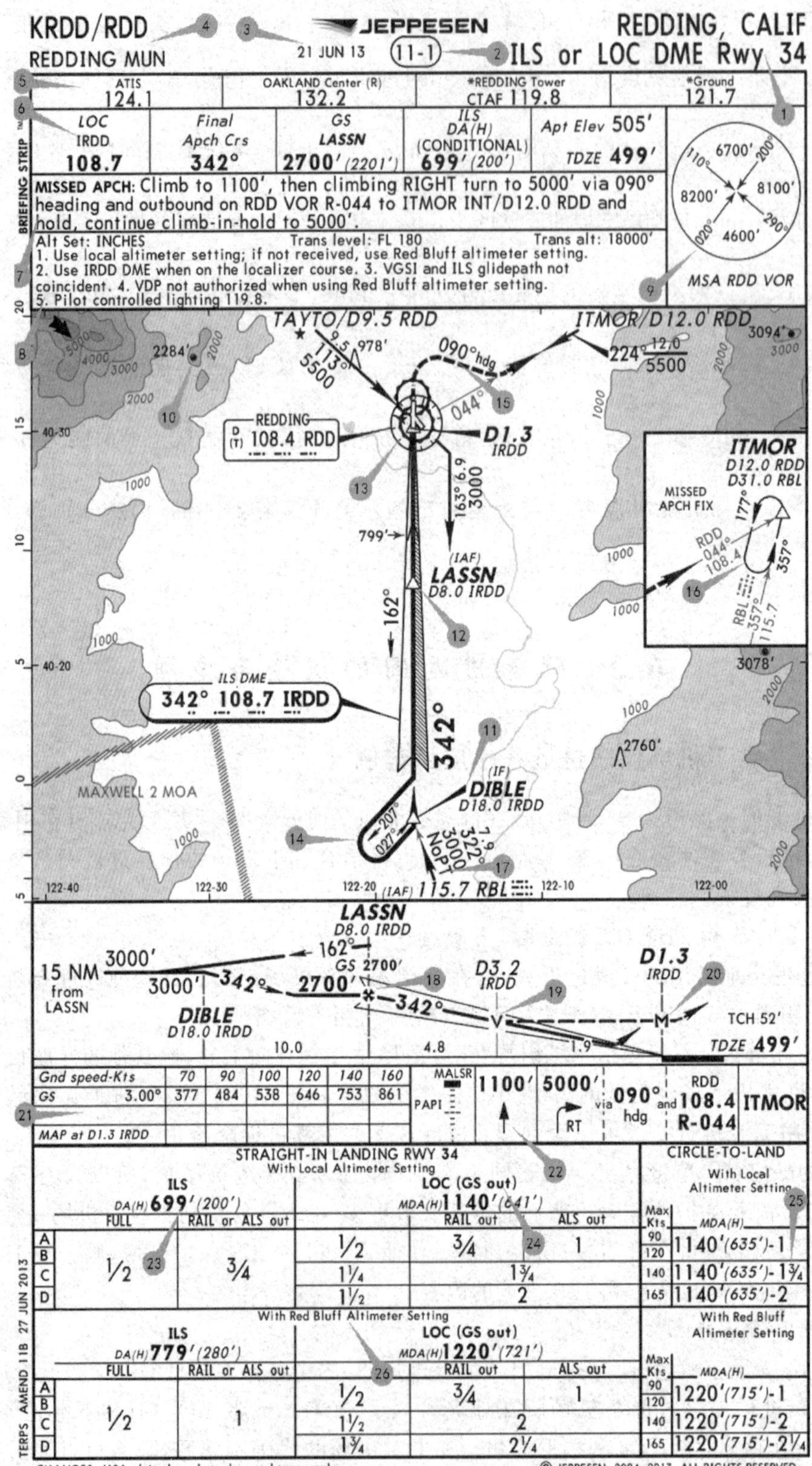

图 6.14 雷丁机场 ILS 34 进近图

标注 3:航图修订日期。该图中没有给出具体生效日期,则将修订日期作为生效日期,对飞行员来说认为收到即生效。

标注 4:机场代码与机场名称。雷丁机场 ICAO 四字识别代码为 KRDD,TATA 三字代码为 RDD,在实际使用中,一般经常用到的是机场代码而不是机场名称。

标注 5:通信频率栏。ATIS 频率为 124.1 MHz。ATIS 即机场通播,在飞机滑行或者进近时需要得到机场通播之后才能进行。机场通播包含机场所用跑道、风向、天气情况,修正海压、温度和露点温度、高度表基准设置以及需要飞行员注意的信息;奥克兰管制中心频率为 132.2 MHz。在仪表飞行中,任何活动(航向变动、高度变化等)都需要得到指令才能进行。在雷丁机场,需要得到奥克兰管制中心的许可指令;塔台频率和机场塔台关闭之后使用频率 119.8 MHz。CTAF,全称为"Common Traffic Advise Frequency",雷丁塔台工作时间范围为 6:30—21:30,其余时间为非管制机场,进近离场需要靠飞行员自己交流,这在国内是不经常见的;地面频率为 121.7 MHz。雷丁机场是没有放行频率的,一切放行许可都通过地面管制来接收。同样,地面管制也是控制航空器在地面上活动的控制中心。

标注 6:LOC 频率为 108.7 MHz。将此频率输入导航设备,仪表将会显示雷丁机场 LOC 的信息,当下滑道工作时,还会显示下滑道信息。最后进近磁航道 342°;飞行员在最后进近航段需将飞机飞行航迹修正为 342°,此时,飞机航迹对准跑道。ILS 进近下滑高度检查点位于定位点 LASSN 处,其标准下滑道高度为 2 700 ft。当飞机飞越定位点 LASSN 时,高度为 2 700 ft,下滑道应该显示在中间。在此定位点处,飞行员应该注意检查飞机高度和下滑道信号是否正确。决断高度为 699 ft,在这个高度上,飞行员来判断是继续进近还是复飞。机场标高为 505 ft,接地地带标高为 499 ft。

标注 7:复飞程序。当飞机下降到决断高度时,飞行员选择复飞,应该按照复飞步骤进行复飞。

标注 8:过渡高度、过渡高度层以及高度表拨正的附加要求和其他注意事项。

标注 9:扇区最低安全高度(MSA)。不同的扇区,MSA 不同,该高度可以保证飞行员在迷航或者飞机失去通信能力的时候保证飞机不会撞到障碍物。扇区划分以 RDD VOR 导航台为中心,划分为 4 个扇区,其中 020°～110°扇区的 MSA 为 8 200 ft,110°～200°扇区的 MSA 为 6 700 ft,200°～290°扇区的 MSA 为 8 100 ft,290°～020°扇区的 MSA 为 4 600 ft。

标注 10:标高点。该标高点的标高为 2 284 ft。

标注 11:中间进近定位点 DIBLE。

标注 12:最后进近定位点 LASSN。该定位点也是 ILS 下滑道的切入点。在该点之前,飞行员需要完成着陆前检查单。

标注 13:REDDING VOR 导航台。从复飞程序可以看出,复飞时需要使用 VOR 进行引导。

标注 14:程序转弯。

标注 15:复飞程序。复飞时保持航向 090°。

标注 16:复飞等待程序。复飞之后,根据管制中心的繁忙程度来判断是否需要立即进行第二次进近或者在等待区域等待管制中心的指令。

标注 17:"NoPT"表明飞行员不需要进行程序转弯。当飞机沿标有"NoPT"的进场航线进场时,如果实施程序转弯,则需要得到 ATC 的许可。

标注 18:剖面图中的最后进近定位点 LASSN。该定位点处的高度为 2 700 ft。

标注 19:目视下降点(VDP)。

标注 20:复飞点。

标注 21:地速和下降率换算表。例如地速为 90 kn,以 3°下滑角下滑,那么下降率应该保持484 ft/min,才能保证飞机保持在下滑道上。

标注22:灯光和复飞图标。

标注23:ILS进近机场着陆最低标准。

标注24:下滑道不工作时LOC进近机场着陆最低标准。

标注25:目视盘旋着陆的着陆最低标准。

标注26:采用Red Bluff机场气压拨正值时的着陆最低标准。可见,采用雷丁机场气压拨正值和采用Red Bluff机场的气压拨正值,着陆最低标准不同。

(2) 该进近程序的实施过程与方法

假设将RBL VOR作为起始进近定位点,在到达RBL VOR之前,奥克兰中心会给出指令高度下降到3 000 ft(或3 000 ft以上,不低于3 000 ft),飞行员在得到指令之后,完成需要做的进近项目,例如在GPS上设定好进近的步骤并且调好频率(电台和导航),完成进近检查单。

飞行员需要在1号导航上频率调谐为115.7 MHz(RBL VOR频率),在等待频率上调谐LOC频率为108.7 MHz;2号导航上频率调谐为108.7 MHz,等待频率调至RDD VOR频率为108.4 MHz。当飞机飞越RBL VOR台的时候,应将导航1径向线调至322°,并且切入此径向线,高度在3 000 ft以上过台;2号导航此时应为RDD VOR径向线342°。

当飞机切入航向道的时候,右转并保持342°航迹(2号导航仪表),将1号导航换成RDD LOC频率,并且方位线调至342°;将2号导航换成RDD VOR频率108.4 MHz,并且将仪表转至RDD VOR 44°径向线,以备飞机复飞。此时,飞机的高度应下降至2 700 ft并保持。

当GPS显示距离IRDD 8.0 n mile,RDD VOR台显示飞机切入下滑道时,应该保持下滑道下滑并完成着陆前检查单。结合飞机地速-下降率换算表,判断此时下滑速率。修正飞机油门和姿态以保证飞机以3°下滑角(相应下降梯度为5.2%)下滑。

根据ATIS和实际飞行条件,飞行员在决断高度的时候应该判断自己是否可以继续进近。若能看见并取得足够目视参考,则需要保持目视飞行并操纵飞机降落,根据指令脱离跑道。

如果飞机下降到决断高度不能看到跑道,则应该立即复飞。复飞的时候,应该保持航向爬升至1 100 ft,右转航向090°并切入RDD VOR 044°径向线,并且爬升至5 000 ft,当机载DME显示距离RDD 12.0 n mile时到达等待定位点ITMOR。飞机以直接进入的方式加入等待航线,飞行员应在此处等待管制中心指令,进行下一次进近或者去备降机场备降。

在ILS进近中要注意下滑速率的控制,由于ILS比较灵敏,所以尽量保持稳定的下滑速率,控制飞机时尽可能地轻柔,同时注意飞机航向,防止偏离预定航迹。

2. 雷丁机场16跑道LOC BC进近图

在雷丁机场使用16号跑道进近时,一般采用LOC反向程序作为进近方式。这种进近程序的优点是实施过程中可以省略较多定位点,节省机场运营成本;缺点是需要沿DME弧进近,飞机需要不断改变航向,尤其是在飞机没有自动驾驶的情况下增加了飞行员的负担。

LOC反向程序和ILS进近的不同点就是,LOC反向程序也会有下滑道信息,但是下滑道信息是不准确的,所以直接忽略掉下滑道信息。在做LOC反向程序的时候,顾名思义,反向程序意味着飞机的航向道和修正方向是相反的,在飞行时需要特别注意到这一点(航道偏离杆偏左,飞机向右修正)。另外,做DME弧的时候是不能用LOC的,必须用VOR来做。一般采用CDI仪表转10°,飞机MH转动10°的方式来做DME弧,这样的方式较为准确。

在做DME弧的时候,从进近图中可以看出,下面是山地,所以做DME弧的时候容易受到来自山脉的颠簸影响,飞行员需要特别注意飞行高度,防止发生事故。

图6.15为雷丁机场16跑道LOC DME(BACK CRS)进近图,图中各标注信息的含义如下所述。

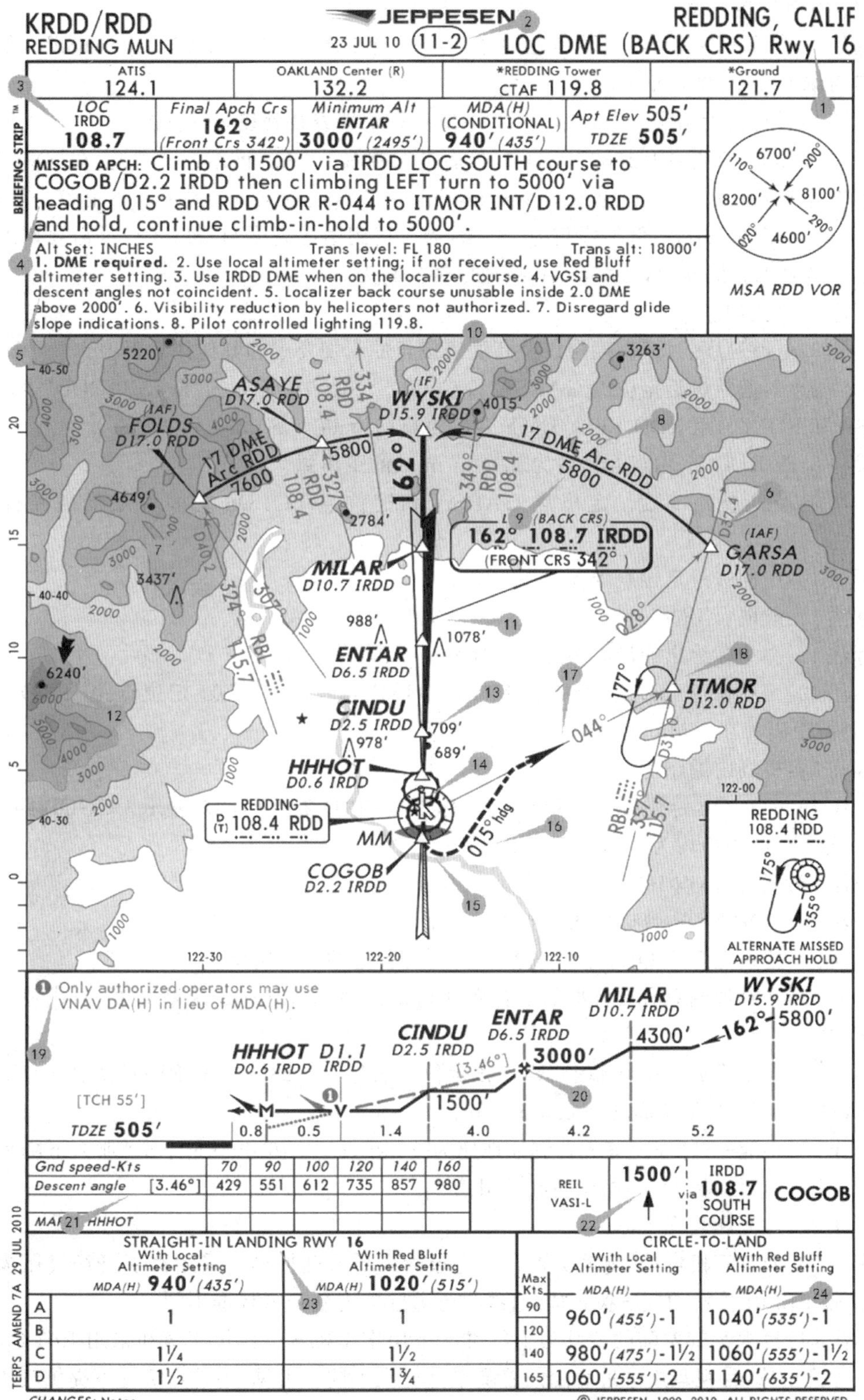

图 6.15　雷丁 LOC16 跑道进近图

(1) 图面信息标注

标注1:进近程序名称及机场所在地名。16跑道LOC DME(BACK CRS)进近。机场所在地名为雷丁,加利福尼亚州。

标注2:进近图索引号。通过索引号"11-2"可以快速查找到该幅进近图。

标注3:LOC的频率为108.7 MHz。最后进近磁航道162°(前航道342°)。在ENTAR下滑道高度为3 000 ft。在定位点ENTAR处,飞行员应该注意飞机的高度和下滑道是否正确。最低下降高度为940 ft,最低下降高为435 ft,当飞机到达此高度/高时,飞行员需要判断是继续进近还是复飞。机场标高为505 ft,接地地带标高为505 ft。

标注4:复飞程序。

标注5:过渡高度、过渡高度层以及高度表拨正的附加要求和其他注意事项。

标注6~7:起始进近定位点GARSA和FOLDS。其名称下方的"D 17.0 RDD"表示IAF GARSA和FOLDS距RDD VOR/DME台的距离均为17.0 n mile。

标注8:距RDD VOR/DME台为17.0 n mile的距离弧。

标注9:最低航路高度。定位点GARSA和定位点FOLDS之间的最低航路高度为5 800 ft。

标注10:中间进近定位点WYSKI。

标注11:航向台LOC。

标注12:图中标绘出的最高参考点的标高为6 240 ft。

标注13:定位点CINDU。其下方的"D2.5 IRDD"表示CINDU定位点距IRDD VOR/DME台的距离为2.5 n mile。

标注14:机场内的跑道。

标注15:COGOB定位点。该定位点名称下方的"D 2.2 IRDD"表示COGOB距IRDD VOR/DME台的距离均为2.2 n mile。

标注16:复飞航向015°。

标注17:RDD VOR台提供的044°方位线。

标注18:定位点ITMOR。该定位点作为等待程序的等待定位点。

标注19:注释说明只有被批准的运行者才可以使用垂直导航的决断高度/高代替最低下降高度/高。

标注20:最后进近定位点ENTAR。该定位点名称下方的"D6.5 IRDD"表示ENTAR距IRDD VOR/DME台的距离均为6.5 n mile。

标注21:地速-下降率换算表。例如地速为90 kn,以3.46°下滑角下滑,那么下降率应该保持551 ft/min,才能保证飞机保持在下滑道上。

标注22:灯光和复飞图标。

标注23:向雷丁机场16跑道实施直线进近的最低着陆标准。采用雷丁机场气压拨正值和采用Red Bluff机场的气压拨正值,直线进近着陆的着陆最低标准不同。

标注24:目视盘旋着陆的着陆最低标准。采用雷丁机场气压拨正值和采用Red Bluff机场的气压拨正值,目视盘旋进近着陆的着陆最低标准不同。可见,当着陆机场不提供气压式高度表拨正值,而采用距离着陆机场基准点5 n mile以外的机场提供的气压高度表拨正值时,着陆机场的着陆最低标准中的最低下降高度会适当增加。

(2) 实施过程与方法

假如以 GARSA 作为起始进近定位点，通过沿 DME 弧的方式实施进近程序。在 GARSA 之前，奥克兰管制中心会给出指令下降到 5 800 ft 之上，并准许做 LOC 进近。当达到 16.5 n mile 的时候(一般会提前 0.5 n mile 开始转弯)，左转航向 90°～298°，切入 DME 弧。此时，采用 2 号导航作为 DME 弧的转弯，频率为 108.4 MHz，设置度数为 028°，在 1 号导航上设 LOC 频率为 108.7 MHz，并设 RDD VOR 342°。此时，电台频率应为奥克兰中心频率 132.2 MHz，等待频率为雷丁塔台频率 119.8 MHz。

做 DME 弧的时候，采用 CDI 旋转 10°，飞机转 10°(左转)的方式，使飞机保持在 17 n mile 的弧上。如果飞机距离 DME 过近，可以采取少转或者不转，然后拧 10°VOR。如果飞机距离 DME 过远，可以采用多转(15°或者 20°，如果需要可以转得更多，一般不超过 30°)的方式来修正距离。

当 2 号导航显示大约在 349°时，就可以准备左转弯到 162°航线切入最后进近径向线，以防止飞机 VOR 反应过于迅速，飞行员大幅度操控飞机做转弯造成危险。如果 1 号导航显示 VOR 偏向左边，则采用右转的方式进行修正；如果偏向右边，则采取左转的方式进行修正。

LOC 反向程序是非精密进近，所以进近采用的方式是阶段性下降。当转向 WYSKI 点时，就准备下降到 4 300 ft，并根据地速-下降率换算表换算出相应的下降率。此时 1 号导航应该预先设定好为 342°，LOC 频率为 108.7 MHz；2 号导航设定为 108.4 MHz，预选航道为 044°；奥克兰中心一般在此时将频率移交到塔台，如果在 FAF(ENTAR)之前还未进行移交，则飞行员应该提醒奥克兰中心。

最后进近定位点为 ENTAR，在航图剖面图上用“马耳他叉”符号来表示，一般在最后进近定位点之前就要做好降落前准备，调整飞机外形，在经过最后进近定位点时需要准备减速并做落地前检查单。

非精密进近不同于精密进近，非精密进近采用的是最低下降高度，并不是到最低下降高度那一点没有看到跑道就复飞，HHHOT 为复飞点，在图中用“M”来表示。复飞点一般离地面比较近，所以在复飞时需要控制飞机的速度和爬升率，防止飞机在低空产生失速。

LOC 反向程序进近复飞和上述 ILS34 复飞程序基本是相同的，采用复飞之后爬升至 1 500 ft 并左转航向道 015°切入 RDD VOR 044°径向线。然后，沿 RDD VOR 044°径向线飞行 12.0 n mile 到达 ITMOR 等待定位点，加入等待程序执行等待，等待高度爬升至 5 000 ft。进近图中等待航线的进入程序采用直接进入的方法。另外，当过多飞机进近的时候，可以采用雷丁 VOR 等待航线，以增加机场的流量。

在 LOC 进近中，要注意该进近程序采用的是连续下降的方式来降低高度，所以要控制好下滑速率，防止高度过高带来的大速率下降而产生危险。

3. 雷丁机场 34 跑道 GPS 进近图

GPS 进近在美国是比较常用的一种进近方式，具有精度高、输入飞行计划省力(GPS 内部存有各机场的 GPS 进近信息)和方便使用的特点。

GPS 进近根据机载设备的不同，可以分为精密进近(有下滑道)、半精密进近(下滑道提供信息不准确，只能作为参考)和非精密进近(无下滑道信息)三种类型，分别表示为 LPV(Localizer Performance with Vertical Guidance，有下滑道)、LNAV/VNAV(Lateral/Vertical Navigation，下滑道只能作为参考)、LNAV(Lateral Navigation 无下滑道信息)。

IASCO航校在初教机训练的时候,使用的塞斯纳172没有下滑道信息。在双发和高性能训练的时候,一般使用LPV有下滑道信息作为进近引导系统,对机场气象条件要求较低。

虽然GPS进近有诸多优点,但其缺点也是非常明显的。GPS卡需要每28天进行一次数据更新,维护费用和频率相对较大(VOR只需要每30天测试一次);并且,在信号受到干扰的时候(例如雷暴、高山丘陵、树木较为茂盛的地方等),GPS容易丢失信号。当使用GPS做进近的时候,至少要使用4颗卫星来定位;如果卫星数达不到,则无法使用GPS作为进近,这时GPS会显示"丢失信号"。

(1) 图面信息标注

雷丁机场34号跑道的GPS进近一般作为ILS不工作时的首选进近方式。相比ILS进近来说,GPS进近免去了设置LOC或者VOR的步骤,较为节省时间,这对于减轻飞行员负担来说具有较为实际的意义。

图6.16为雷丁机场34跑道RNAV(GPS)进近图,图面中各标注信息如下所述。

标注1:机场所在地名及进近程序名称。机场所在地为雷丁,加利福尼亚州。该进近程序为区域导航(GPS)进近。

标注2:WAAS。WAAS全称为"Wide Area Augmentation System",含义为广域增强系统。该系统是一种GPS增强进近能力的设备,只有当GPS具有WAAS功能时,GPS才能提供下滑道信息。

标注3:最后进近磁航道为342°。

标注4:最后进近定位点LASSN下滑航径高度检查数据。切入最低高度为2 700 ft。在作为精密进近时,同ILS,为切入下滑道的最低高度和切入点。

标注5:LPV进近(提供下滑道信息)的决断高度为790 ft,决断高为291 ft。

标注6:复飞程序说明。爬升至5 000 ft并直飞OVICU航路点,到达该航路点之后沿着093°径向线直飞ITMOR航路点,继续爬升至5 000 ft,执行等待程序。

标注7:高度表拨正及飞行员注意事项。

标注8:航路点。进近可由航路上的某一点开始,但不作为起始进近定位点,因此,图中没有标注IAF。

标注9:程序转弯。该处程序转弯类似于反向程序,用来调整飞机外形并降低高度,调整速度并为最后进近做准备。同时,当航向和最后进近航迹相差过多时,可以作为类似等待航线的作用,转弯到最后进近航迹。

标注10:等待程序。该等待程序的等待定位点为航路点ITMOR,出航航迹为177°,入航航迹为357°,出航限制为5 n mile。从图中可以看出,GPS航路点分两种,一种是四角星不带外圈的,意味着不需要从该航路点正上方飞越;另一种是带外圈的,意味着需要从该航路点上方飞越。

标注11:最后进近定位点LASSN(下滑道切入点)。

标注12:定位点和定位点之间的航段距离。该图中表明UKDOW定位点与LASSN定位点之间的航段距离(中间进近航段的距离)为6.0 n mile。

标注13:复飞点。

标注14:注释与高度限制点说明。只对于LNAV(无下滑道信息)有关;对于非精密进近,采用阶段性下降的方式,在此处不得低于1 240 ft,以防止撞击机场障碍物。

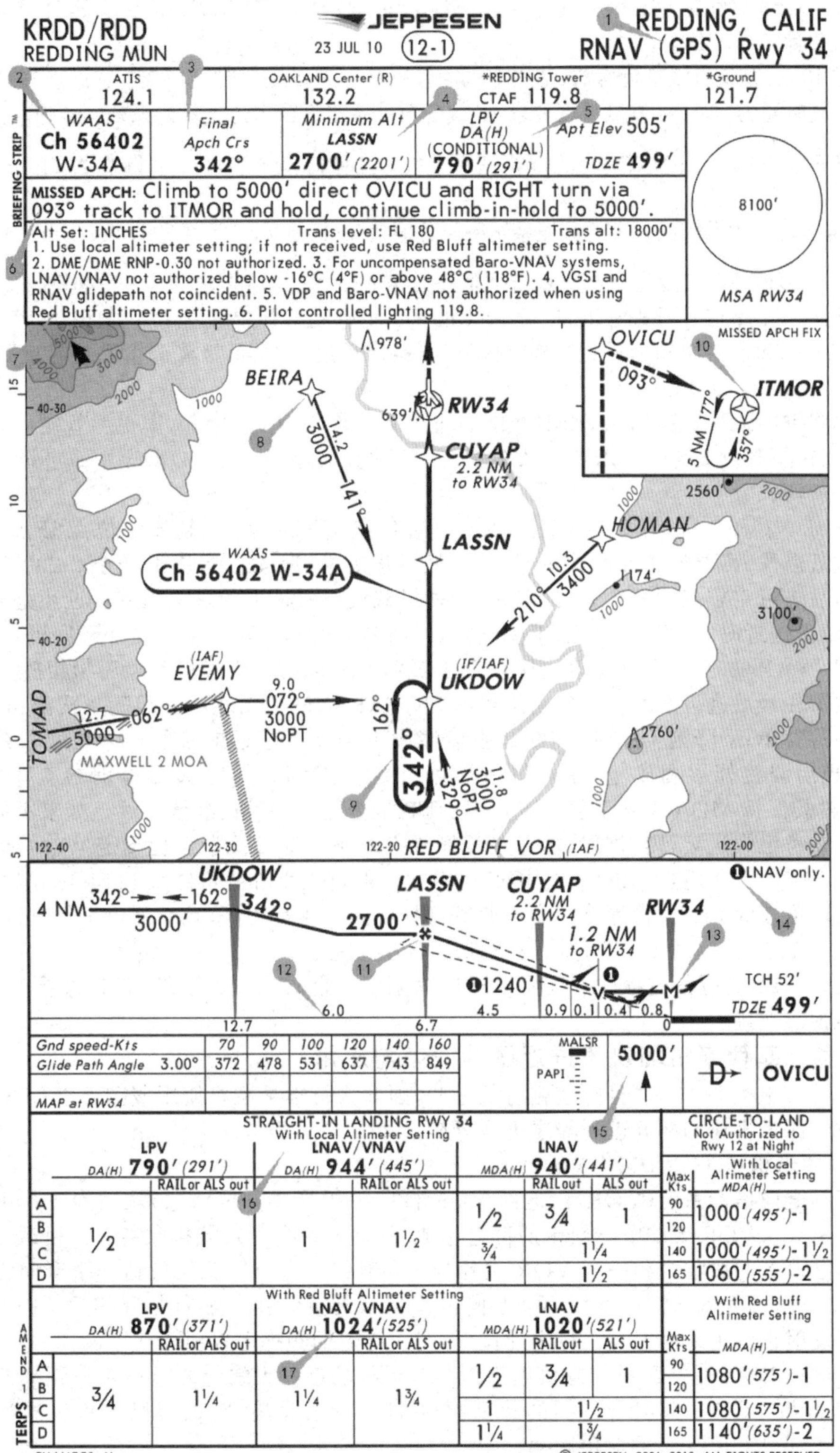

图 6.16　雷丁机场 GPS34 进近图

标注 15:灯光与复飞图标。进近灯光系统包括 PAPI 和 MALSR。复飞爬升至 5 000 ft,然后直飞航路点 OVICU。

标注 16:34 跑道直线进近着陆,使用本机场气压高度表拨正值时,LPV(精密进近)的决断高度为 790 ft,决断高为 291 ft。其能见度要求为:跑道对准指示灯或者进近灯光系统不工作时为 1 mile,正常情况下为$\frac{1}{2}$ mile。LNAV/VNAV(半精密进近)的决断高度为 944 ft,决断高为 445 ft。能见度要求为:跑道对准指示灯或者进近灯光系统不工作时为 $1\frac{1}{2}$ mile,正常情况下为 1 mile。LNAV(非精密进近)的最低下降高度为 940 ft,最低下降高为 441 ft。能见度要求与飞机类别有关。

标注 17:34 跑道直线进近着陆,使用 Red Bluff 机场气压高度表拨正值时,LPV(精密进近)、LNAV/VNAV(半精密进近)和 LNAV(非精密进近)的最低下降高度和能见度要求。

(2) 实施过程与方法

假如将 RBL(BLUFF))VOR 作为起始进近定位点,在 RBL 之前,奥克兰管制中心会给出指令,让飞机下降到 3 000 ft 以上。从图 6.16 可以看出,从 RBL VOR 开始做进近时不需要实施程序转弯。

过 RBL VOR 台后,沿着 329°径向线直飞定位点 UKDOW,飞越该定位点 IF 后,飞机进入中间进近航段,需要调整外形并减速,对准最后进近航迹 342°,高度下降至 2 700 ft 并保持平飞至最后进近定位点 LASSN。接下来,根据机载设备看进近程序是精密进近还是非精密进近,在做精密进近时,只需要在经过 FAF 的时候跟随下滑道降落。但是做非精密进近,在经过定位点 CUYAP 的时候,要注意高度不得低于 1 240 ft,以防下降过快与障碍物相撞。

航空器在最后进近航段实施精密进近时,在 FAF 调整飞机外形并跟随下滑道下滑,且完成落地前检查单;下降到 DA 时,判断是否能继续下降高度进近或者复飞。在做非精密进近时,需要提前调整外形和放轮,在经过最后进近定位点的时候完成落地前检查单,下降到 MDA 的时候保持 MDA 平飞至复飞点,并且判断是否能保持目视继续进近。如果不能取得足够的目视参考继续进近,则需要从复飞点实施复飞程序。复飞程序为直飞定位点 OVICU,高度爬升至 5 000 ft,飞越过定位点 OVICU 后沿 093°航迹飞至等待定位点 ITMOR,继续爬升至最低等待高度 5 000 ft,执行等待程序。此等待程序为左等待程序,航空器以平行进入的方式,右转航向至 177°,飞行 4 n mile,然后右转切入 357°航迹。

在实施 GPS 进近的过程中一定要注意操纵幅度不能过大,修正航迹的时候要轻柔,防止飞机脱离预定航迹。

6.3.2 基西米机场仪表进近图的识读与应用

由于基西米机场 15/33 号跑道相对长一些,因此飞行学员主要使用该跑道进行飞行训练。下面将对基西米机场的部分进近程序进行分析。

1. 基西米机场 VOR DME-A 进近图

甚高频全向信标系统(VOR)由地面 VOR 台向飞机提供方位信息,从而为飞行中的飞机提供航迹引导。VOR 无线电导航由两部分组成:地面发射台和机载接收装置。机载装置包括一个带调谐设备的接收机和一个 VOR 或者全向导航仪。这个导航仪包括一个全向方位选择器(OBS)(有时称为航向选择器)、一个航向偏差指示器指针和一个向背台(TO-FROM)指示器。地面发射台位于地面上一个特定的位置,它在指定的频率上发射无线电波。

测距设备 DME 是一种被国际民航组织列为标准的近程无线电导航设备。距离测量装置(DME)是常与 VOR 一起组合使用的超高频(UHF)导航设施,它以海里为单位测量飞机距 VOR/DME 或 VORTAC 的倾斜距离。

(1) 图面信息标注

图 6.17 为基西米机场 VOR DME-A 进近图,图中各标注的含义如下所述。

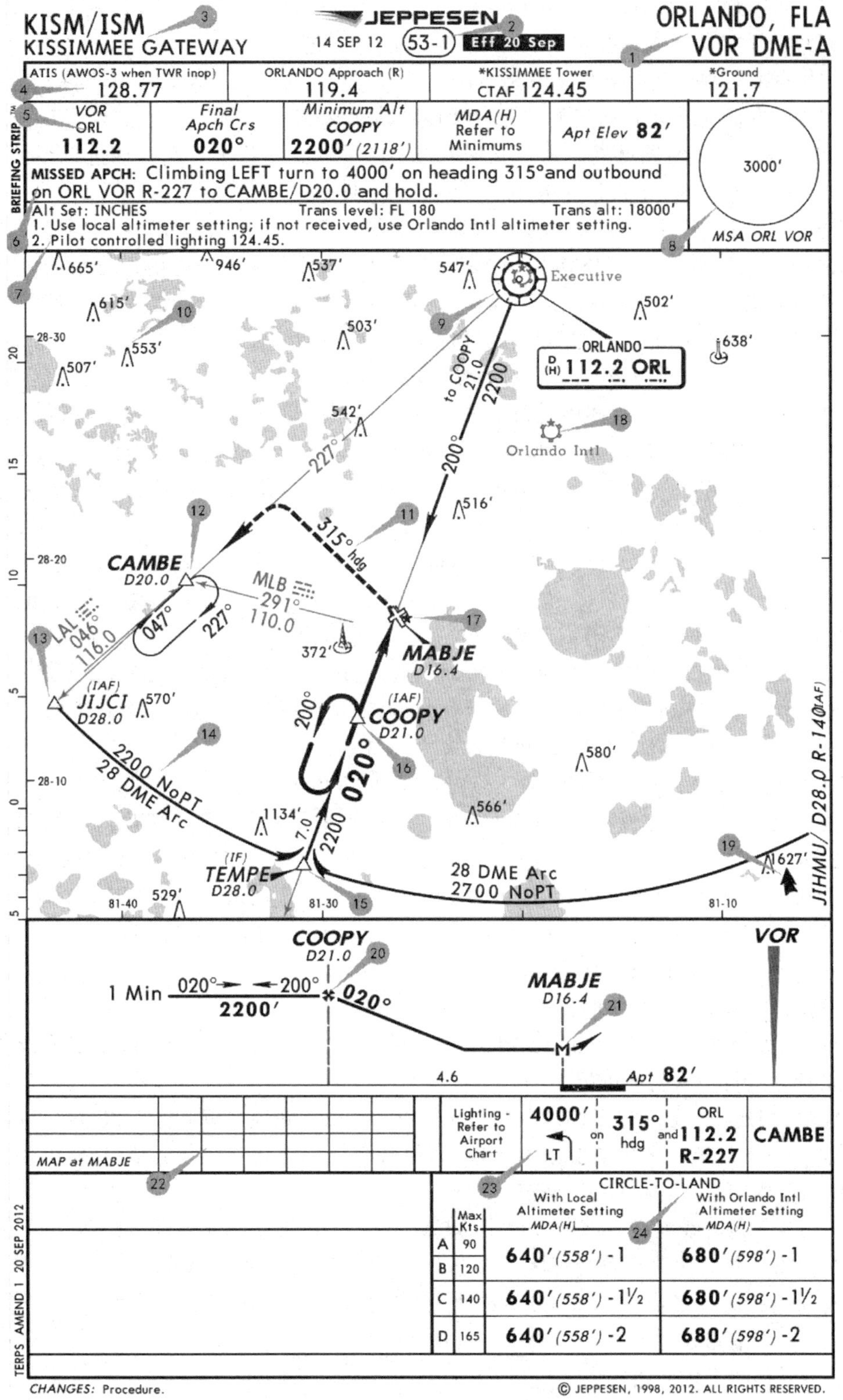

图 6.17　基西米机场 VOR DME-A 进近图

标注1:进近程序的名称及机场所在地名。程序名称为VOR/DME-A,说明在最后进近过程中可以使用机载导航设备VOR判断进近偏差,并根据DME距离确定飞机的位置。后缀字母“A”代表最后进近航段与跑道中线不重合,呈大于30°夹角的状态。飞机下降到最低下降高度后目视盘旋进近到塔台指定的跑道;基西米机场所在地名为佛罗里达州奥兰多。

标注2:索引号和航图日期。通过索引号“53-1”可以找到该进近图。该进近图的修订日期为2012年9月14日,生效日期为2012年9月20日。

标注3:机场代码和机场名称。基西米机场ICAO四字代码为KISM,三字识别代码为ISM。

标注4:通信频率栏。ATIS频率为128.77 MHz,飞机在起飞和进场之前,必须收听机场通播。机场通播包含了通播时间、风向风速、气温、露点温度、云高、高度表基准值设置、跑道及滑行道关闭情况和机场附近的情况。进近通信频率为119.4 MHz。在基西米机场,为奥兰多进近控制,在进近之前,联系奥兰多进近管制中心。塔台频率和机场塔台关闭之后使用的频率为124.45 MHz。“CTAF”为共用交通资讯频率,其英文全称为“Common Traffic Advise Frequency”。在工作期间,塔台会给出指令。在非工作期间,需要飞行员调谐此频率交流以避免飞机相撞。地面管制频率为121.7 MHz,地面管制中心会给出飞行员地面滑行指令,引导飞机有秩序滑行,本机场此频率同时兼顾放行指令。

标注5:VOR的频率为112.2 MHz。本机场使用奥兰多VOR频率进近,在进近之前,飞行员需要在机载设备输入此频率;最后进近磁航道20°,沿着此磁航道引导飞机靠近跑道;在COPPY定位点处的标准下滑道高度为2 200 ft。飞越该定位点时,高度至少为2 200 ft(航校飞行手册规定高度可以保持在2 200～2 300 ft的范围内);最低下降高度和最低下降高参见着陆最低标准部分。下降到MDA/H,如果看到跑道,则转目视盘旋进近;如果看不到跑道,则保持此高度平飞到复飞点再实施复飞;机场标高为82 ft。

标注6:复飞程序。当飞机到达复飞点时,按照此程序进行复飞。

标注7:附加要求。过渡高度、过渡高度层、高度表拨正注意事项以及进近的注意事项。

标注8:扇区最低安全高度。不同的扇区高度不同,以使飞行员在无线电失效的时候保证飞机不会撞到障碍物。本机场以ORL VOR为中心划分一个扇区,MSA为3 000 ft。

标注9:ORLANDO VOR/DME台,该导航台可以作为起始进近定位点IAF。

标注10:不明建筑物及其标高。

标注11:复飞程序。复飞时保持315°航向。

标注12:复飞等待程序。本等待程序为右等待程序。飞机复飞时飞到此处进行等待或按照管制员指令进行一次新的进近。

标注13:起始进近定位点JIJCI。当飞机到达IAF时,飞行员应当减小速度、高度等飞行数据。

标注14:DME弧。飞机从IAF JIJCI开始保持28 n mile、高度2 200 ft飞到IF TEMPE。

标注15:中间进近定位点TEMPE。

标注16:直角航线程序。该进近程序的起始进近定位点为COOPY。此程序也可以作为等待程序。本等待程序为左等待程序。由于天气、机场流量等原因,管制员会让飞行员进行等待。等待时飞行员应当减小飞行速度等一些飞行数据,进而达到省油的目的。

标注17:着陆跑道。

标注18:奥兰多国际机场。

标注19:黑色粗体箭头表示图中标绘出的最高参考点的标高为1 627 ft。

标注20:最后进近定位点FAF。过此定位点COOPY,飞机按照一定的下降速度和下降率到达最低下降高度。

标注 21：复飞点 MABJE。过此定位点，飞机按复飞程序复飞或听管制员指令复飞。

标注 22：地速-下降率换算表。该进近图中地速-下降率换算表没有列出具体信息。

标注 23：灯光与复飞图标。

标注 24：目视盘旋着陆最低标准。该标准分为基西米机场海压设定和奥兰多机场海压设定下的最低标准。随飞机的类型和机场海压设定不同，目视盘旋着陆的高度也不同。

(2) 实施过程与方法

下面以 Aerosim 航校仪表飞行训练使用的飞机 SR－20 为例，阐述基西米机场 VOR DME-A 进近程序的实施方法。

假设奥兰多区域管制中心指挥飞行员调谐频率为 119.4 MHz 联系奥兰多进近管制员。收到指令后，机组完成所有的进近管制指令和进近简令。假设管制员允许飞行员直飞起始进近定位点 JIJCI，机组使用 GPS1 飞到 JIJCI。在到达 JIJCI 之前，机组完成进近和下降检查单并核实，飞行员在 GPS1 调谐 ORL VOR 频率为 112.2 MHz，听莫尔斯代码，并确认与图中莫尔斯代码一致。根据 Aerosim 航校仪表飞行手册，GPS1 作为主要的导航设备，GPS2 作为辅助导航设备，飞机减速到 110 kn，在到达 JIJCI 之前 3 min 内，油门减小至 55%，并核实 GPS1 显示进近模式。假设奥兰多进近管制员指挥飞行员飞 3 000 ft，在到达 JIJCI 之前，管制员允许基西米 VOR DME-A 进近。当飞机飞过 JIJCI 定位点时，下降到 2 200 ft。假设无风，PFD (Primary Flight Display，主飞行显示器)上的 VOR 指针始终指向 ORL VOR 台，飞机的航向始终与 VOR 指针垂直，保持 2 200 ft 的高度至最后进近定位点 COOPY，并同时注意 GPS 上显示的 DME 距离，保持 28.0 n mile；当 VOR 指针快与最后磁航道重合时(飞机还没有到达中间进近定位点 TEMPE 时，应当提前左转航向，否则飞机容易飞过 TEMPE)，飞机左转航向至 20°；在到达 COOPY 之前，使用 FPD 上的高度表设定按钮调好 MDA 640 ft MSL(使用本机场气压式高度表拨正值)。到达 COOPY 之前 0.5 n mile，根据 Aerosim 航校仪表飞行手册，放襟翼 50%，速度减小至 100 kn，过了 FAF COOPY，油门减到 25%，保持 100 kn 速度和 700 ft/min 的下降率(由于最后进近定位点到最低下降高度之间的距离短，根据飞行经验应当适当调整下降率到 1 000 ft/min，才能保证飞机在这个短距离内下降到最低下降高度)，下降到 MDA 640 ft。在下降的过程中完成着陆前检查单。如果进近过程不稳定(如遇到风切变，飞机就有可能偏离航道，飞行员需要不断地进行修正，飞机可能出现左右摇摆的现象等不稳定因素)，应当果断执行复飞并尽快通知管制员。进近过程中，根据 Aerosim 航校仪表飞行手册，飞行员应当喊出“航向道截获，500 ft 高于 MDA，200 ft 高于 MDA，100 ft 高于 MDA”。当下降到 MDA 时，飞行员看到进近灯光，可以继续下降到高于接地地带高度 100 ft 的高度。当飞机到达新的高度时，飞行员决定过渡到目视进近或者复飞。过渡到目视进近说明能看见跑道；复飞说明不能看见跑道。由于本进近程序最后进近磁航道与跑道成一定的角度，所以当下降到 MDA 时，需要进行目视盘旋进近。根据塔台指令，进行目视盘旋到相应的跑道着陆。当下降到 MDA 时，若不能看见进近灯光，则加油门至 55%，保持 MDA 平飞至复飞点复飞。

一定要过复飞点 MABJE 复飞，复飞时左转爬升到 4 000 ft，保持航向 315°，切入 ORL VOR 台径向线 227°，然后沿背台径向线 227°飞到等待定位点 CAMBE(距离 ORL VOR 20 n mile)，以平行进入的方式加入等待程序等待进一步的许可指令。

2. 基西米机场 33 跑道 GPS 进近图

图 6.18 为基西米机场 33 跑道 GPS 进近程序图，图中各标注的含义如下所述。

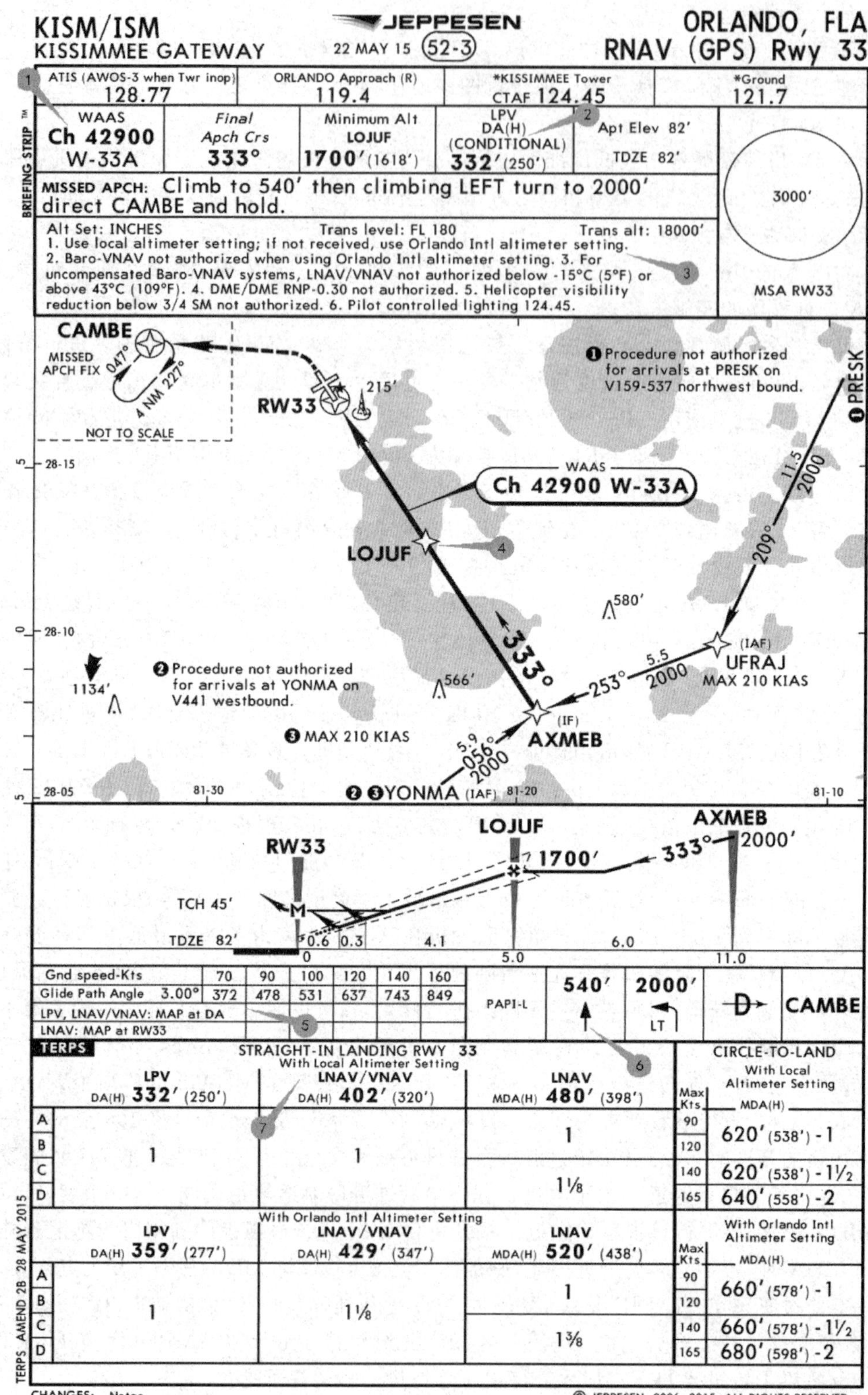

图 6.18 基西米机场 33 跑道 GPS 进近图

(1) 图面信息标注

标注1:WAAS。

标注2:LPV(提供下滑道信息)的决断高度/高。

标注3:高度表拨正及飞行员需要注意的一些事项。

标注4:航路点LOJUF。

标注5:地速-下降率换算表。例如,地速为100 kn,那么下降率应该保持531 ft/min,才能保证飞机在3°下滑角上保持下滑道指针在HSI表中间的位置。

标注6:灯光和复飞图标。PAPI安装在跑道左侧,用于在IFR规则下ILS进近的下滑角度指示,引导航空器以正确的角度下滑,为飞行员提供更多信息控制飞机的进近高度。复飞图标标明高度爬升至540 ft,然后左转爬升至2 000 ft,直飞CAMBE航路点,执行等待程序。

标注7:使用本机场气压式高度表拨正值时,LPV(精密进近)的决断高度为332 ft,决断高为250 ft,能见度为1 mile;LNAV/VNAV(半精密进近)的决断高度为402 ft,决断高为320 ft,能见度为1 mile;LNAV(非精密进近)的最低下降高度为480 ft,最低下降高为398 ft,能见度要求A、B类飞机为1 mile,C、D类飞机为$1\frac{1}{8}$ mile。

(2) 实施过程与方法

同样,以Aerosim航校仪表训练使用的飞机SR-20为例,来阐述基西米机场33号跑道GPS进近程序的实施方法。

假设奥兰多区域管制中心指挥飞行员调谐频率为119.4 MHz联系奥兰多进近管制员。收到指令后,机组完成所有的进近管制指令和进近简述。当管制员允许飞行员直飞起始进近定位点UFRAJ后,机组使用GPS导航设备飞到UFRAJ。在到达UFRAJ之前,根据Aerosim航校仪表飞行手册,机组完成进近和下降检查单并核实,GPS1作为主要的导航设备,GPS2作为辅助导航设备,飞机减速到110 kn,在到达UFRAJ之前3 min内,油门减小到55%,并核实GPS1显示进近模式。

假设奥兰多进近管制员允许飞行员飞行高度为3 000 ft,在到达UFRAJ之前,管制员允许在基西米33号跑道GPS进近。当飞过UFRAJ时,下降高度至2 000 ft,进入起始进近航段,直到GPS1提示切入中间进近航段。飞过中间进近定位点AXMEB后,飞机开始飞行中间进近航段,同时高度下降到1 700 ft。根据Aerosim航校仪表飞行手册,使用PFD上的高度表设定按钮调好MDA480MSL(使用本机场高度表拨正值,LNAV非精密进近)。在到达最后进近定位点LOJUF之前2.0 n mile,核实GPS1上显示进近模式,否则复飞。根据Aerosim航校仪表飞行手册,到达LOJUF之前0.5 n mile,放襟翼50%,速度降低到100 kn,过FAF LOJUF,油门减到25%,保持速度100 kn和下降率700 ft/min,下降到MDA 480 ft。在下降的过程中完成着陆前检查单。如果进近过程中不稳定(如遇到风切变,飞机就有可能偏离航道,飞行员需要不断地修正飞机可能左右摇摆等不稳定因素),应当执行复飞并尽快通知管制员。进近过程中,根据Aerosim航校仪表飞行手册,飞行员应当喊出“500 ft高于MDA,200 ft高于MDA,100 ft高于MDA”。当下降到MDA时,看到进近灯光,飞行员可以继续下降到高于接地地带高度100 ft的高度。当飞机高度下降至182 ft时,飞行员可决定过渡到目视进近或者复飞。过渡到目视进近说明能看见跑道,复飞说明不能看见跑道。当下降到MDA时,若不能看见进近灯光,则加油门至55%,保持MDA平飞至复飞点复飞。

复飞时飞机爬升到高度540 ft,然后左转爬升到2 000 ft,直飞到定位点CAMBE,以平行进入的方式加入等待程序等待进一步指令。

3. 基西米机场15跑道ILS进近图

图6.19为基西米机场15跑道ILS/LOC进近图,图中各标注的含义如下所述。

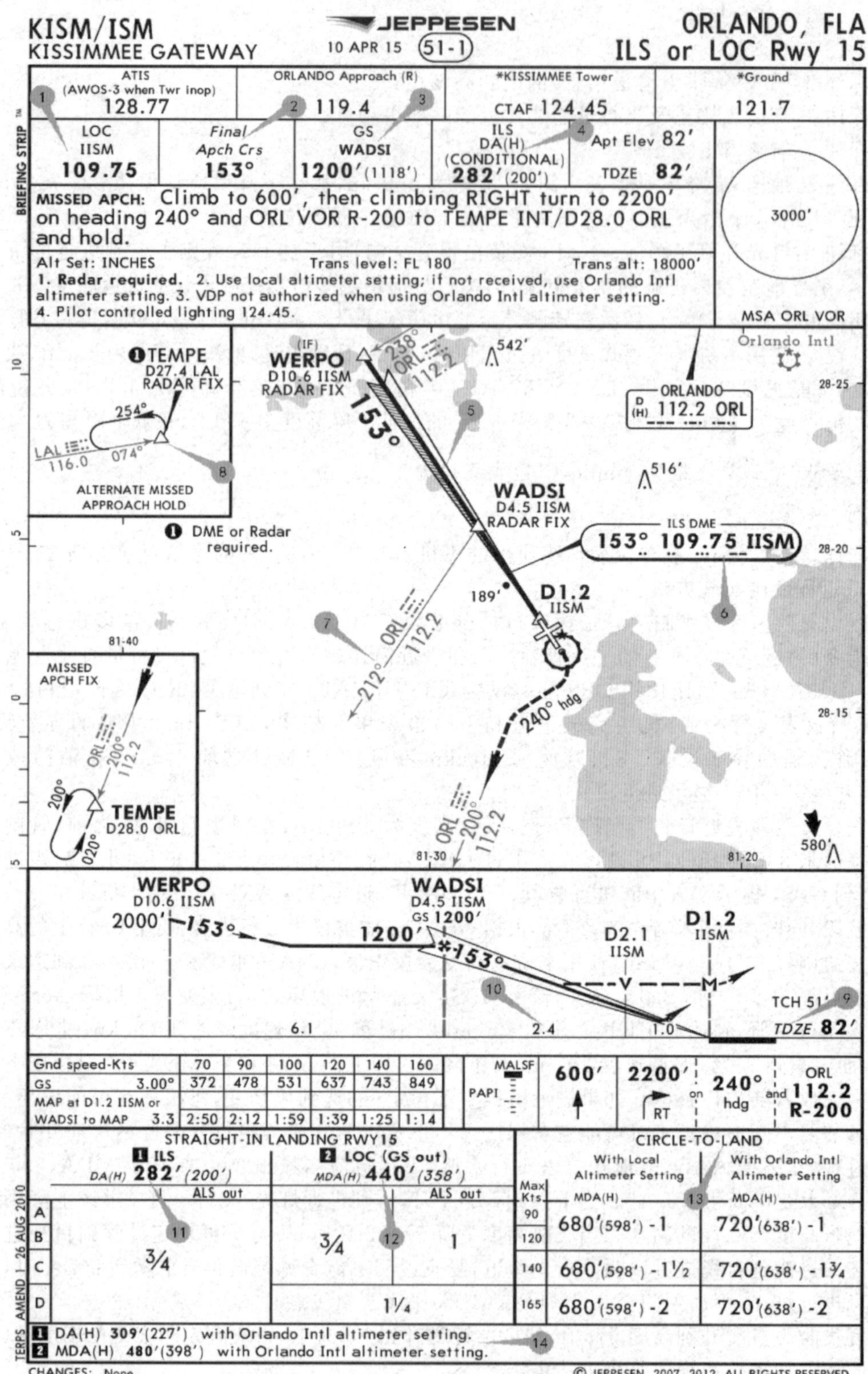

图 6.19 基西米机场 15 跑道 ILS/LOC 进近图

(1) 图面信息标注

由于上述对VOR DME-A和GPS进近图的信息进行了一些讲解,在此仅给出部分信息的标注,不再做过多的解释。

标注1:LOC的频率为109.75 MHz。将此频率输入导航设备,仪表将会显示基西米机场的LOC信息;当下滑道工作时,还会显示下滑道信息。

标注2:最后进近磁航道153°。当飞机对准跑道的时候,飞行员将航迹修正为153°,此时,飞机的航迹将对准跑道。

标注3:下滑道经高度检查数据。下滑道在WADSI(最后进近定位点)的高度为修正海压高度1 200 ft,场压高度为1 118 ft;在该定位点处,飞行员应该注意自己的高度和下滑道是否正确。

标注4:决断高度/高。飞机在282 ft的时候为决断高度,在这个高度上,由飞行员来判断是继续进近还是复飞。

标注5:航向信标。具有航路功能的航道式导航设施LOC。

标注6:ILS识别信息框。最后进近航向为153°,ILS频率为109.75 MHz,识别代码为IISM,莫尔斯代码。

标注7:定位点WADSI位于在ORL VOR 212°径向线上。

标注8:复飞等待程序(备用)。

标注9:跑道入口高51 ft,接地地带高82 ft。

标注10:定位点之间的距离,FAF与IISM之间的距离为2.4 n mile。

标注11:ILS进近着陆最低标准。决断高度为282 ft,决断高为200 ft,进近灯光系统不工作时,A、B、C、D四类飞机能见度为$\frac{3}{4}$ mile。

标注12:LOC进近着陆最低标准。最低下降高度为440 ft,最低下降高为358 ft,进近灯光系统不工作时,A、B、C三类飞机能见度为1 mile,其余情况下能见度为$1\frac{1}{4}$ mile。

标注13:目视盘旋着陆最低标准。采用不同机场气压拨正值时的着陆最低标准不同。

标注14:注释说明。高度表采用Orlando国际机场气压拨正值,决断高度DA为309 ft,决断高DH为227 ft;最低下降高度MDA为480 ft,最低下降高MDH为398 ft。

(2) 实施过程与方法

同样,以航校仪表训练使用的飞机SR-20来讲解基西米机场15号跑道ILS进近程序的实施方法。

假设奥兰多区域管制中心指挥飞行员调谐频率为119.4 MHz联系奥兰多进近管制员。收到指令后,机组完成所有的进近管制指令和进近简述。当管制员允许飞行员直飞中间进近定位点WERPO后,机组使用GPS导航设备飞到WERPO。在到达WERPO之前,根据Aerosim航校仪表飞行手册,机组完成进近和下降检查单并核实,GPS1作为主要的导航设备,GPS2作为次要的导航设备。飞机减速到110 kn,在到达WERPO之前3 min内,油门减小到55%,并核实GPS1显示进近模式,随后转换至VLOC模式。假设奥兰多进近管制员让飞行员飞3 000 ft,在到达WERPO之前,管制员允许基西米ILS15进近。当飞过WERPO时,下降高度至1 200 ft,截获航向道。使用PFD上的高度表设定按钮调好DA282MSL(使用本机场高度表拨正值)。根据Aerosim航校仪表飞行手册,当低于下滑道1个点时,放襟翼

50%,油门减小至25%,速度降低到100 kn,平飞切入下滑道并沿着下滑道下降到DA 282 ft。在下降的过程中完成着陆前检查单。如果进近过程中不稳定(如遇到风切变,飞机就有可能偏离航道,飞行员需要不断地修正飞机可能左右摇摆等不稳定因素),应当执行复飞并尽快通知管制员。进近过程中,根据Aerosim航校仪表飞行手册,飞行员应当喊出"截获航向道,截获下滑道,500 ft高于DA,200 ft高于DA,100 ft高于DA"。当下降到DA 282 ft时,看到进近灯光,飞行员可以继续下降到高于接地地带高度100 ft的高度。当飞机高度下降至182 ft时,飞行员决定过渡到目视进近或者复飞。过渡到目视进近说明能看见跑道。复飞说明不能看见跑道。当下降到DA时,不能看见进近灯光,立即复飞。

复飞时,爬升到600 ft。然后右转至航向240°,爬升到2 200 ft,沿ORL VOR 200°径向线,直飞到定位点TEMPE,距离ORL VOR 28 n mile,以平行进入的方式加入等待程序,等待进一步指令。

6.4 GPS在仪表进近中的应用

6.4.1 GPS进近程序

GPS进近程序包括只提供航向道指引的非精密进近着陆程序和既提供航向道又提供下滑道指引的CAT-Ⅰ/Ⅱ/Ⅲ类精密进近着陆程序。GPS机载接收设备装备WAAS系统使其定位精度和可靠性大大提升,满足了非精密进近着陆的要求。目前,在美国一些设施较完善的B类大型国际机场,完全可以实现CAT-Ⅲb类的仪表进近着陆程序。GPS机载接收设备增加各种增强系统,对信号的完善性和可靠性有了更高的保障,使得GPS进近程序成为仪表进近着陆的主要手段,而其他仪表着陆程序将逐渐被取代。

GPS进近程序根据机载接收机及该区域是否广域增强可分为两类:第一类是在最后进近航段只提供方位引导信息的非精密进近程序,第二类是在最后进近航段既能提供方位信息又能提供下滑道信息的精密进近程序。如图6.16所示为雷丁机场34跑道34 GPS进近图,根据机载接收机类型的不同,实施该进近程序时的最低下降高度(MDA)或最低下降高(MDH)也不同,由此,可分为用两种不同的实施方法。

在实施GPS进近程序前,首先确定机型进近速度为90 kn,所以该机型属于A类仪表进近机型。然后通过阅读进近图,可以在LNAV这一栏找到对应的最低下降高度/高(MDA/MDH)。如果是盘旋进近,最低下降高度(MDA)通常会比直接进场的最低下降高度高一些,以提高飞行安全裕度。对于雷丁机场34跑道GPS进近图来说,LNAV非精密直线进近最低下降高度(MDA)为940 ft,最低下降高(MDH)为441 ft。GPS进近程序具体实施分为直线进近和目视盘旋进近两种方式。本书在此主要讲解直线进近程序,即进近及降落用的是同一跑道。下面介绍完整进近和引导进近的实施方法。

1. 完整进近

所谓完整进近值是从某一个起始进近定位点(IAF)开始实施GPS进近程序,其主要用途是用于飞行学员仪表飞行等级培训阶段。假设飞机从RBL VOR(IAF)起始进近定位点开始实施进近,管制员将飞机引导到Red Bluff VOR这个起始进近定位点,然后许可实施GPS 34进近程序。当飞过VOR台,转到预设航道329°后,可以降到3 000 ft的高度。因为图中标明NoPT,所以当到达UKDOW这个航点时不需要执行程序转弯,而直接切入最后进近的预设航道继续实施进近。如果管制员给出的指令是直飞至 UKDOW 这个航点，许可进近，那么当飞过 UKDOW 航点的时候，在没有特殊指令的条件下必须要执行一个程序转弯。假如图上标明了程序转弯的出航边长度为 4 n mile，那么应过 UKDOW 航点之后向相反航向飞 4 n mile，然后向右转弯，切入最后进近的预设航道，继续完成进近着陆。

当过 UKDOW 这个航点之后，调整预设航道 342°，然后可以下降高度到 2 700 ft。当飞机到达 LASSN(FAF)之前 2 n mile 时，机载 GPS 会告知飞行员进入最后进近模式；同时，GPS 的定位精确度也会精确到 HSI 航道，偏离杆每偏 1°实际偏离 0.3 n mile。如果 GPS 接收机没有显示最后进近模式，那么继续进近是不安全的。这很有可能是因为没有足够的卫星信号被机载接收设备接收到，导致 GPS 机载接收设备没有过渡到进近模式。此时，飞行员要果断执行复飞程序，保持最低下降高度平飞至复飞点，然后按照复飞程序爬升至安全高度。

2. 引导进近

所谓引导进近就是航路管制员会通过地面雷达，检测到飞机的航迹、速度和高度，从而对飞机进近进行引导，通常情况下会将飞机引导至离最后进近定位点 7～8 n mile 的距离。飞行员只需要设定好最后进近的预选航道，然后按照进场管制员给出的航向和高度来实施飞行即可。飞机切入最后进近的预设航道，便可以根据机载接收机提供的方位信息继续完成进近着陆。美国大多数商业飞行都采用引导进近。因为这种进近方式能更好地缩短进近时间，有效利用空域。这种进近特别对旧金山、洛杉矶等交通繁忙的国际机场更为有利。

6.4.2　GPS 进近程序的实施方法

以图 6.16 为例，在最后进近航段，GPS 只为飞机提供水平方位引导信息，该 GPS 进近程序属于非精密类进近程序，从图中的能见度(VIS)和最低下降高度/高(MDA/MDH)也可以看出该进近程序的类型。也就是说，飞行员必须判断该机场的能见度达到进近图上对能见度的要求，同时飞行员在下降到 MDA 时能够建立足够的目视参考，才可以完成进近着陆。缺少以上任一条件，飞行员都不能下降至 MDA 或 MDA 以下的高度，必须执行复飞程序。具备和不具备下滑道信息的 GPS 进近程序实施方法如下所述。

1. GPS 非精密进近程序的实施

IASCO 航校仪表飞行阶段使用的是塞斯纳 172R 机型，其机载 GPS 接收机较简易，不具备广域增强系统，在最后进近航段，GPS 只能为飞行员提供方位引导信息，来完成 GPS 非精密进近。其实施过程与 VOR 非精密进近程序类似，都是采用逐步下降高度改平飞的方式来完成进近着陆。

当飞过 LASSN(FAF)航路点之后，首先要保证飞机在正确的预设航道上。如果在强侧风的天气实施进近，则航向跟预设航道可能会有一定的偏差，应将空速调整到 90 kn，调整飞机的油门，保持 700 ft/min 的下降率下降。在距跑道 2.2 n mile 之前必须下降至 1 240 ft 并将飞机改为平飞姿态。待 GPS 显示距跑道 342.2 n mile 时，可以继续下降到 MDA 940 ft 改为平飞。在飞机到达目视下降点(VDP)之前，即使飞行员看到跑道，也不能下降到低于最低下降高度。当飞机飞过目视下降点，飞行员建立要求的目视参考时，才可以下降高度进近着陆。如果飞行员一直没有建立要求的目视参考，则需要保持 940 ft 的高度平飞至复飞点，然后执行复飞程序。这时飞行员要及时联系塔台管制员或者进近管制员，请求进一步的许可指令，根据管制员给出的指令来执行公布的复飞程序或者引导的复飞程序。

2. GPS 精密进近程序的实施

GPS机载接收设备具备广域增强系统,使得机载接收机对接收卫星信号的精度和可靠性满足非精密进近着陆的要求。但是,该系统接收的信号精度还是达不到ILS等精密进近设备的精度要求。虽然在进近过程中会提供下滑道的信息,但是无法将飞机引导到200 ft的决断高度,所以仍然属于非精密类进近程序。也就是说,飞行员必须判断该机场的能见度达到进近图上对能见度的要求,同时飞行员在下降到决断高度且能够建立足够的目视参考时,才可以完成进近着陆;否则,缺少以上任一条件,飞行员都不能下降至决断高度或者决断高以下,飞行员仍然应该保持决断高度平飞至复飞点,然后执行复飞程序。

IASCO航校的商照飞行训练中使用的是Duchess BE-76双发机型,其机载GPS接收机具备WAAS系统,因此,飞过FAF之后,不仅会为飞行员提供水平方位的引导信息,还会提供垂直方位的下滑道信息。但是与ILS这种精密进近能将飞机引导至距离跑道200 ft的决断高度相比,GPS进近程序的决断高度会更高一些。相比较上面说到的LNAV进近程序,最低下降高度是940 ft,而且有了下滑道信息之后,可以将飞机引导至790 ft的决断高度。

飞机在飞至距离FAF 2～3 n mile时,会接收到GPS进近程序的下滑道信号。当飞过FAF之后,其实施方法与精密进近程序的实施方法相同。飞行员可根据GPS机载接收机提供的下滑道引导信息下降至决断高度。首先要调整空速至95 kn,保持500 ft/min的下降率下降至决断高度790 ft。如果到达决断高度,飞行员取得了足够的目视参考,则可以继续下降至更低的高度,完成着陆。如果到达决断高度,飞行员仍然没有建立足够的目视参考,则这时应该立即执行复飞程序。

6.4.3 GPS 进近程序的复飞程序

复飞,即由于当飞机下降到最低下降高度或者是决断高度时,飞行员仍然不能建立足够的目视参考或者机场有障碍物或飞机本身(如起落架等)故障以及其他不宜降落的条件存在时飞行员决定中止继续进近着陆,并操纵飞机由下降或者平飞转入爬升的过程。飞机降落是一个复杂的技术过程,当决定复飞时,应加大油门,以免错过最佳复飞时机。尤其是在能见度较低的天气条件下,如果不及时复飞会极大地危害飞行安全,严重的情况下可导致机毁人亡。复飞之后要积极跟塔台管制员和进近管制员联系,按照发布的进近程序或者管制员给出的指令复飞至安全高度,然后再次尝试进近和着陆。

以图6.16为例,在航路飞行时,向34跑道实施GPS进近之前,实施进近的飞行员要向机组成员讲述整个进近程序,同时也要讲述复飞程序也就是进近图中“Miss Approach”一栏的内容,提前做好复飞准备,以便在复飞时在第一时间作出准确的反应。雷丁机场34跑道的GPS进近图中发布的复飞程序要求:首先爬升至5 000 ft,直飞到OVICU航路点。然后右转弯,沿预设航道093°飞至ITMOR航路点,加入等待程序。在进近图右上角明确标出了ITMOR航路点作为等待定位点的等待程序(该等待程序为非标准等待程序,出航限制航迹为177°,入航航迹为357°,出航边限制为5 n mile)。飞机使用平行加入的方法进入等待程序。如果管制员没有其他指令,则在等待航路点ITMOR保持110 kn的速度、5 000 ft的高度等待,直至进近管制员给出新的指令将飞机引导至某一个起始进近定位点或者引导飞机切入最后进近的预设航道,来实施在第二次进近。

6.4.4　GPS 进近 RAIM 缺失的应对措施

在美国航校的飞行训练中，大部分飞机都使用 GPS 作为起飞离场、航路导航和非精密进近阶段的导航设备。但是，使用 GPS 作为进近导航设备仍然存在一定的问题，比如进近定位精度不够、完整性检测及故障报警能力不足、在地势复杂的山区和存在较强信号干扰的地区卫星信号易被遮挡且出现 RAIM 缺失等，严重危害了飞行安全。其中，在实施 GPS 进近程序时，由于各种情况导致 GPS 机载接收机 RAIM 缺失是一种对仪表飞行安全危害较大的情况。

1. RAIM 概述

GPS 机载接收机可以接收卫星向用户发送的信号。但是对于民航应用而言，卫星信号存在滞后时间过长的问题，这就需要机载接收机装备能够保障信号接收的完好性。其中，RAIM 技术就是一种重要的、不可或缺的检测卫星导航系统故障和保障其完好性的方法。

当用户不能够接收到 5 颗以上卫星的信号时，机载设备会对飞行员以不断闪烁的 RAIM 缺失“NO RAIM”的字样进行提示，这种情况并不代表卫星出现故障，也有可能是飞机当时所在的区域有障碍物或者强磁场，使得接收机无法接收到足够的卫星信号。当飞机不能接收到 5 颗卫星的信号(实际是最少 4 颗卫星，飞机为了一定的安全裕度考虑，要求 5 颗卫星，或者 4 颗卫星加一个能调气压的高度表)，或者一颗卫星的信号都接收不到时，便出现了 RAIM 缺失的情况。所以当出现了这种情况时，飞行员不能再相信 GPS 提供的方位信息。尤其是当实施 GPS 进近程序的时候，如果出现了 RAIM 缺失的情况，必须立刻联系进近管制员，中断继续进近。因为此情况下，GPS 所提供的任何信息都是不可靠的。如果继续进近可能会导致十分严重的后果，此时只能选择其他的导航设备来完成进近着陆。

2. RAIM 存在的问题

美国联邦航空局规定所有机载 GPS 接收机都必须具备 RAIM 功能。RAIM 技术能够准确及时地发现卫星信号故障信息并向飞行员发出警报。同时，RAIM 具有自主性好、无需地面设备支持和价格低廉等优点。但是，RAIM 也并不是处处都可用，其缺点主要体现在以下两个方面。

① RAIM 对机载接收设备所能接收信号的卫星数目有严格的要求，同时对卫星所在的位置也有要求。当机载接收设备接收的卫星信号少于 5 颗卫星所发信号时，接收设备便会向飞行员指示 RAIM 缺失的情况，即使 4 颗卫星也能够为飞机提供方位信息。当飞机处于地势复杂的山区或者存在信号干扰源的地区时，机载接收设备无法获得足够的卫星信号，导致 RAIM 不可用。

② 机载 GPS 设备中的 RAIM 系统无法得到及时的维护。在航校的仪表飞行训练中，如果按照仪表飞行规则飞行，该飞机的机载 GPS 接收机数据库必须及时更新(28 天必须更新一次)。但是这只是更新数据库中的航路点等信息，并没有对 RAIM 信息做到及时的维护。

3. GPS RAIM 缺失的应对措施

当 GPS 机载接收设备所接收的卫星信号少于 5 颗卫星所发信号时，机载接收设备会向飞行员发出 RAIM 缺失的警报。此时，飞行员应当执行准确的应对措施。

① 以预防为主，从根本上减少安全隐患。要在起飞前做好充足的航前准备，在起飞前要对飞行航路和进近终端区的 RAIM 进行预测，确保该区域 RAIM 可用后再实施飞行。

在做飞行计划任务时,要仔细检查飞行航路周围是否存在高大的山脉、湖泊和强磁场等,以免影响飞机接收卫星信号。同时,飞行员也可以通过网络查询实时的 NOTAM(航行通告)来了解本次飞行计划航路是否飞经卫星信号无法覆盖的区域。如果存在影响卫星信号接收的因素,飞行员可修改计划航路,绕飞该区域,或者飞至该区域时,使用其他机载导航设备来为飞机导航,以确保飞行安全。

同时,在飞机的日常维护中,如果该飞机用于仪表飞行训练,运营人必须保障该飞机的机载 GPS 接收机得到及时的维护;不仅仅应该按时更新 GPS 航路点数据库,更应该对机载接收设备的 RAIM 系统进行定期检测,确保该系统工作正常,并将维护日志填写到飞机日常维护记录本上。飞行员在起飞前可通过查阅该记录本来确认该飞机的 RAIM 系统是否工作正常。

② 在起飞前检查时,飞行员要手动确认机载 GPS 接收机是否完成日常维护以便正常使用,以及是否及时更新至有效的航路点信息库。如果机载设备显示 RAIM 不可用,则飞行员无法使用 GPS 来进行航路导航,更不可能使用它完成引导飞机进近着陆。同时,飞行员无法将航路点从 GPS 数据库中选择出来,GPS 也不会向飞行员提供任何方位信息。所以,飞行员可在地面尝试是否能成功将信息库中的航路点调出来,在确保机载 GPS 接收机和 RAIM 系统能正常工作的前提下,再执行飞行任务。

③ 航路引导过程中出现 RAIM 缺失。在航路飞行时,飞机一般处于比较高的飞行高度,处理时间相对充裕。即便发生 GPS RAIM 缺失的情况,对飞行安全的威胁也相对会较低一些。首先,应当立即联系航路管制员,报告相关问题。其次,如果情况允许,在保持安全高度的前提下,可以多重复几次从 GPS 数据库中调出所需航路点;如果反复几次都无效,可以尝试手动输入航路点的代码。如果还是不能将正确的航路点输入,那么该航路区可能存在较强的电子信号干扰,或者存在其他影响机载设备无法正常接收卫星信号的因素。这时,要使用飞机上的 VOR、NDB 等导航设备实施导航。飞离该区域后,可以再次尝试 GPS 是否工作正常。

④ 使用 GPS 进近程序时出现 RAIM 缺失。在进近着陆过程中,飞机一般处于着陆姿态,飞行高度和飞行速度都比较低。所以在这个时间段出现 RAIM 缺失,飞行员的处理时间会非常紧张,对飞行安全的危害程度也比较高。

以图 6.16 为例,假如飞机正在向雷丁机场实施 34 跑道 GPS 进近程序。

假如飞机飞到 LASSN(FAF)之前,出现 RAIM 缺失的情况,机载接收设备不会提示 GPS 进入进近模式。这时飞行员要立刻改平飞,飞机不能再继续下降高度,同时要立刻跟进近管制员联系,请求引导复飞。目前,美国绝大部分民用飞机都是用 GPS 来替代 DME 向飞行员提供距离信息。因此,在进近过程中出现 RAIM 缺失,飞行员较难以把握距离信息,这对飞行安全的危害是极大的。

在飞机飞过 FAF 之后,在这个时间段时出现 RAIM 缺失的情况,机载 GPS 会延迟 5 min 发出警报信息。因为设计者考虑到,FAF 距跑道只有 6.7 n mile 的距离,以正常进近的速度 90 kn,只需要约 4 min 的时间就可以到达跑道完成着陆。对于进近速度较大的大型飞机来说,所需的时间更少;而且这段时间是飞行事故的高发期,飞行员的精神高度紧张,随着高度的下降,飞行员还需要对机场跑道建立足够的目视参考。所以,机载 GPS 延迟发出警报的目的是为了飞行员专心操纵飞机着陆。

6.5　仪表进近程序实施的注意事项

仪表进近过程中影响进近安全的因素较多，例如飞机状况、周围地形、天气条件、交通管制和飞行学员的操作等。下面根据飞行学员在国外航校的飞行经验，结合雷丁机场、桑福德国际机场和基西米机场的实际来说明仪表进近程序实施的注意事项，提出相应的措施。

6.5.1　雷丁机场仪表进近注意事项

雷丁机场(Redding Municipal Airport，三字代码：RDD；四字代码：KRDD)位于美国加利福尼亚州北部，雷丁市东南10 km，主要是用于通用航空，机场航班由地平线航空公司和美国联合快运提供。机场占地641 hm^2，有2条沥青跑道，平均每天211个航班。雷丁机场三面环山并靠近海边，这一地理环境决定了雷丁机场是一个比较湿润的机场。在夏季，来自海上的湿润气流，加上空气流通性较差，带来长达两个月的雨季；而且在初冬时节，来自北方湖泊上的气团会给雷丁机场造成大雾。尽管飞机上的设备越来越先进，但是恶劣天气对进近的影响仍然没有消除。下面根据飞行学员在雷丁机场的飞行经验，分析恶劣天气对进近产生的影响。

1. 做好在恶劣天气情况下进近的准备

在雨季的雷丁，恶劣天气下的仪表进近时间比往常要多得多。在仪表飞行训练的时候，如果遇到这样的天气，一般要和教员商量策略，共同决定是否终止飞行。如果教员认为这种天气情况下他有能力去解决问题，那就应该去积极配合。所以，机组之间的合作是十分重要的。

在飞行之前，首先了解飞机计划飞行路线的天气情况。在国外航校飞行训练时，一般由气象简报员来告知自己航路上的情况。了解自己的航路上的风向、风速、机场通播、飞行员天气报告，以及航路上是否有危险情况，例如禁区、空中颠簸、风切变、下击暴流、雷暴和积冰情况，并且详细了解自己航路上的地形以及可用的备降机场，切忌飞入未知环境。

其次，需要了解飞机状况。在天气情况比较差的时候一定要注意飞机的状况，尤其是能见度比较低的时候，遇到发动机失效是比较难处理的。所以在飞行之前，详细了解飞机的情况是非常必要的。

最后是飞行人员的准备情况。人的因素在飞行安全中占据一个非常主要的部分，飞行人员的准备情况、身体状况决定了一次飞行的成功与否。对于人员，一般采用“IMSAFE”检查单：① Illness(是否生病)。疾病会影响飞行员的操作能力和反应能力。② Medication(是否吃药)。不经过航医批准的药物使用，对飞行人员有着不良影响。③ Stress(压力)。压力过大会影响飞行员的心情及其操作。④ Alcohol(酒精)。酒精会对人产生很大的影响，容易引起一系列的并发情况，例如高空失水、缺氧、反应变慢等，所以规定飞前8 h不得饮酒，血液中酒精含量低于0.04 g/100 mL的时候才符合飞行条件。⑤ Fatigue(疲倦)。疲倦意味着反应变慢，与长途飞行和飞前没休息好有关。⑥ Emotion(心情)。带着不良心情去工作不是一个好的主意，包括兴奋、愤怒和悲伤等让人情绪波动很大的心情。

在恶劣天气情况下，机组人员经过开车、滑行、起飞之后已经比较劳累了，在进入恶劣天气的时候，很容易产生错觉，此时，飞行员需要做的事情就是相信飞机仪表，而不是凭感觉飞行。进近的时候也是机组工作最繁忙的时候，要做到有条不紊，以防慌乱中发生错误。进近的时候要严格按照机场公布的进近图或者穿云图来进行,明确塔台的指令,并根据实际情况来判断是否要进行复飞并为其做好准备。

2. 颠簸的解决方案

颠簸在飞行中作为一种常见的飞行情况,对飞机的结构损害较大。在遭遇颠簸的时候,一般采用人工驾驶的方式,不要强行控制飞机,可以采取降低或者爬升的方式远离颠簸区域。一般在颠簸的时候,飞行手册中都会有穿越颠簸气流的最佳速度,一般需要保持这个速度来避免飞机结构受损。在夏季炎热的天气,向34号跑道进近的时候,经过5 n mile之外的农田之后来到夯土地段,地面温度变化较快,加之飞机此时高度比较低,所以属于颠簸比较厉害的阶段。在此阶段,需要注意控制飞机的速度,防止速度过低造成颠簸失速。

3. 低能见度的危害与应对措施

低能见度在雷丁的雨季和秋冬季是比较常见的,雨季是低云低能见度的高发时期,在云中会遭遇颠簸、积冰和错觉等状况,所以及时了解天气情况是十分必要的。

① 无法判断障碍物。在低能见度情况下难以判断航路附近的障碍物,所以只能保持安全高度并严格按照航路路线飞行,防止撞击到机场周围障碍物。一般在机场周围高大的建筑物上会有灯光指示,只有在能见度较好时才能在远处看到灯光并及时避开。在低能见度时需要听从ATC的指令,切勿根据经验盲目自己做主。

② 积冰。在可见水汽和0°结冰面的时候会产生积冰。在大雾天气或者云中很容易产生积冰,而且能见度差时机翼两侧的积冰比较难发现。当产生积冰时需要飞行员注意自己的飞行高度和速度,并及时断开自动驾驶,采用手动驾驶的方式操纵飞机并远离积冰区域。

③ 颠簸。在云中,尤其是在云层有纵向发展的趋势时更加需要注意。上文中提到,在云中遭遇颠簸的时候一定要注意不要强行控制飞机,应该将飞机速度控制在最佳颠簸进入速度,防止飞机的结构遭到损坏。在空中,很多危险都是由于颠簸造成的,比如说飞机在低速情况下,颠簸可能会引起飞机的失速。

④ 无法看到的雷暴天气。在雷暴发生的天气,尤其是在云中,如果没有气象雷达的辅助,飞行员很难找到雷暴所在的方位并避开雷暴。所以在飞行前要详细了解雷暴的位置和移动方向,在飞行中可以咨询控制中心来确定自己是否处于安全地带。假如飞机上有气象雷达,在飞行前应该了解怎么样认读飞机雷达颜色,做到提前了解,提前预防。

⑤ 错觉。在低能见度下,尤其是在云中很容易产生错觉,比如假地平线。假地平线一般是由于云是倾斜的造成的,飞行员误把云当做地平线,操控飞机转弯或者爬升、下降。在这个时候,飞行员不应该相信自身的感觉,应该相信自己的仪表,跟随仪表飞行。

当在低能见度天气状况下进近时,如果到决断高度或者最低下降高度还不能通过目视来降落,则需要立即中断进近并复飞,但切忌操作过猛,粗暴控制飞机将造成危险。

综上所述,在低能见度条件下飞行中,飞行员要做到有条不紊,不能粗暴地控制飞机,而且最重要的是机组之间的有效合作和相信仪表。

4. 降雨的应对措施

降雨是一种常见的天气,但是对于航空来说,降雨并不是一件有利于飞行的事情。如果飞机的表面温度低于0°,会引起结冰。在上文提到了,一般有可见水汽的时候会产生积冰,而且较难去除,所以,在飞行的时候一般要避开结冰层,防止飞机因为积冰问题产生危险。比如皮托管被冰堵住,空速表就是不准确的;静压孔被堵住,飞机的升降速率表、高度表和速度表都是不准确的,而且,如果此时使用自动驾驶,系统则会产生误判,造成危险。

降雨还会产生雨光屏的现象。水流在玻璃上,由于风的作用,水流是向后走的,遮挡飞行人员的视线,而且会造成飞机在下降的错觉。所以在飞行训练中应该通过模拟机来模拟降雨、暗光线下的飞机进近,以减小实际飞行中的犯错概率。

降雨带还会导致跑道上产生水层。在飞机降落的时候,如果跑道排水性不好,道面上的积水会对飞机产生“滑水”的现象。

滑水指的是飞机在潮湿或者带水的跑道上高速运动的时候,由于水具有浮力,在飞机达到一定速度的时候水面将会托起机轮,造成一种飞机浮在水面上的现象。此时飞机将会出现刹车失灵或失去操控能力的情况,如图 6.20 所示。

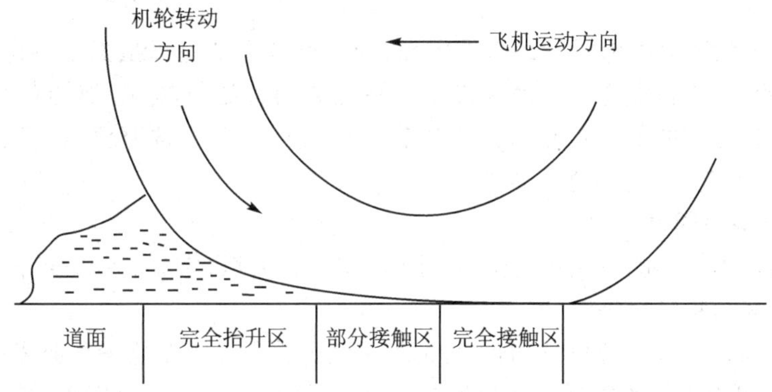

图 6.20　飞机滑水现象示意图

滑水分为三种类型:动力滑水、粘性滑水和橡胶还原滑水。动力滑水一般发生在水层比较厚的情况下,像小船一样浮在水面之上。粘性滑水一般在水层较薄的时候或者道面潮湿的情况下出现。橡胶还原滑水一般发生在无锁死保护装置的机轮中,橡胶摩擦生热,产生水蒸气将飞机托起来。滑水会导致飞机机轮离开地面,较小飞机机轮的摩擦力,导致飞机基本失去或者失去刹车能力,同时,对飞机的操控性产生非常大的影响,严重的时候会造成爆胎,产生危险。

解决飞机滑水的方式有很多种,比如采用稍大一点的下降率接地砸透水层,或加大跑道排水能力,减少道面上的积水,以增加飞机降落的安全性。另外,机场相关人员需要对跑道进行定期维护,保持道面的平整。对于飞行学员来说,应该多模拟在积水跑道上的降落,并且在降落的时候,以小幅度刹车、发动机反推的方式作为刹车方式,从而减小滑水的可能性。

6.5.2　桑福德国际机场和基西米机场仪表进近注意事项及应对措施

下面结合飞行学员的实际飞行经历来阐述影响仪表进近程序实施的因素及应对策略。

1. 空中交通管制

桑福德国际机场和基西米机场是 Aerosim 航校飞行学员平时训练的两个主要机场。桑福德国际机场属于 C 类空域,基西米机场属于 D 类空域。这两个机场都在奥兰多 B 空域下边。而奥兰多国际机场是美国国内几个繁忙的机场之一。所以飞行学员平时训练进近时经常与大飞机在同一进近程序同时进近,这时管制员就会要求飞行学员进近时适当增加速度来控制空中交通流量。这就意味着每个进近航段的飞行时间缩短了,飞行学员需要短时间内在控制飞机的前提下完成相应的检查单。飞行学员正处于飞行技能的养成阶段,对于飞行学员来说,任务多,责任大,难度之大可想而知。因此,飞行学员在每次飞行之前,需要把要飞行的内容掌握好,把检查单记住,提高自己的情景意识,从而不断提高飞行技能。

2. 部分仪表失效

Aerosim 航校在仪表飞行阶段使用的是 SR-20 飞机。SR-20 是极其先进的训练机型,其仪表盘主要包括 PFD(Primary Flight Display,主飞行显示器)、MFD(Multi-Function Display,多功能显示器)、两个 GPS、备用速度表、备用姿态仪和备用高度表等。航校飞行规则要求飞行学员练习部分仪表进近,教员把 PFD 遮住,让飞行学员来看两个 GPS、MFD、备用速度表、备用姿态仪和备用高度表,其目的在于模拟部分仪表失效时进近。如果出现这种情况,就要求飞行学员反应迅速,准确地判断出哪个或哪几个仪表失效,从而做出应对策略,并核实紧急检查单,调整注意力分配,利用备用仪表进行进近。

3. 周围地形

Aerosim 航校位于美国佛罗里达州的中部,为平原地形。这里虽然没有山区对飞行的影响,但是森林茂密,对飞行安全存在潜在影响。在距离桑福德机场 9L 跑道的地方,高大的树木会影响仪表进近程序的最后进近航段。这就要求飞行员严格按照仪表进近程序的标准进近,不能存在高度偏差,避免撞到障碍物。

4. 天气条件环境因素

天气条件环境因素影响着飞行安全,这些因素包括:大风、雷暴、风切变、降雪和跑道条件(潮湿度、形状和表面粗糙度等)。

在基西米机场,一年四季都有影响飞行的坏天气。夏秋季节是雷暴的频发季节,每天下午的时候有 90%的可能性产生雷暴。教员说,由于佛罗里达特殊的气象因素,夏季白天温度高,地表温度随之升高,水汽就会上升,形成浓积云,这些云聚集在一起下午就会形成雷暴。因此,飞机不能飞进雷暴区域。避开雷暴的方法有改变飞行航线、改变飞行高度层、进行空中等待、绕飞和返航等。冬春季节,多大风和低云天气。

为了应对恶劣天气,飞行学员要做好充分准备:

① 每次起飞之前了解起飞机场、航路、目的地机场、备降机场的天气情况;

② 除了充分利用气象部门为机组提供的准确、实时、直观的气象产品外,还要充分利用好航空器空中探测数据;

③ 遇见恶劣天气时,严格执行飞行手册,切勿存在侥幸心理。

5. 飞行学员的操作

飞行学员处于飞行技能的形成阶段,在进近阶段容易出现错误。下面根据飞行经历及压座情况,分析飞行学员在进近阶段的几个常见错误。

① 飞行学员不能够及时发现航向道偏差。在起始进近阶段,如果飞行学员把注意力集中在控制飞机姿态和速度上,则容易忽略航向道微小的偏差。以 Aerosim 航校一名飞行学员在学习 GPS 进近时的情况为例,当飞机开始进近切入航向道时,这名飞行学员一直把注意力集中在航向和最后进近径向线上,认为只要航向和最后进近径向线相一致,飞机就不会飞偏,反而忘记了检查 CDI,使飞机越来越偏离最后进近径向线,最后不得不进行复飞。在进行飞行后总结时,由于失误,该学员受到了飞行教员的严厉批评。

② 难以保持稳定的下降率下滑。进近过程是一个不断地下降高度、调节速度、为着陆创造良好条件的过程。对于精密进近,飞行学员一定要按照下滑道下滑;对于非精密进近,要严格保持飞行程序要求的下降率下降,以保证飞机安全着陆。但飞行学员在进近过程中,由于注

意力没有得到很好的分配，导致下降率在一个较大的范围内波动。

③ 飞行学员情景意识低下。飞行学员在进近过程中，认为只要是控制好飞机，并完成进近与着陆就行。这样的认知不是完全正确的。在航校训练时，由于机场是个国际机场，在进近时有可能与大飞机在同一进近程序一起进近，这就要求飞行学员通过陆空通话来保持良好的情景意识。根据实际情况，适当地做出速度和高度的调整。

飞行学员要认真对待这些错误，找出错误的原因，虚心学习，认真改正。对于 Aerosim 航校的每位飞行学员来说，在仪表飞行阶段都有 77 h 的 LOFT 时间(用于积累飞行时间)，所以学员们应当抓住这 77 h，用于练习仪表进近程序，不断提高自己的飞行技能，培养良好的心理素质，保证飞行安全。

复习思考题

1. 仪表进近程序一般可以划分为哪些航段？每个航段的作用是什么？
2. 进近程序可以分为哪几种类型？
3. 仪表进近程序的模式有哪几种？
4. 仪表进近图的目的和作用是什么？
5. 仪表进近图的基本布局是怎样的？请画图说明。
6. 仪表进近图的标题栏包含哪些基本信息？
7. 仪表进近图的平面图包含哪些基本信息？
8. 仪表进近图的剖面图包含哪些基本信息？
9. 仪表进近图的着陆最低标准包含哪些基本信息？
10. 精密进近和非精密进近的最低着陆标准有什么区别？
11. 仪表进近程序实施的注意事项有哪些？
12. 列出标准仪表离进场图相关的航图简缩字，并写出英文全称和含义。
13. 结合本章附录中的图 6.21～图 6.28，描述仪表进近程序的实施过程。

本章附录

图 6.21～图 6.28 为本章收录的部分杰普逊仪表进近图。

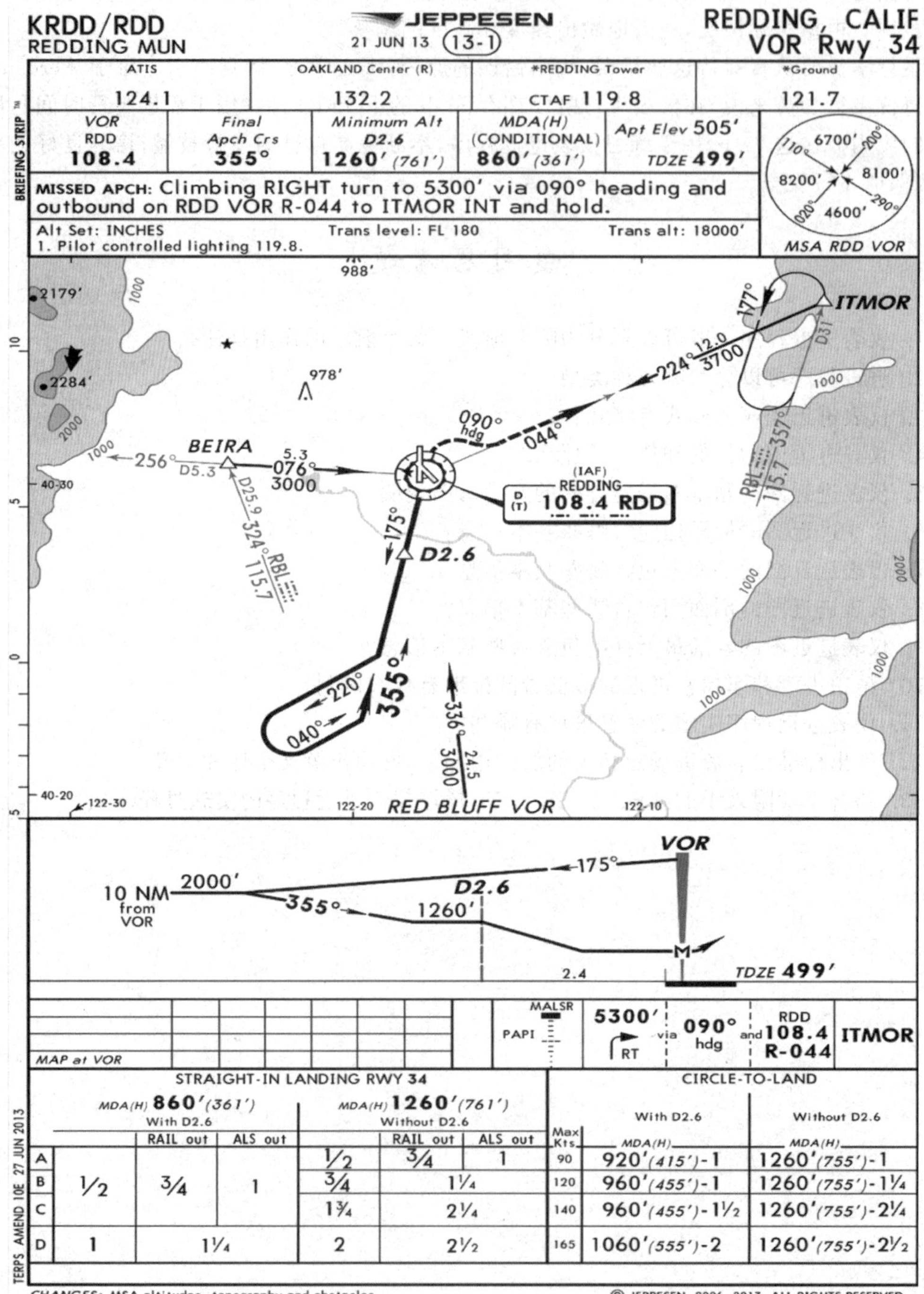

	MDA(H) 860′(361′) With D2.6	RAIL out	ALS out	MDA(H) 1260′(761′) Without D2.6	RAIL out	ALS out	Max Kts	With D2.6 MDA(H)	Without D2.6 MDA(H)
A	1/2	3/4	1	1/2	3/4	1	90	920′(415′)-1	1260′(755′)-1
B				3/4	1 1/4		120	960′(455′)-1	1260′(755′)-1 1/4
C				1 3/4	2 1/4		140	960′(455′)-1 1/2	1260′(755′)-2 1/4
D	1	1 1/4		2	2 1/2		165	1060′(555′)-2	1260′(755′)-2 1/2

图 6.21　VOR Rwy 34 进近图

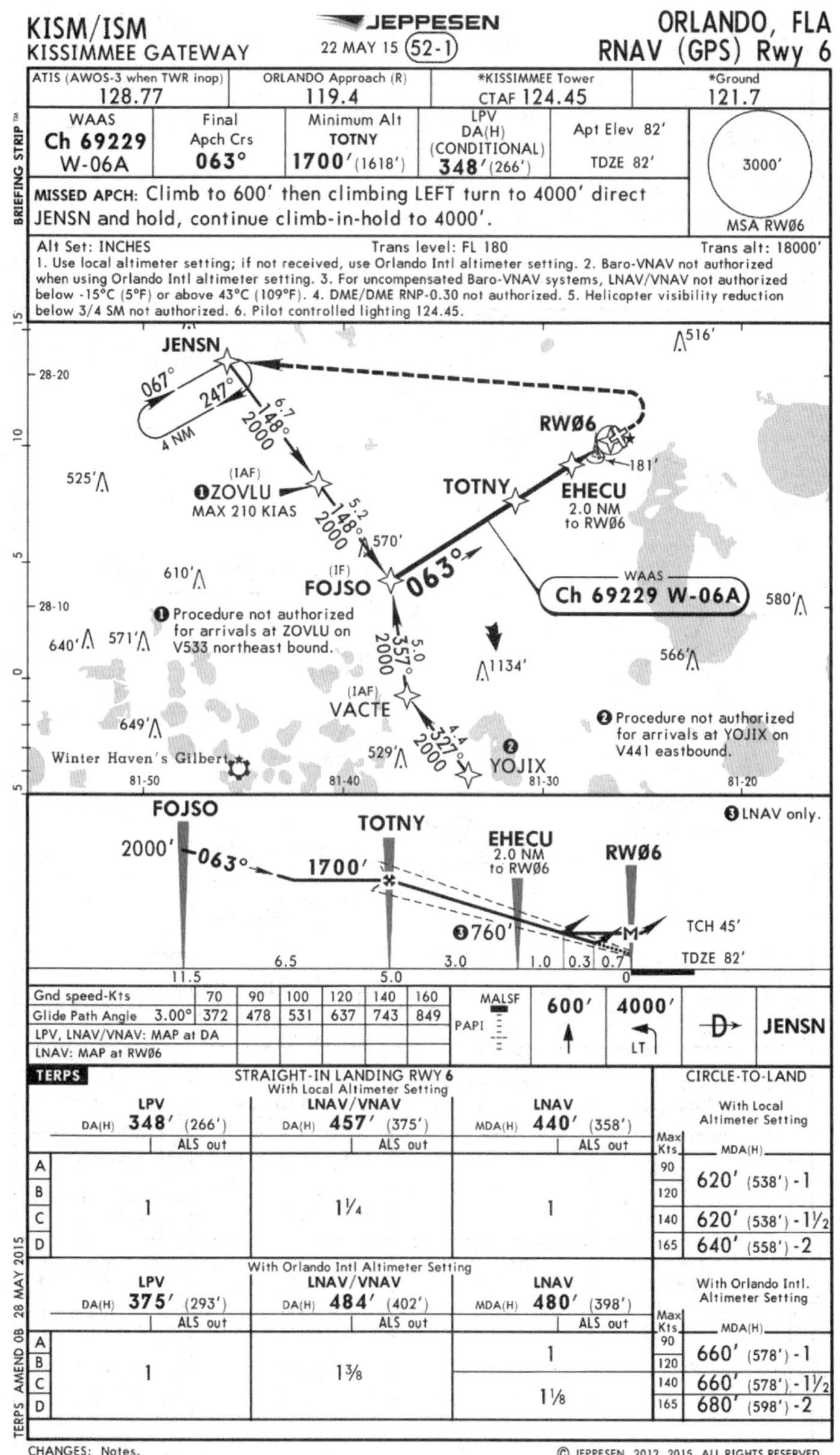

图 6.22 RNAV (GPS) Rwy 6 进近图

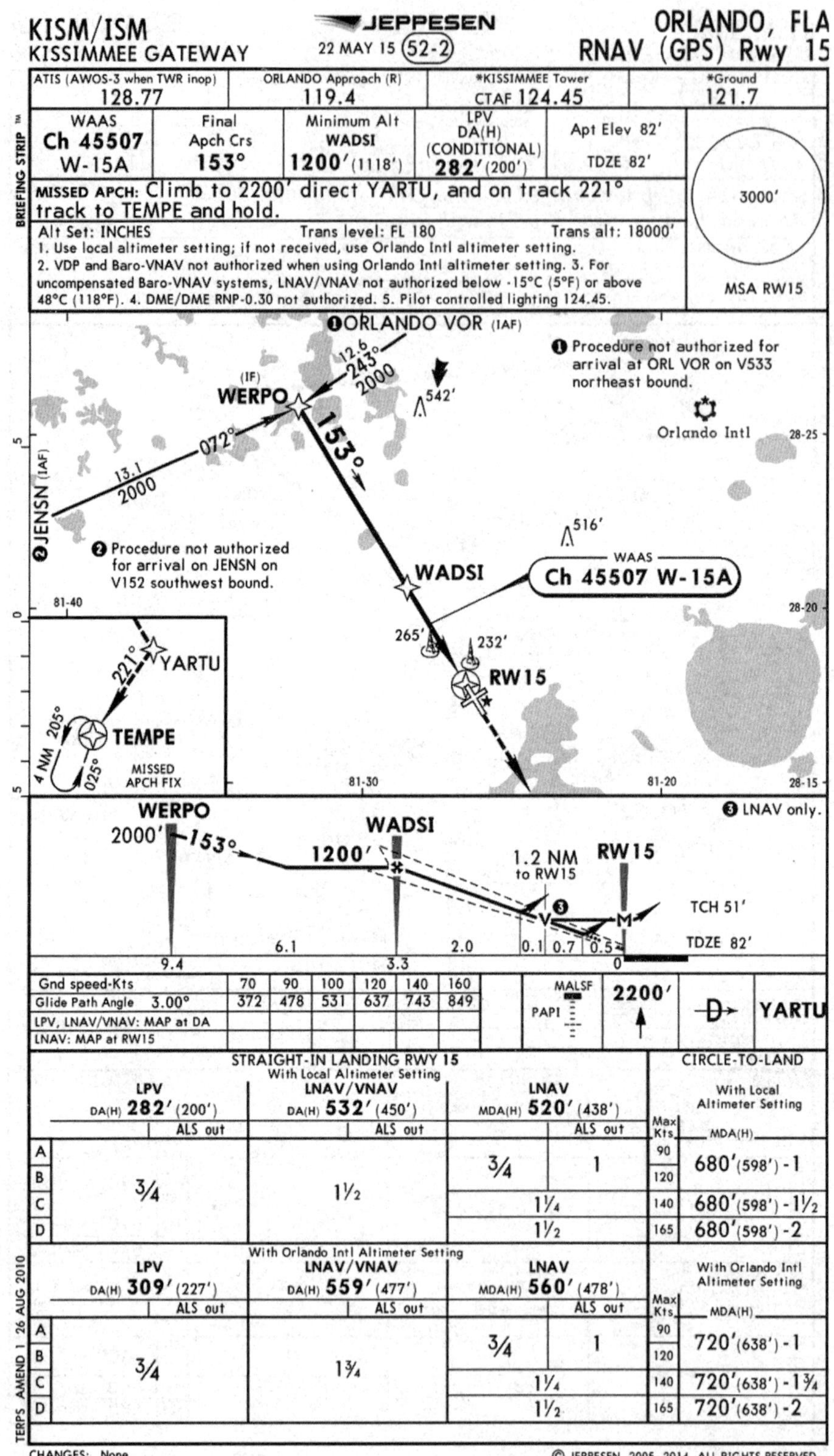

Gnd speed-Kts	70	90	100	120	140	160
Glide Path Angle 3.00°	372	478	531	637	743	849
LPV, LNAV/VNAV: MAP at DA						
LNAV: MAP at RW15						

STRAIGHT-IN LANDING RWY 15 — With Local Altimeter Setting

	LPV DA(H) 282′(200′)	LNAV/VNAV DA(H) 532′(450′)	LNAV MDA(H) 520′(438′)	LNAV ALS out	Max Kts	CIRCLE-TO-LAND With Local Altimeter Setting MDA(H)
A	3/4	1½	3/4	1	90	680′(598′)-1
B	3/4	1½	3/4	1	120	680′(598′)-1
C	3/4	1½	1¼		140	680′(598′)-1½
D	3/4	1½	1½		165	680′(598′)-2

With Orlando Intl Altimeter Setting

	LPV DA(H) 309′(227′)	LNAV/VNAV DA(H) 559′(477′)	LNAV MDA(H) 560′(478′)	LNAV ALS out	Max Kts	With Orlando Intl Altimeter Setting MDA(H)
A	3/4	1¾	3/4	1	90	720′(638′)-1
B	3/4	1¾	3/4	1	120	720′(638′)-1
C	3/4	1¾	1¼		140	720′(638′)-1¾
D	3/4	1¾	1½		165	720′(638′)-2

图 6.23 RNAV (GPS) Rwy 15 进近图

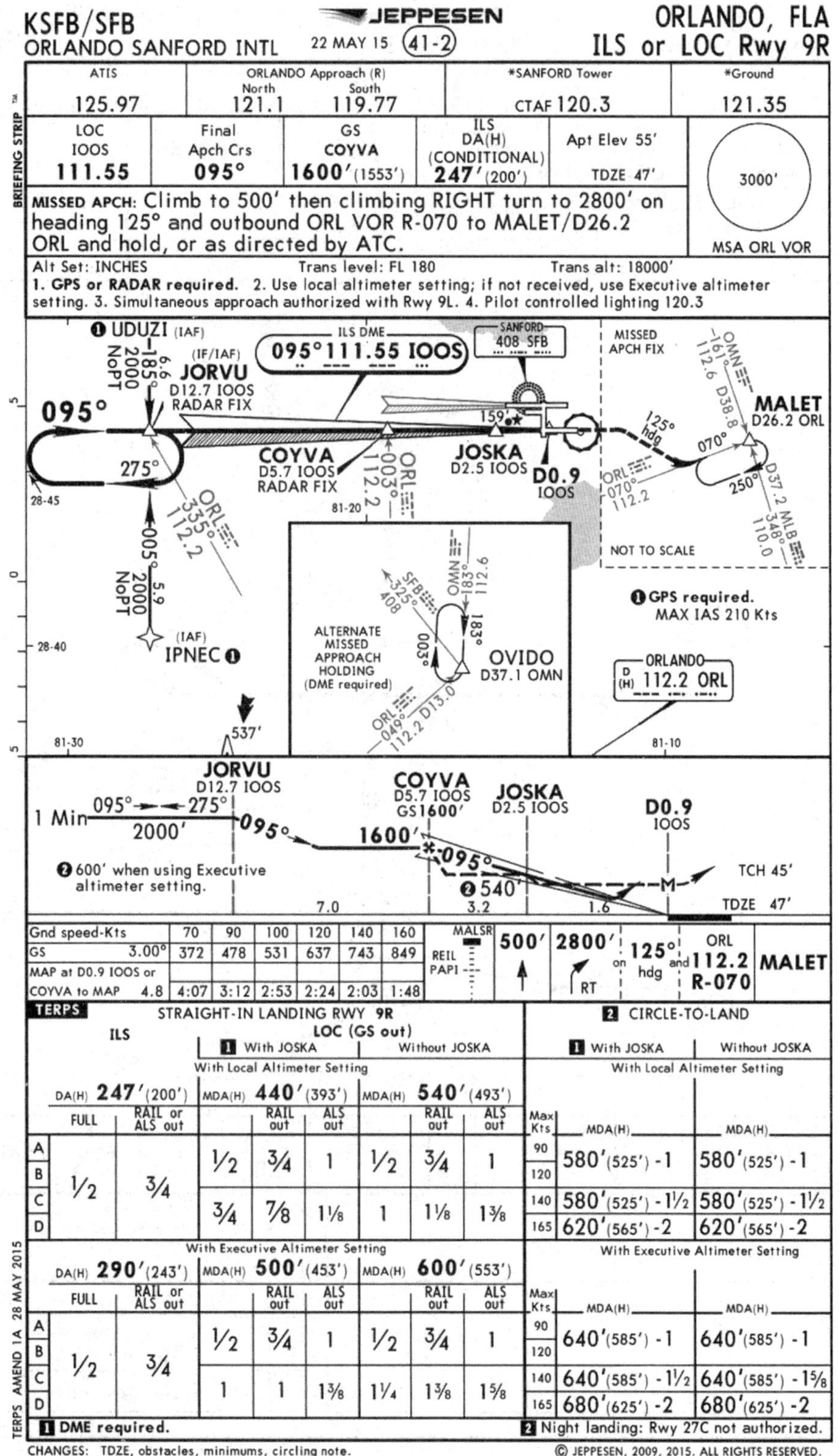

	ILS DA(H) 247′(200′) FULL	ILS RAIL or ALS out	LOC With JOSKA MDA(H) 440′(393′) FULL	RAIL out	ALS out	LOC Without JOSKA MDA(H) 540′(493′) FULL	RAIL out	ALS out	Max Kts	Circle With JOSKA MDA(H)	Circle Without JOSKA MDA(H)
With Local Altimeter Setting											
A	1/2	3/4	1/2	3/4	1	1/2	3/4	1	90	580′(525′)-1	580′(525′)-1
B	1/2	3/4	1/2	3/4	1	1/2	3/4	1	120	580′(525′)-1	580′(525′)-1
C	1/2	3/4	3/4	7/8	1 1/8	1	1 1/8	1 3/8	140	580′(525′)-1 1/2	580′(525′)-1 1/2
D	1/2	3/4	3/4	7/8	1 1/8	1	1 1/8	1 3/8	165	620′(565′)-2	620′(565′)-2
With Executive Altimeter Setting: DA(H) 290′(243′); MDA(H) 500′(453′); MDA(H) 600′(553′)											
A	1/2	3/4	1/2	3/4	1	1/2	3/4	1	90	640′(585′)-1	640′(585′)-1
B	1/2	3/4	1/2	3/4	1	1/2	3/4	1	120	640′(585′)-1	640′(585′)-1
C	1/2	3/4	1	1	1 3/8	1 1/4	1 3/8	1 5/8	140	640′(585′)-1 1/2	640′(585′)-1 5/8
D	1/2	3/4	1	1	1 3/8	1 1/4	1 3/8	1 5/8	165	680′(625′)-2	680′(625′)-2

图 6.24 ILS or LOC Rwy 9R 进近图

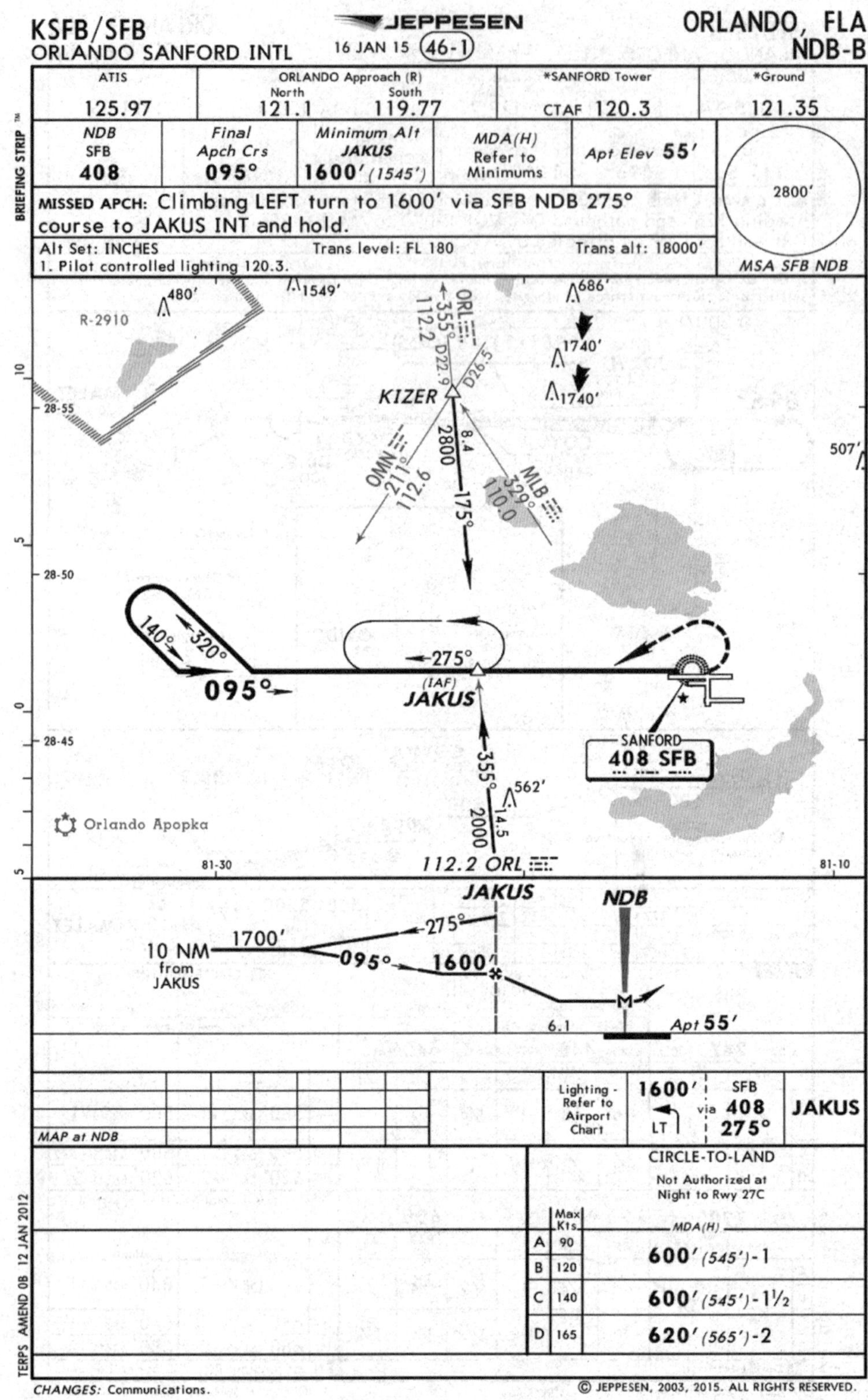

图 6.25 NDB-B 进近图

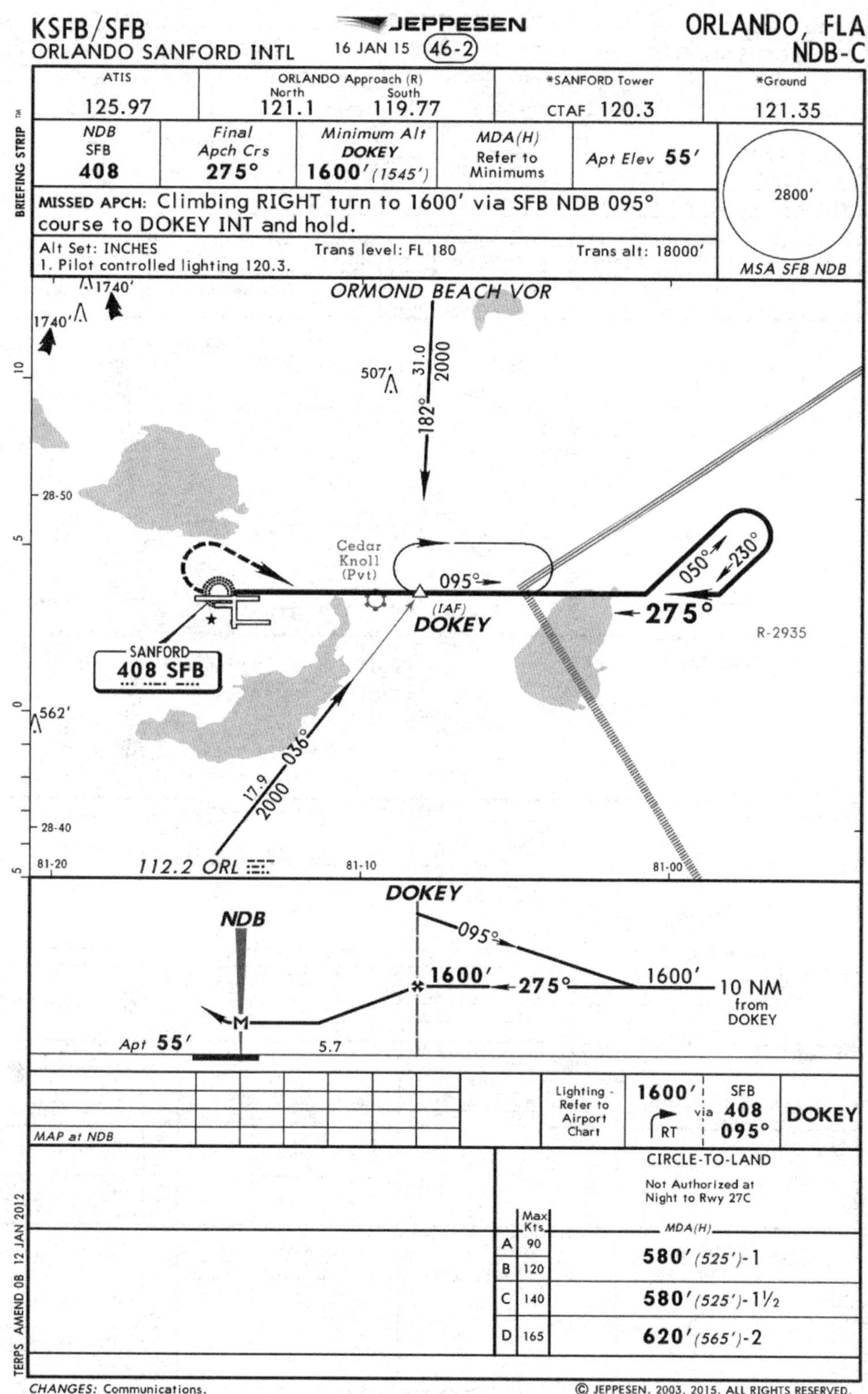

图 6.26　NDB－C 进近图

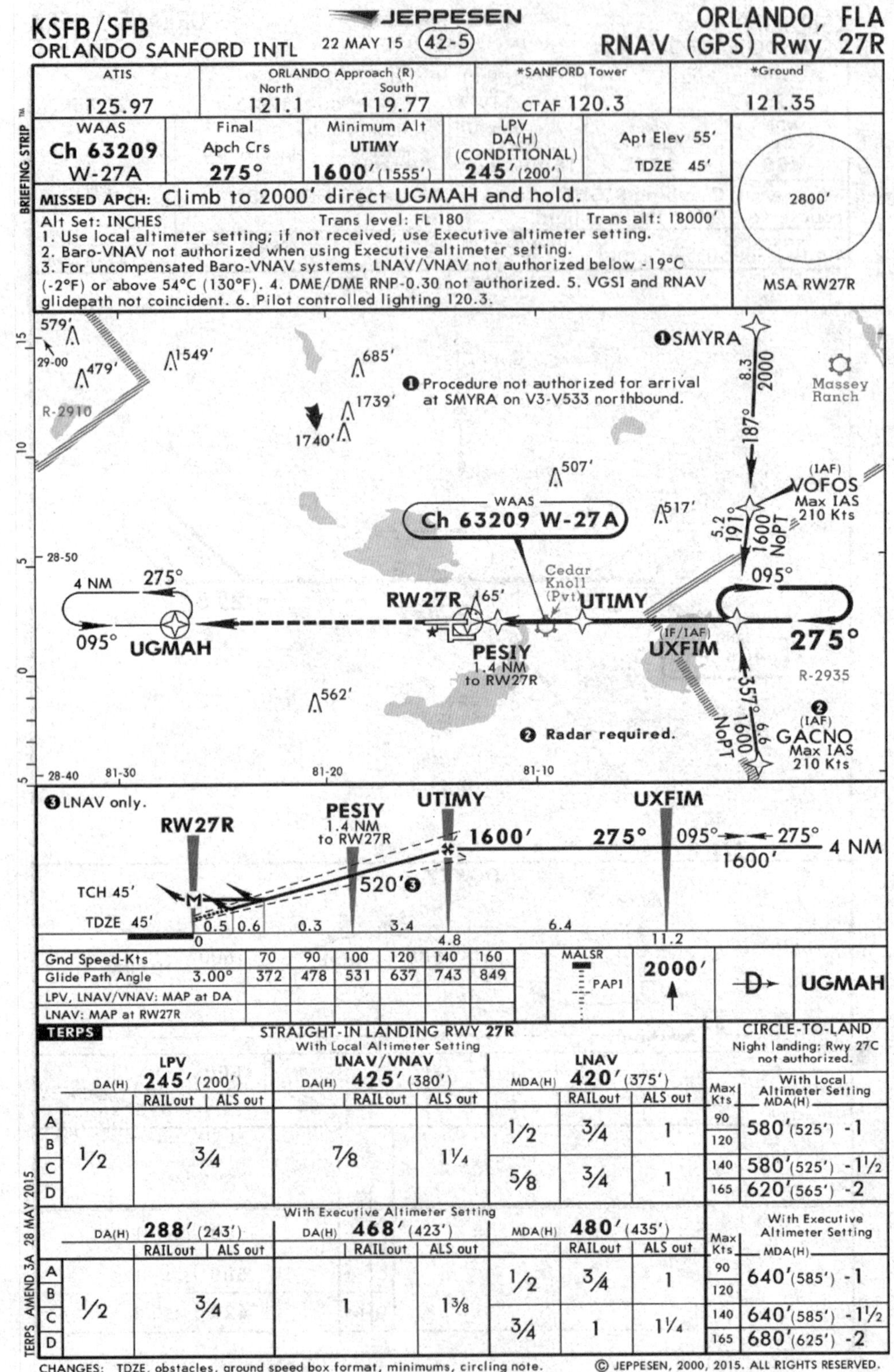

图 6.27 RNAV (GPS) Rwy 27R 进近图

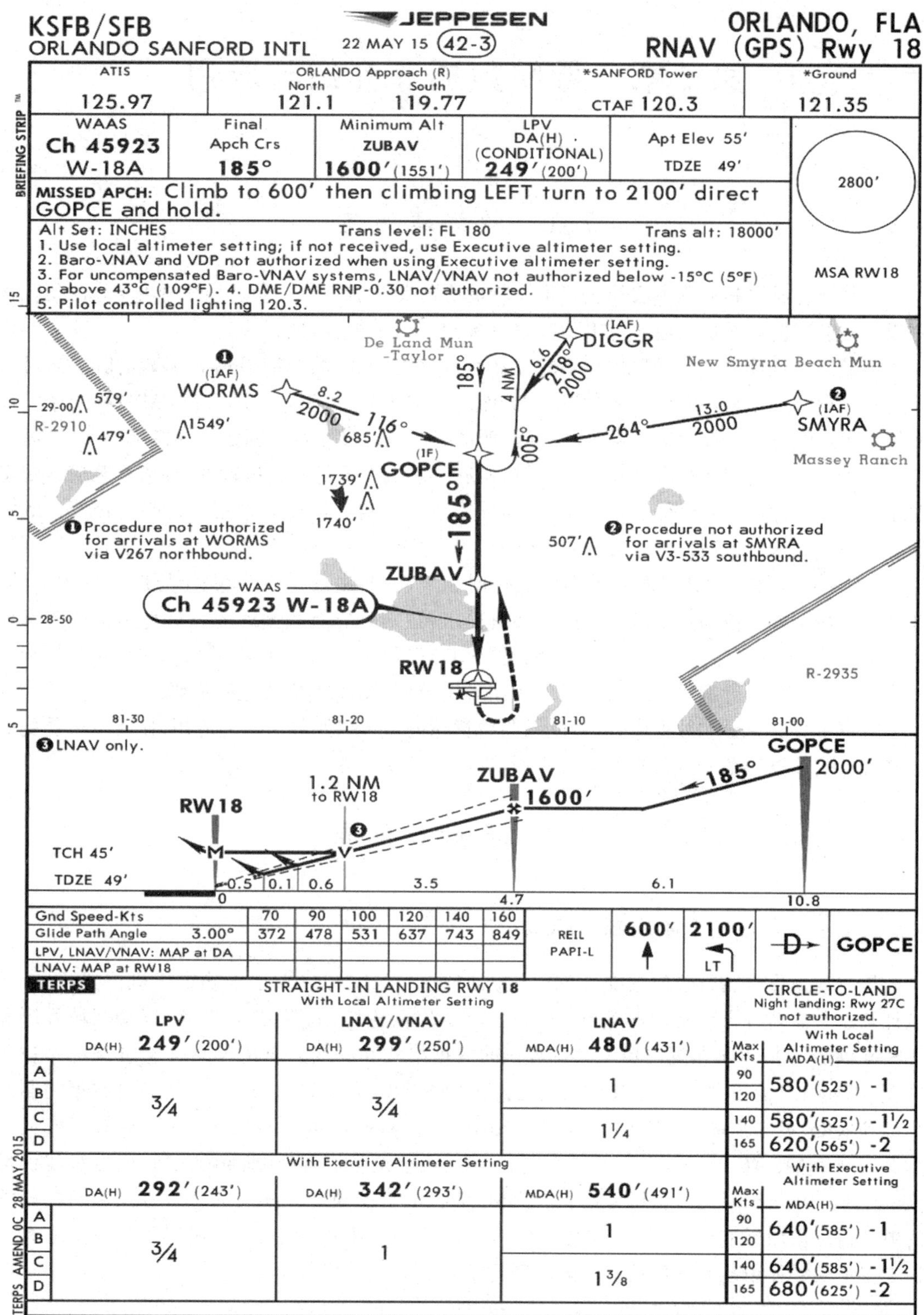

图 6.28　RNAV (GPS) Rwy 18 进近图

第7章　导航数据库介绍与应用

7.1　数据库概述

虽然飞行程序和航图中已经包含了飞行员所需要的航空器运行要素和条件，并且飞行程序设计和航图的制作也已经通过ICAO以及各国进行了规范，使得飞行员有了一个统一的标准进行航图的认读和理解，但是，对于航空器运行来说，航图的标准显然无法满足航空器对于飞行程序运行的理解，航空器必须经过数据库的调取来满足飞行管理系统(FMS)和全球定位系统(GPS)中对于航行要素的要求，飞行管理系统一般通过导航数据库进行控制。

为了使得航空器运行全球化，目前任何机载导航数据库都有具体标准，导航规范应该规定关于导航数据库的所有具体要求，特别是当导航数据库的完好性可以用于证明是否符合既定数据质量保证程序的时候。该程序在DO 200A/EUROCAE ED 76中说明。(注：这项证明可以与LOA或国家当局认可的其他等效文件附在一起，其出处是9613关于导航部分的文件，此处导航数据库应该满足导航数据库的所有要求，特别是导航数据库的完好性用来证明保证程序的时候，比如导航完好性是否可以满足RNPAR程序，这些程序在后面的文件中有提到。)程序设计人员在进行编码的时候需确保程序可用ARINC 424格式进行编码。

本章主要介绍导航数据库，分析航图与数据库的差异以及数据库的应用，使得飞行员更好地掌握导航数据库在航空器中的运行应用，提高飞行安全性。

7.2　导航数据库

7.2.1　导航数据库的制作标准

导航数据库是飞行管理系统(FMS)数据库的组成部分之一，用于确定飞机位置、进行导航计算以及导航台自动调谐管理等，它包含导航设备、机场、航路、公司航路、终端区域程序和ILS等24类500多项数据内容。导航数据的数据格式和编码在ARINC424标准规范中被标准化，RINC424标准规范是由航空无线电公司(ARINC)提出的。AIRAC是导航数据的制定标准和依据，英文全称为“Aeronautical Information Regulation and Control”，即航行资料定期颁发制。AIRAC是国际民航组织在附件15《航空情报服务》中提出的国际标准和建议措施，于1964年被国际民航组织采纳。AIRAC为各成员国规定了共同的生效日期和与之相关的航空信息出版标准程序，并在文件DOC8126《航空情报服务手册》中阐明了从航空原始数据上报道最终使用航空信息过程中的时间性要求。

7.2.2　生效日控制方法

在大多数情况下，有关航空设施、服务或程序变更的信息，通过各国民航局公布AIP等相关资料后，航空公司或者航空服务机构（一般为杰普逊公司等）需要进一步修改相应的航行资料手册、文件、机载导航数据库、计算机飞机计划系统等。如果各国的 AIP 或 AIP 补充信息不加区别地以各种生效日期发布，则不可能使这些手册和数据保持最新。如果在整个一年中确定了变更生效的足够日期的时间表，则航空公司和航空资料服务机构均能够保持对航行资料的有效控制。图 7.1 为根据 ICAO DOC8126 文件要求制定的中国民航航空信息公布、处理、生效的过程时间要求。这使得航图和数据库存在一定的差异，因此，在飞行过程中，实际的运行人要注意区别。

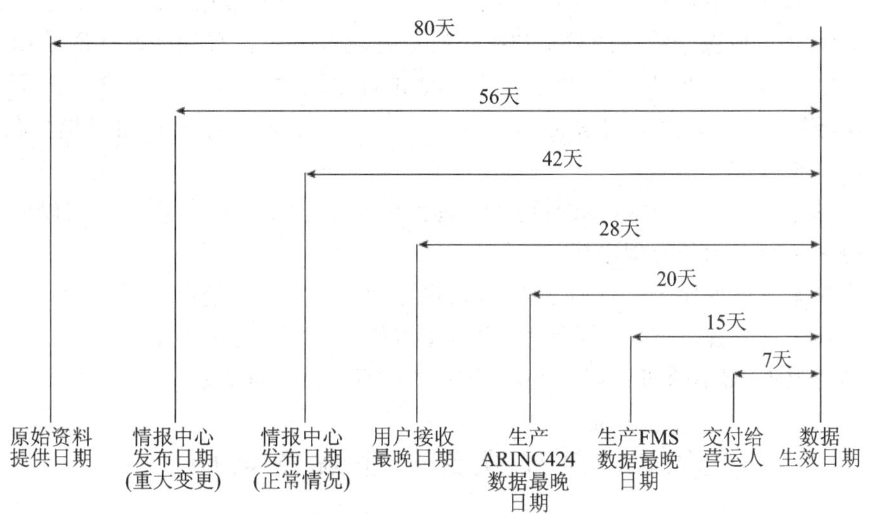

图 7.1　中国民航航空信息公布、处理、生效的过程时间要求

7.3　导航数据库包含的内容和功能

7.3.1　导航数据库未包含的内容

无论是在运行传统导航还是在运行 PBN 时，RNAV 或 RNP 系统都可以进入提供的导航数据库。导航数据库包括预先存储的导航设备位置、航路点、空中交通服务航路和终端程序及相关信息。但是，由于一些信息是变化的，需要根据特定的情况确定，因此，在航图上较为重要的信息导航数据库并没有包含进去。

① 高度信息。

- QNH/QFE 信息；
- 备用高度表拨正信息；
- 交叉定位点的定位信息（径向线、方位线、DME 距离）。

② 地形和障碍物。

③ 机场最低运行标准：起飞、着陆和备降的最低标准。

④ 机场滑行道和停机坪。

⑤ 某些专用空域和管制区域。

由于以上信息如QNH等需根据当时天气确定,有些数据量巨大且复杂多变,如地形和障碍物数据,因此,以上信息未提前存储到数据库中,可以依靠雷达、空管以及航行资料来获得。

7.3.2 导航数据库下降率、距离

① 制图的下降梯度/角度。制图时,下降梯度/角度应取整为最接近的0.1%/0.1°公布。下降梯度/角度应以着陆跑道入口之上15 m(50 ft)为起点。精密进近可使用不同的起点(见具体章节中的RDH)。确定下降梯度/角度时,不考虑地球的曲率。

② 数据库编码的下降角度。与制图不同,下降角度必须取最接近的0.01°公布。最佳和最大下降梯度/角度取决于程序的类型和所处的进近航段。应公布程序设计所使用的最后进近的下降梯度/角度。如果适当,最好能公布其他进近航段的下降梯度/角度。航空数据库要求:非RNAV进近如下数据应以表格形式公布在ICAO仪表进近图背面或单独的页面(见ICAO附件4,第11章):

- 最后进近定位点/点和其他的重要点,包括仪表进近程序标识,以及它们以度、分、秒和十分之一秒表示的地理坐标;
- 确定仪表进近程序定位点的方位,以最接近的百分之一度表示;
- 确定仪表进近程序定位点的距离,以最接近的百分之一海里表示;
- 非精密进近,最后进近下降角度,以最接近的百分之一度表示。

7.4 导航设施和导航终止码

7.4.1 导航设施

导航设施由于对航空运行至关重要,因此,在数据库中早已包含设备数据存储,以供航空器运行使用。如济南遥墙国际机场VOR台,频率为113.7 MHz,识别代码为“YQG”,此信息已存入数据库,在飞机上输入113.7 MHz,那么仪器即刻显示YQG,如图7.2所示。

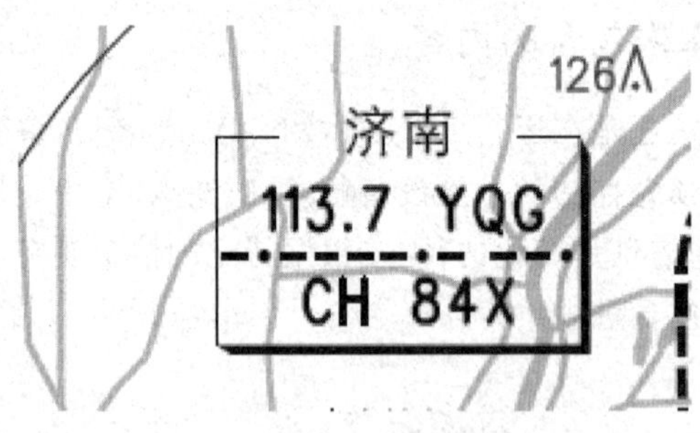

图7.2 济南机场归航台

NDB台的信息和显示如图7.3所示,在航图中标绘党家庄NDB,其识别代码为“DP”,在不同的航空电子系统中可能会显示不同:一些航空电子系统会把党家庄NDB显示为“DP”。

一些航空电子系统在NDB识别代码之后加有后缀“NB”。

对于同一国家,如果NDB导航台的识别代码重复,数据库则可能采取机场识别代码进行访问。

图 7.3　NDB(党家庄)导航台

7.4.2　导航数据库终止码概述

目前,PBN 飞行程序在全球应用,相对于传统仪表飞行程序,PBN 飞行程序对于导航数据库的依赖更多,而其中终止码就是最重要的数据支持。所有由区域导航系统使用的导航数据是使用导航数据库的终端运行的保证。这些数据库由按照航空工业标准编码的数据即 ARINC424"特殊导航系统数据库"取得,或按同等的工业标准取得。为了达到翻译程序和航图中划设的航路的本来目的,将导航系统编成代码,航空业已经为终端区程序制定了"航径和终止"的概念。航径终止码定义在 PANS-OPS 中,用来定义特定的地面航迹即假设批准有能力保持符合航迹的航空器飞行的区域导航程序,根据适当的 ARINC424 航径终止码或同等标准使用。航径终止码用来定义区域导航航路的每个航段,从起飞到加入航路阶段和从航空器脱离航路阶段的点到区域导航程序的终点。航径终止码不用于编制航路阶段或终端空域外的其他航路。很多航空器装备的区域导航系统是仅能使用 ARINC424 航径终止码的模块。程序设计人员重视和基于为批准运行和验证的相关设计是重要的,应规定区域导航系统最低功能要求,包括航径终止码能支持的设计。

本章的内容已经获准并考虑了期望被批准飞行区域导航进场、离场和进近程序的大多数航空器。可以确定,非正常编码(如航径终止码、速度和高度限制)用于特殊区域导航系统能够更好地遵循预计航迹。该功能在数据编码范围内由有关国家管理机构和航空电子设备制造商批准。另外,固定半径转弯,仅适用于有 RNP 能力的系统,将在下文中进行描述。航径终止码种类和航径终止码定义见 DOC9613 第Ⅰ部分第一卷第 1 章"航径终止码"。目前,ARINC 424 中确定了 23 种不同的航径终止码。但是,RNAV 程序设计中只有 11 种可接受,并且在数据库中为程序编码时,用到一个额外的航径终止码 IF。RNP 应用中应该使用一个有 4 个航径终止码的子集:IF、TF、RF 和 HM。对所有 RNAV 程序设计编码的描述如下。

1. 起始定位点(IF)

需要说明的是,此 IF 指的并非中间进近定位点 IF,而是 RNP 中的 4 个航径终止码(IF\TF\RF\HM)之一。飞机通过识别这些代码做出不同的飞行判断。这有些类似于离场程序中的定高离场和定点离场,PBN 依靠数据库进行飞行,可以定义为定高或是定点,然后给航空器一个指令,那么这个指令就是终止码,遇到起始点 IF 就用 IF 方法定义飞行。这就好比指令定高离场就按定高离场飞行,遇到 RF 就按 RF 航段飞行。

RNAV 程序的编码在一个 IF 处开始。IF 本身并不能定义一个期待的航迹,但是为了确定所期待的航径,可以与另外一个航段类型(TF)结合使用。其在设计过程中不需要同程序类型一起公布。

2. 至定位点的航迹(TF)

RNAV 的主要直线航路航段是 TF 航路,如图 7.4 所示。TF 航路由两个航路点之间的

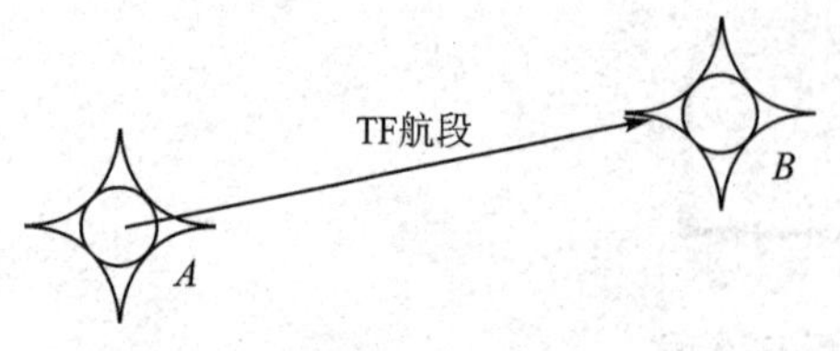

图 7.4　至定位点的航迹(TF)

大圆航径确定。这两个航路点中的第一个航路点可以是前一航段的终止航路点或者是一个起始定位点(IF)。中间和最后进近航段始终是 TF 航路。如果 FMS 要求在最后进近航段有一个 CF,则数据库编码器可以用 CF 代替 TF。

3. 固定半径至定位点(RF)

RF 航段是规定了转弯中心的一个弧形航径,该航径终止于某一航路点。该弧线航段的起始点由前一航段的终止航路点确定,如图 7.5 所示。弧线航段末端的航路点、该航段的转弯方向,以及转弯中心点,由导航数据库提供。由 RNAV 系统计算作为从转弯中心点至终止航路点距离的半径。可以为任何角度在 2°～300°之间的转弯确定一个唯一弧线。RF 功能一般仅在为达到 RNP-RNAV 要求而设计的系统中可用,这些要求见 EUROCAE ED76()/RTCA DO 236()。

4. 至手动终止的等待/直角航线(HM)

HM 用于确定由飞行机组人工操作终止的等待航线,如图 7.6 所示。

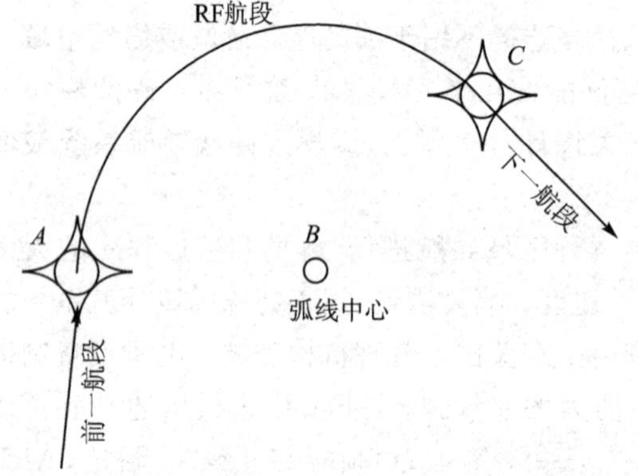

图 7.5　固定半径转弯(RF)

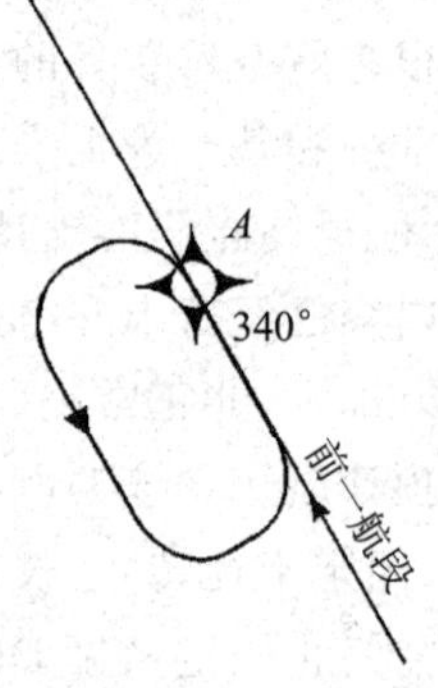

图 7.6　至手动终止的等待/直角航线(HM)

7.4.3　航径终止码程序设计应用

航径终止码概念的应用受到很多规定的限制,这些规定是自 1980 年起由行业制定并更新,并且作为 ARINC 规范(ARINC424,导航系统数据库)予以公布的。由于程序设计人员关心航径终止码的规定,因此有关这些航径终止码的各项主要规定都已经包括在 DOC8168 文件中了。为了使程序准确无误地编码到机载导航数据库中,程序设计人员必须严格地遵守这些规定。

另外,其他设计问题方面,为了确保将设计清晰无误地编译进导航数据库中,程序设计人员应该考虑到下述因素:

① 不得使用双重条件转换航段,诸如"在航路点 NNNN 之前爬升至 XXXX ft",或者"在航路点 YYZZZ,但是不低于 XXXX ft,向右转弯至(航路点)";

② 只能在航路点应用高度和速度限制;

③ 任何应用于程序的特殊限制详细资料都须予以公布。

7.5　导航数据库在飞行程序中的应用

数据库的出现极大地方便了飞行程序的运行，特别是民航客机 EFIS 系统、训练机佳明 1000 系统(G1000)与数据库的结合，使得飞机的运行更加方便快捷。本节以传统飞行为例，简单介绍导航数据和飞行程序在飞机运行中的应用。

图 7.7 为 KSFB 机场进近图。根据机场(KSFB)的情况做如下飞行程序：飞机从 09L 跑道起飞，飞机做一个定高(700 ft)转弯转向 UDUZI 点，UDUZI 点是一个起始进近定位点，从此点开始加入进近程序，直至降落。

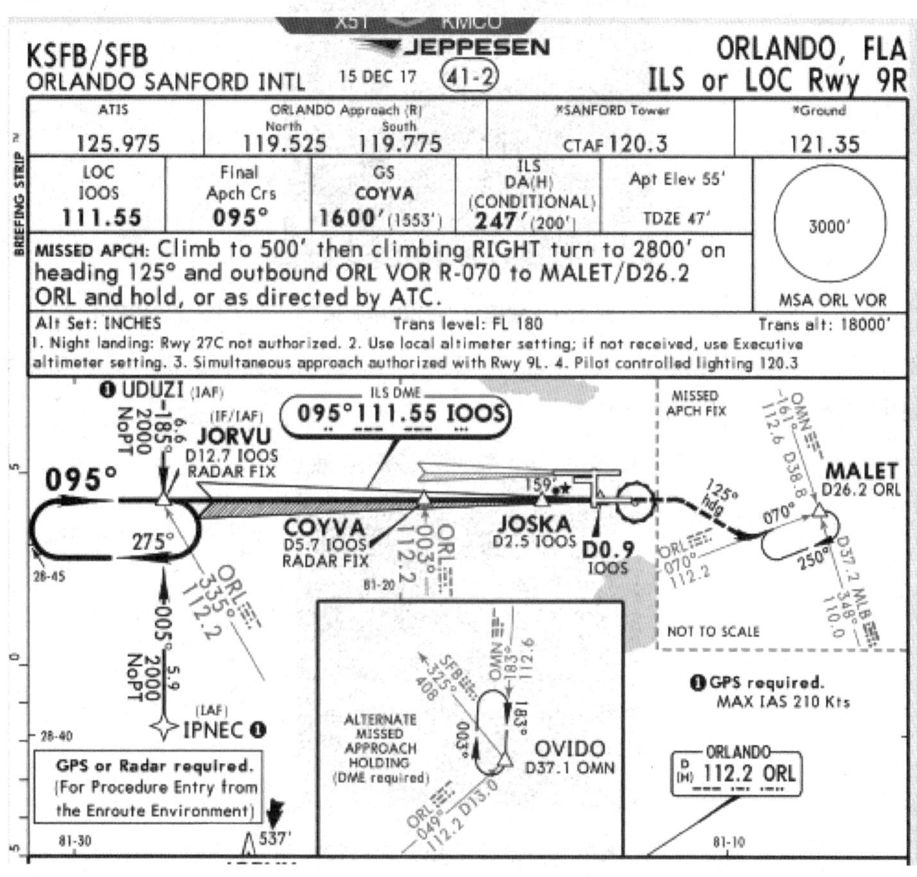

图 7.7　KSFB 机场进近图

由于导航数据库中并未包含 QNH，飞行员需根据 ATIS 播报，手动输入 QNH。根据图上信息可知，精密进近导航台频率为 111.55 MHz，此信息包含在导航数据库中，调频至 111.55 MHz 时即可出现“IOOS”识别代码，如图 7.8 所示。

由于开始程序运行是定高离场，因此离场并不需要导航数据的指引帮助，而运行进近程序时导航数据的选择使程序变得更容易。实际上，现状是除训练飞行外，都会制作飞行计划，使用数据库以增加运行的安全，减轻飞行员的工作量。

数据库飞行程序列表如图 7.9 所示。选择 PROC 程序按钮，数据库中已经将离场程序、

图 7.8　ILS 信息示意图

进场程序和进近程序的必要数据包含进去了,由于这里运行的是进近程序,因此,选择“SELECT APPROCH”对进近程序进行设定。

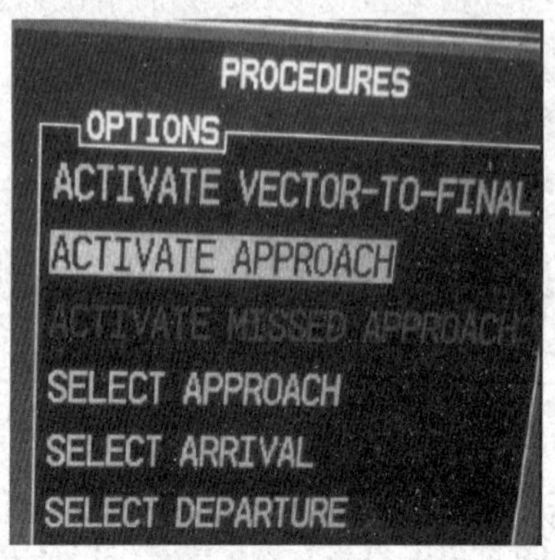

图 7.9　数据库飞行程序列表

数据库跑道信息列表如图 7.10 所示。数据库中包含该机场所有的进近方式和跑道信息,选择计划中的跑道,本次选择 ILS 09L。

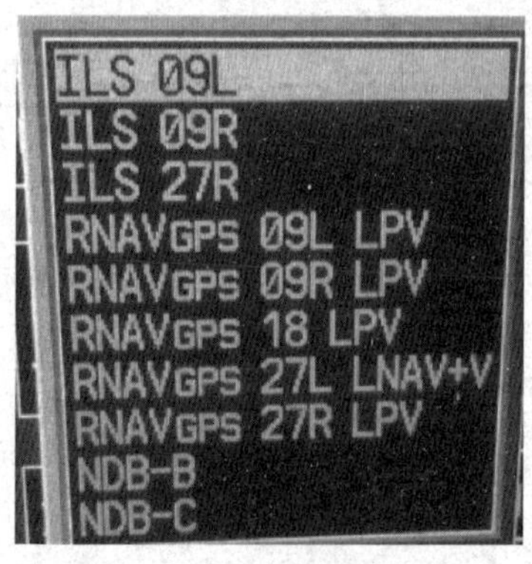

图 7.10　数据库跑道信息列表

数据库定位点列表如图 7.11 所示。航图中的三个起始进近定位点(IPNEC、UDUZI、UGMAH)也已经包含在该数据库中了,根据飞行计划由 UDUZI 点进入进近,选择 UDUZI。

确定之后在 PDF 显示屏上,G1000 会根据数据库信息,给予最佳指引,地图也会显示最佳航迹,如图 7.12 所示。

值得注意的是:从左到右信息依次为从当前位置开始,直飞到起始进近定位点 UDUZI,按照飞机当前位置距定位点 UDUZI 的距离为 12.6 n mile,按照 301°航迹可以直飞到 IAF UDUZI。

地图指引信息如图 7.13 所示。飞行员根据导航和地图指引,可以更加安全地进行程序运行。

图 7.11　数据库定位点列表

图 7.12　飞行指引信息

图 7.13　地图指引信息

复习思考题

1. 导航数据库的定义和导航数据库的制作标准是什么?
2. 导航数据库航径终止码如何定义? 有哪几种类型?
3. 导航数据库包含哪些内容? 有哪些功能?
4. 导航数据库在飞行程序中如何应用?

第8章 FAA航图简介

杰普逊航图和FAA航图是飞行学员在美国航校进行仪表飞行训练时的主要用图。这两种不同类型的航图图面的基本布局存在一定的差异性，但是整体的图面信息类型基本都是一致的，都是为了满足飞行所需要的重要信息。前面7章，主要讲述了杰普逊航图的概述、机场图、航路图、标准仪表离场图、标准仪表进场图和仪表进近图等内容。FAA航图及相关出版物的制作是由联邦航空局的国家航图办公室完成的，这些航图作为一种重要的航行情报资料，有效地保障了美国空域内飞行活动安全、高效地运行。但国内飞行学员对航图的认知，多以杰普逊航图或CAAC航图为主，部分国外航校的教学和考核却以FAA航图为主，导致飞行学员在使用过程中对FAA航图不熟悉。本章简单介绍FAA航图的基本知识和使用方法，以提高飞行学员的航图运用能力，保障未来的飞行训练及相关活动安全、有效地进行。

8.1 FAA航图的重要性

航图作为一种重要的航行资料，对于保障飞行活动安全、高效地运行起着至关重要的作用。目视航图和仪表航图都提供其国内空域、机场、导航设施及频率等信息，并标注有禁区、限制区、危险区等特殊空域。目视航图叠加基础地形地貌信息，运用等高线、阴影浮雕、色差、障碍物符号和最大标高数值，以方便飞行员目视辨认。在进入航路飞行后，飞行员除要保持飞机姿态和航速等要素外，更重要的是参照航图修正航迹和检查飞行时间，严格对照每个检查点，这也是一个可以有效防止迷航的飞行技能。仪表航图中包含机场、航路、航段距离、最低安全高度、越障高度、无线电导航设施和管制空域等，帮助飞行员在非目视气象条件下顺利完成飞行。终端区航图程序手册包含离场图、离场程序、进场图、进场程序、仪表进近程序等内容，确保飞行活动在繁忙情况下能够安全、有序和高效地进行。

8.2 FAA航图的分类

FAA航图按照服务对象主要分为目视图、仪表图、计划图、补充航图及补充资料、数字化产品五类，每类航图都有各自的特点和使用范围。

8.2.1 目视图

目视图的导航图可分为区域图、终端区图、美国海湾海岸目视航图、大峡谷目视航图、世界航空地图和直升机航路图。

区域图是美国国内飞行员所用的最普遍的航图，共有54幅，主要是为中低速航空器目视飞行而设计的。比例尺一般为1∶500 000，“1 in＝6.86 n mile”。图中的地形资料主要包含：等高线、水域、障碍物标注及众多的目视参考点。图中的航行资料主要包括机场、导航设施、管制空域、限制空域、地势等；修订时间一般为每6个月修订一次，阿拉斯加区域图一般每年修订一次。

终端区图所覆盖范围在 B 类空域内。比例尺一般为 1∶250 000,“1 in＝3.43 n mile”,一般多为在 B 类空域及附近空域飞行的飞行员所用,共 30 幅。这些终端区航图提供了更为详细的地形信息,除了阿拉斯加和加勒比地区外,地图修订时间为每 6 个月修订一次。

美国海湾海岸目视航图主要为此区域飞行的直升机使用,比例尺为 1∶1 000 000,一年修订一次。

大峡谷目视航图覆盖了大峡谷国家公园,比例尺为 1∶1 000 000,只有获得 FAA 批准的商业旅游营运人才能使用,包含特殊飞行规则区域、飞行自由区和走廊,以及空对空通信频率和大量的 VFR 检查点。FAA 根据需要更新此图。

世界航空地图主要提供给高空中速飞行的飞行员,比例尺为 1∶1 000 000,“1 in＝13.7 n mile”,所标注的航行资料与区域图类似,包括水域、主要道路、城市轮廓、主要地标等,但标注的资料比区域图中的少。修订时间一般为每年一次,阿拉斯加和加勒比地区为每两年一次。

直升机航路图用三色图标绘出直升机活动频繁地区航行信息。FAA 视情况进行修订。

8.2.2　仪表图

仪表图可分为低空仪表飞行图、高空仪表飞行图和终端区程序手册。

低空仪表飞行图主要使用者为飞行高度在 18 000 ft(MSL)以下的仪表飞行员。图中标注主要有航路、机场、管制空域、导航设施及频率、呼号、坐标,以及最低航路高度、最低超障高度、航线距离、报告点等。比例尺从“1 in＝5 n mile”到“1 in＝20 n mile”不等,修订时间为每 56 天一次。

高空仪表飞行图的主要使用者为飞行高度在 18 000 ft(MSL)以上的飞行员,包括喷气式飞机航线、机场、无线电导航设施和报告点等。比例尺从“1 in＝18 n mile”到“1 in＝45 n mile”不等,修订时间为每 56 天一次。

终端区程序手册为 24 张活页或装订好的卷出版,涵盖了美国本土、波多黎各和维尔京群岛,包含标准仪表离场程序图、标准仪表进场程序图、仪表进近程序图、目视飞行程序图、机场平面图。

8.2.3　计划图

计划图是目视及仪表飞行前或者飞行时作飞行计划所使用的航图。比例尺为 1∶3 400 000,图中包括机场、导航设施、低空航路和航线距离、限制空域等。修订时间为每年一次。

8.3　FAA 航图的使用方法

8.3.1　目视航图的使用方法

FAA 共制作了 54 幅比例尺为 1∶500 000 的低、中速航空器区域图(SAC),该图标绘有地形信息和 VFR 的检查点,如图 8.1 所示。另外,FAA 航图还制作了 30 幅比例尺为 1∶250 000、主要用于 B 类空域的终端区图(TAC)。TAC 上的信息类型与 SAC 一样,但内容更加详细,如图 8.2 所示。因航图数量众多、种类繁杂,FAA 制作了便于使用的区域航图索引,方便读者根据需要找到所属区域航图,如图8.3(a)和图8.3(b)所示。

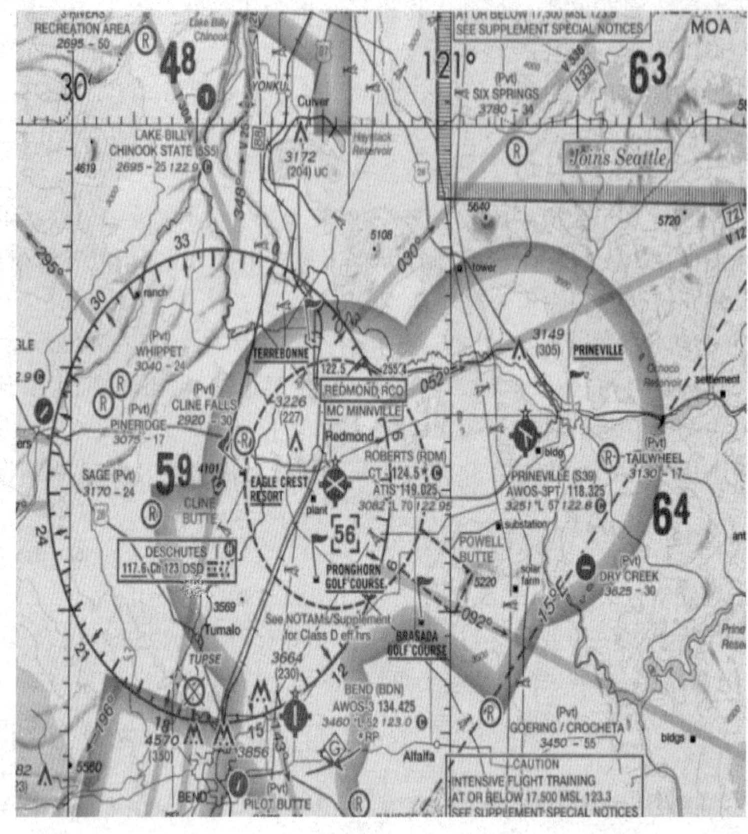

图 8.1　部分区域图(SAC)实例

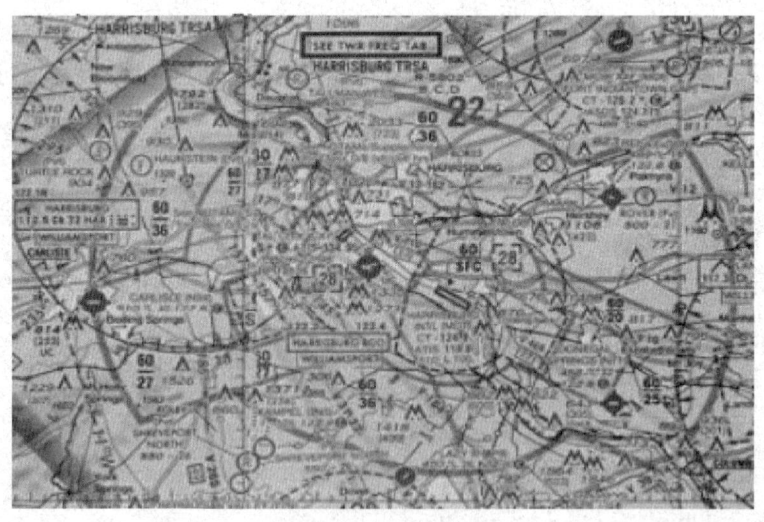

图 8.2　部分终端区图(TAC)实例

图例中包括机场、机场数据、空域标识、通信频率、无线电导航设施标识、障碍物标识等信息的注释,具体图例可参考FAA航图指导手册。图8.4为部分关于机场数据的目视航图图例。

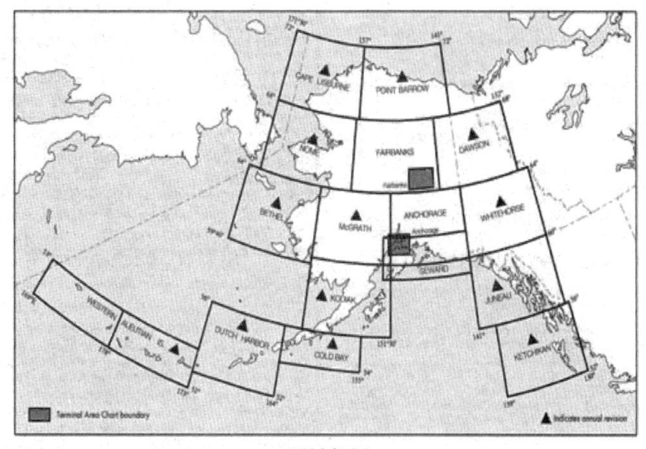

(a) 区域航图(1)

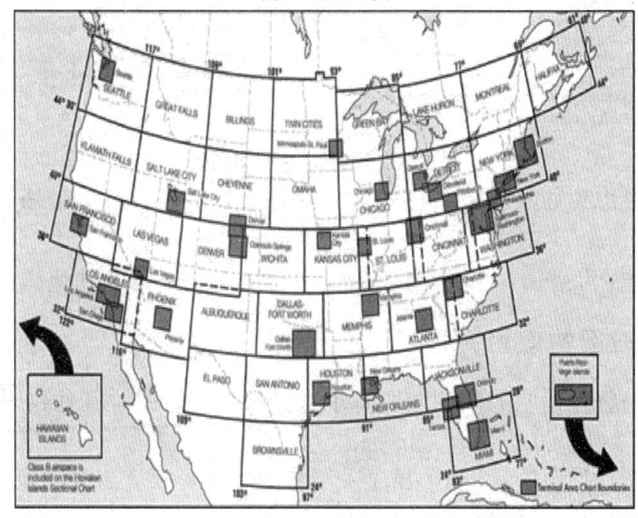

(b) 区域航图(2)

图 8.3　区域航图索引

目视航图上表示地理信息的 5 个要素为等高线、晕渲地貌、色标、障碍物、最大标高值(MEF)。

等高线:在截面上,基本轮廓线间隔为 500 ft。中间轮廓通常以 250 ft 的间隔代表地势起伏不大的区域。辅助轮廓有时间隔为 50 ft、100 ft、125 ft 或 150 ft。这些线条的图案之间的间距使飞行员可以直观地看到地形。宽间隔的轮廓代表平缓的坡度,而紧密排列的轮廓则代表陡峭的斜坡。

晕渲地貌:展示在空中看到的地形原貌。航图制作人员假设光线从西北方向照来,将处于阴影的地方用深颜色表示,可以增加航图的透视效果。

色标:将相对于海平面地势的高低用颜色表示出来,较低的海拔高度为浅绿色,较高的海拔高度为深棕色。

障碍物:标绘有可能影响安全航行的人造垂直障碍物。航空专家在将障碍物添加至目视航图之前,会根据标准评估每个障碍。当专家无法证实某障碍物的位置或高度时,标记为"UC"。通常情况下,标注高于地面 200 ft 的人工障碍物及在黄色城市区域中高于地面 299 ft

图 8.4　部分目视航图图例

的人工障碍物。被考虑到危及低空飞行安全的障碍物如油罐、工厂、望塔、烟囱等也需按照各自标识符号标注。

最大标高值(MEF):表示一个区域内的最大标高,包括地形和其他障碍物,比如塔、树等。

8.3.2　仪表航图的使用方法

仪表航图上使用符号说明的图例主要基于低空仪表飞行图。其他仪表图使用其他种颜色的相似符号。

在仪表阶段的飞行训练中,终端区程序手册最为常用。其中包含机场平面图、标准仪表离场图、标准仪表进场程序图和仪表进近图。

1. 机场平面图

机场平面图是为了协助缓解在复杂滑行道或跑道地面的交通状况而设计的。机场平面图可以帮助飞行员识别他们在机场上的位置,有助于减轻管制员的工作负担。图 8.5 为雷德蒙德机场平面图。

雷德蒙德机场平面图主要包括如下信息。

① 跑道相关信息:

- 带有磁航向(包含磁差和纪元年)和跑道代号;
- 还在施工的跑道;
- 跑道长度、跑道末标高、移位跑道入口;
- 跑道道面;
- 跑道道面承载强度(ACN-PCN 方法确定);
- 着陆并保持线(LAHSO)、仪表着陆系统等待线、航向台、下滑台临界区域。

② 有代号的滑行道、正在施工的滑行道。

③ 热点位置。

④ 停机坪、停止道、净空道、非移动区。

⑤ 喷气防护坪。

⑥ 油箱以及加油位置。
⑦ 管制塔台(包含塔高)。
⑧ 机场信标。
⑨ 直升机停机坪。
⑩ 雷达反射器。
⑪ 最高障碍物边界。
⑫ 建筑物,例如航站楼、消防站等。
⑬ 通信频率:在通信频率上的"*"号表示部分时间运行。

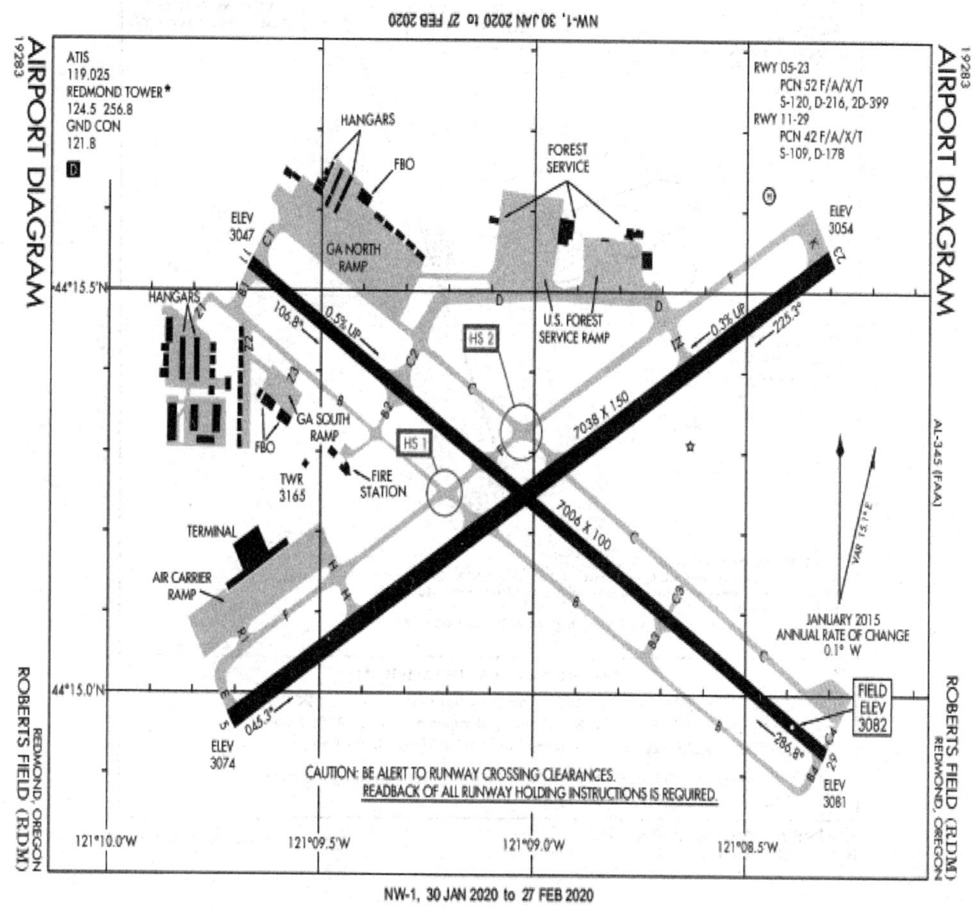

图 8.5 雷德蒙德机场平面图

2. 标准仪表离场图

离场程序(DP)专门设计用来帮助飞行员在具有非标准IFR起飞最低要求的机场爬升到最小航路高度期间避开障碍物。"DP"有两种类型:"障碍物离场程序"(ODP)和"标准仪表离场"(SID)。"SID"主要设计用于系统减轻飞行员/管制员的工作量,并且需要ATC许可。"ODP"通过最简单的路线从终端区提供越障高度且不经过ATC许可就可以飞行。所有"DP"都为飞行员提供了从机场安全起飞并过渡到航路的功能。通常,由于某些程序或航路段涉及的距离太长,"DP"航图"按比例尺绘制"。如果确保可读性,则可以使用"按比例"刻画。"DP"将显示出发路线,包括过渡到适当的路线。显示了所有路线、转弯、高度、导航、形成交叉点和固定点的设施以及终止出发路线的那些设施,还提供了离场程序的文字说明。对于 RNAV DP,离场程序说明由过渡名称和关联的计算机代码组成。在非 RNAV DP 上,离场程序说明还将包括所有转弯、高度、径向、方位和设施/固定装置的描述,以引导用户从公共出发点到达终止点。

图 8.6 为希尔斯伯勒机场 CANBY TWO 离场程序图,其图面具体信息为:ATIS 自动终端情报服务频率为 127.65 MHz,地面管制频率为 121.7 MHz,塔台管制频率为 119.3 MHz,波特兰离场频率为 126.0 MHz。

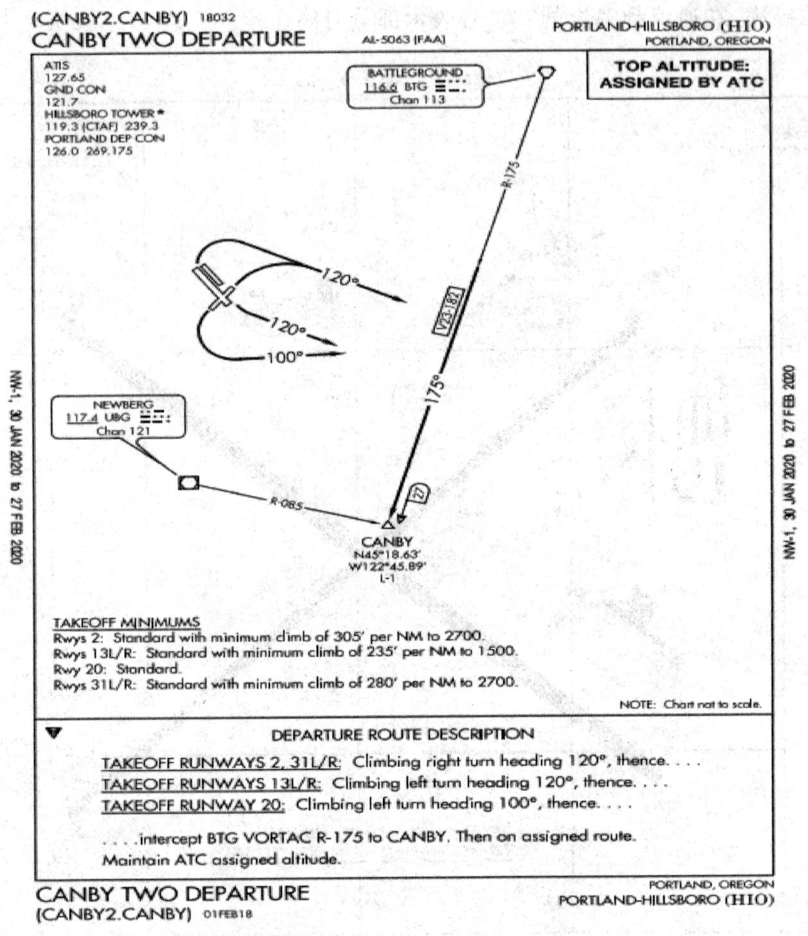

图 8.6 希尔斯伯勒机场 CANBY TWO 离场程序图

起飞最低标准:飞机从 02 跑道起飞离场,保持最小爬升梯度 305 ft/n mile 飞至 2 700 ft;飞机从 13L/R 跑道起飞离场,保持最小爬升梯度 235 ft/n mile 飞到 1 500 ft;飞机从 20 跑道起飞离场,保持标准的起飞最低标准爬升,法规上要求具体是至少保持最小爬升梯度 200 ft/n mile,并且至少以 35 ft 穿过跑道末端;飞机从 31L/R 跑道起飞离场,保持最小爬升梯度 280 ft/n mile 飞到 2 700 ft。

离场程序说明:如果飞机使用 02 跑道和 31L/R 跑道起飞离场,则爬升右转弯至航向 120°,切入 BTG 台 175°径向线,飞至 CANBY 定位点,然后按指定航线飞行,保持 ATC 指定的高度;如果飞机使用 13L/R 跑道起飞离场,则爬升左转弯至航向 120°,然后切入 BTG 台 175°

径向线，飞到 CANBY 定位点，按指定航线飞行，保持 ATC 指定的高度；如果飞机使用 20 跑道起飞离场，则爬升左转航向至 100°，然后切入 BTG 台 175°径向线，飞到 CANBY 定位点，按指定航线飞行，保持 ATC 指定的高度。

3. 标准仪表进场图

标准终端区进场程序(STAR)是预先计划的仪表飞行规则(IFR)空中交通管制进场程序，供飞行员以图形和/或文字形式使用。STAR 描述了将飞机从航路过渡到终端区的规定路线，并从此可以进行仪表进近。STAR 减少了飞行员/管制员的工作量和陆空通信，最大程度地减少了传输和接收指令时的潜在错误。由于许多程序和航路段涉及的距离较大，标准仪表进场图通常应标为“不按比例绘制”；仅在确保可读性的情况下，才可以使用“按比例尺”描述。STAR 路线、转弯、高度、导航、导航设施形成的交叉点和航路点以及终止或开始到达路线的那些导航设施在进场程序说明中指出；另外，标准仪表进场图还提供了进场路线的文字说明。对于 RNAV STAR，进场程序说明将由过渡名称和关联的计算机代码组成。对于非 RNAV STAR，进场程序说明还将包括所有引导用户从入口点到公用导航设施的转弯、高度、径向、方位和导航设施的描述。希尔斯伯勒标准仪表进场图如图 8.7 所示。

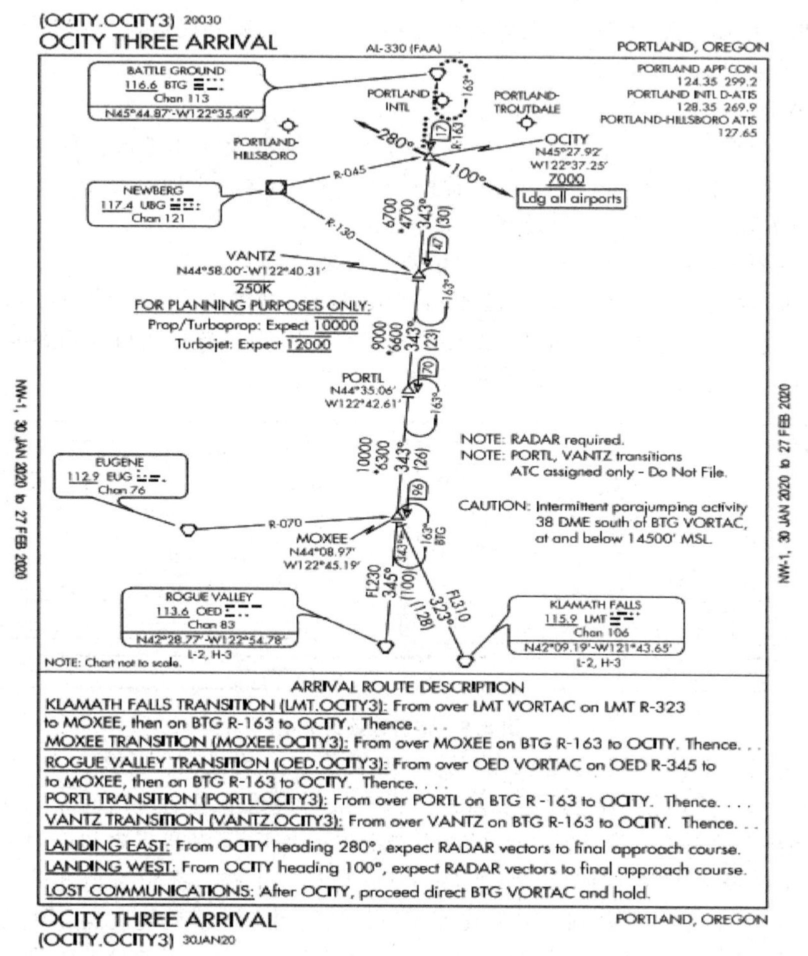

图 8.7 希尔斯伯勒标准仪表进场图

如果飞机来自 KLAMATH FALLS：飞过 LMT VOR 台，沿径向线 323°至 MOXEE 航路点，切入 BTG 径向线 163°至 OCITY，然后转航向 280°或者 100°，由雷达引导或者按照 ATC 指令引导至最后进近航迹。

4. 仪表进近图

FAA 仪表进近图分为 6 部分：标题栏、进近简令条、平面图、剖面图、着陆最低标准、机场缩略图。

(1) 标题栏

FAA 仪表进近图标题栏包括机场位置、进近名称、生效日期、城市名、机场名以及所在州和着陆跑道号码等信息。

(2) 进近简令条

进近简令条包括主要无线电导航设施信息、最后进近航段的航迹、着陆跑道信息、程序备注、进近灯光系统、复飞程序文字说明、自动终端情报服务 ATIS 频率、进近频率、塔台频率、地面频率、许可转移频率和 UNICOM 频率。

(3) 平面图

平面图主要包括进近航段、水域、导航设施、国际边界、限制空速、各种障碍物(人造障碍物、山和植物)、限制高度、特殊空域、等待程序和程序转弯、最低扇区高度(MSA)、机场地势、终端区进场区域和直升机程序。

(4) 剖面图

剖面图位于平面图下方，其显示了已发布的下降剖面以及使用跑道上程序中确定的导航设施、交叉点等下滑道的图形描述。除非程序另有规定，否则进近航迹始于主要导航设施线的顶部，并且应下降到最后进近处以及复飞开始点的位置。

仪表进近程序可以分为精密进近和非精密进近两大类。

在精密进近程序中，下滑道(GS)截距高度由锯齿线和高度表示，这是程序转弯完成后，GS 拦截的最低高度。精密进近的剖面图还描述了 GS 下降角、跑道入口穿越高度(TCH)和外指点标台(OM)处的 GS 高度或指定的点，如图 8.8 所示。

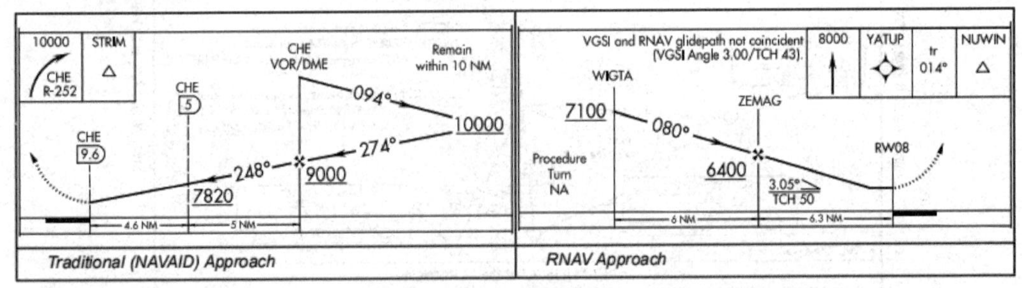

图 8.8 精密进近剖面图

在非精密进近中，最后进近定位点(FAF)的表示与杰普逊航图中的"马耳他叉"符号一致。如果未显示 FAF，则最后进近定位点是飞机在最后进近航道上入站的点。部分机场的进近程序中，还会设置梯级下降定位点。梯级下降定位点在 FAF 和机场之间以固定的名称或设施的名称和虚线表示，以授权使用较低的最小下降角梯度下降。在没有精度最小值(DAs)的 RNAV 程序中，进近航迹下降到 MDA 或 VDP 点，然后沿水平线到复飞点。在没有精度最小值的非 RNAV 程序中，水平线段显示为目视下降点(VDP)。如果存在 VDP，则为 VDP；如果不存在 VDP，则为 MDA，并提供垂直滑行角/ 跑道入口高。目视下降点由位于下滑道上方并居中的粗体字母"V"表示伴随虚线，如图 8.9 所示。

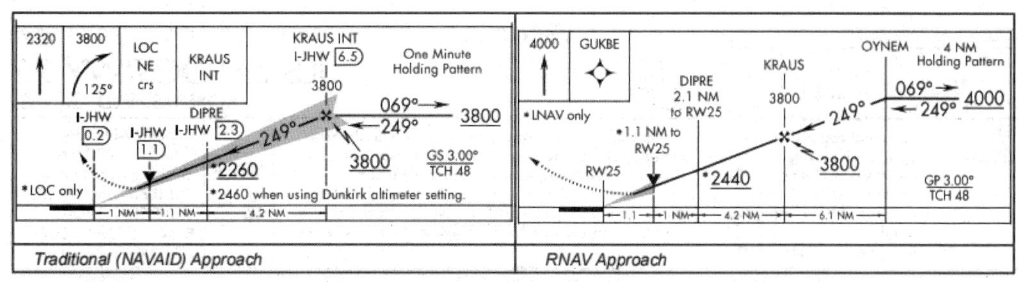

图 8.9　非精密进近剖面图

（5）着陆最低标准

着陆最低标准为仪表进近提供最低的下降高度和能见度要求，可分为两种类型：直线进近或盘旋进近。直线进近的最低标准是在指定的跑道上直接降落所需的最低下降高度（MDA）和能见度（VIS），或决断高度（DA）和能见度。盘旋进近的最低标准是 MDA 和能见度能满足盘旋降落的动作。精密进近和非精密进近用来描述最低下降高度的术语有所不同。精密进近最低下降高度使用决断高度（DA）/决断高（DH），DH 是指高于接地点高度（HAT）之上的高度；非精密进近最低下降高度使用最低下降高度（MDA）/最低下降高（MDH）。对于直线进近，使用最低下降高度（MDA）；对于盘旋进近，使用高于机场高度（HAA）。需要注意的是：括号内列出的数字一般是用于军事的，不用于民航。

能见度显示在 DA / DH 或 MDA 之后，以英里为单位。跑道视程（RVR）的单位为百英尺。如果能见度以法定英里为单位，则有一个海拔数字、连字符、整数或分数，例如“530-1”表示最低下降高 530 ft MSL 和 1 mile 的能见度。RVR 值与最低下降高度之间用斜线隔开，例如“1 440/24”表示最低下降高度 MSL 为 1 440 ft，RVR 为 2 400 ft。当显示 RVR 值时，括号中的军事最低要求会显示可比较的英里数，如图 8.10 所示。

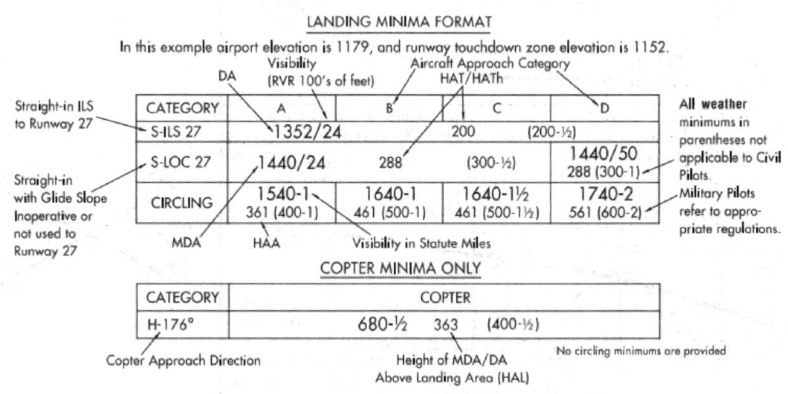

图 8.10　最低着陆标准图例

（6）机场缩略图

机场缩略图的重点放在跑道模式和相关信息上，位于图表的左下角或右下角，以帮助飞行员从空中识别机场并提供一些信息，协助地面机场的导航。跑道按比例绘制，并指向磁北。显示所有可用跑道的跑道尺寸（长度和宽度），并根据跑道的类型和构造来描述跑道。

下面，参照图 8.11 对雷德蒙德机场 23 跑道的 ILS/LOC 仪表进近图进行详解。

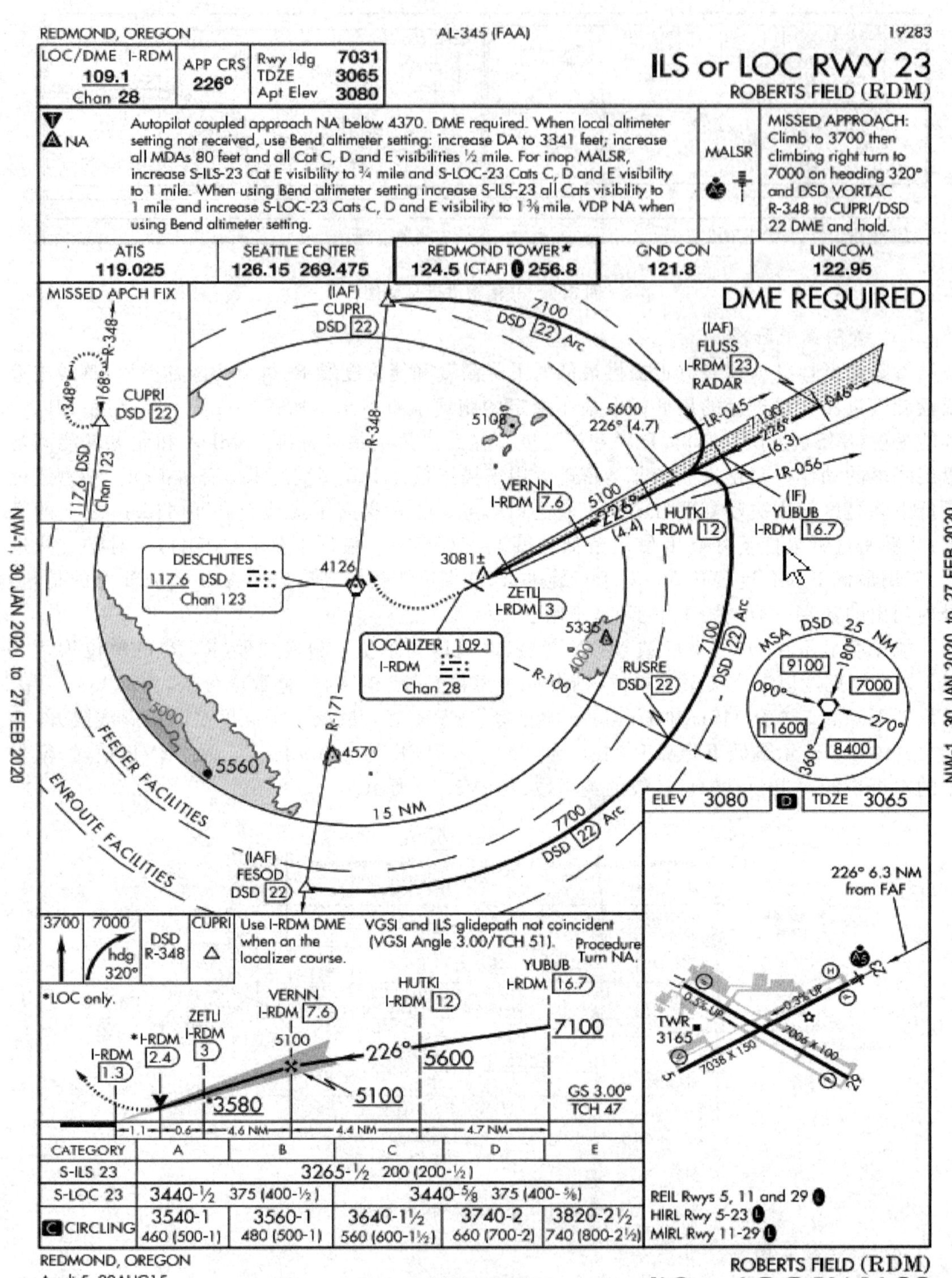

CATEGORY	A	B	C	D	E
S-ILS 23	3265-½ 200 (200-½)				
S-LOC 23	3440-½ 375 (400-½)		3440-⅝ 375 (400-⅝)		
CIRCLING	3540-1 460 (500-1)	3560-1 480 (500-1)	3640-1½ 560 (600-1½)	3740-2 660 (700-2)	3820-2½ 740 (800-2½)

图 8.11 雷德蒙德机场 ILS/LOC 23 跑道进近图

（1）标题栏

标题栏列出了机场所在的城市名（雷德蒙德）和所在州（俄勒冈州）；机场名（罗伯茨菲尔德 RDM）；进近程序的名称为 ILS/LOC；着陆跑道号码为 23；生效日期 2020 年 1 月 30 日至 2020 年 2 月 27 日。

（2）简报信息栏

主要无线电导航设施为 LOC/DME，频率为 109.1 MHz，频道为 28；最后进近航段航迹为 226°，跑道长度为 7 031 ft，机场入口标高为 3 065 ft，机场标高为 3 080 ft。“T”表示机场存在非标准起飞最低标准和/或离场程序。“A NA”表示由于设施不受监控或缺乏天气预报服务，未授权其备降最低要求；备注中指出：当高度低于 4 370 ft 时，自动驾驶进近禁止使用，并且需要 DME 设备。当本地高度表设置数值无法获取时，可以使用雷德蒙德机场旁边邻近的本德机场的高度表设置数值，以及相应的能见度与最低下降高度的调整；灯光系统为中等强度进近灯光系统并带有跑道序列灯（MALSR）；复飞程序为：爬升至 3 700 ft 然后右转航向 320°爬升至 7 000 ft，至 DSD VOR 台 248°径向线 22DME 处执行等待程序。自动终端情报服务频率为 119.025 MHz，西雅图中心频率为 126.15 MHz，塔台频率为 124.5 MHz，地面频率为 121.8 MHz，非政府通信设施的频率为 122.95 MHz。飞行员在飞机上调谐这个 UNICOM 频率，可以实现喊话给飞机加油。

（3）平面图

平面图主要给出了进近程序形式：直线进近和 DME 弧进近。

三条进近航线信息：第一条进近航线的起始进近定位点（IAF）为 CUPRI，位于 DSD 248°径向线与 22 n mile 弧形上，最低飞行高度为 7 100 ft，保持于 DSD 22 n mile 弧形至中间进近定位点 IF YUBUB；第二条进近航线的起始进近定位点 IAF 为 FLUSS，最低飞行高度为 7 100 ft，航迹向 I-RDM 台 226°；第三条进近航线的起始进近定位点（IAF）为 FESOD，位于 DSD 171°径向线与 22 n mile 弧形上，最低飞行高度为 7 700 ft，保持于 DSD 22 n mile 弧形至中间进近定位点（IF）YUBUB。

导航台信息：名称为 DESCHUTES，识别代码为 DSD，频率为 117.6 MHz，频道为 123；LOCALIZER I-RDM，频率为 109.1 MHz，频道为 28。

最低扇区高度（MSA），以导航台 DSD 为中心，按照磁航向 180°、270°、360°、90°划分为 4 个扇区，第一扇区最低安全高度为 7 000 ft，第二扇区最低安全高度为 8 400 ft，第三扇区最低安全高度为 11 600 ft，第四扇区最低安全高度为 9 100 ft。需要 DME 设备。

（4）剖面图

中间和最后进近下降航迹：IF 名称为 YUBUB，中间进近航段起始进近高度为 7 100 ft，航迹为 046°，距航向台 16.7 n mile，距跑道入口 15.4 n mile；定位点 HUTKI 处最低安全高度为 5 600 ft，距航向台 12 n mile，距跑道入口 10.7 n mile；FAF 名称为 VERNN，最后进近航段起始高度为 5 100 ft，距航向台 7.6 n mile，距跑道入口 6.3 n mile；定位点 ZETLI 处最低安全高度为 3 580 ft，距航向台 3 n mile，距跑道入口 1.7 n mile；复飞点用粗体字母“V”表示，距离跑道入口 1.1 n mile。

（5）着陆最低标准

ILS 进近标准：A/B/C/D/E 类航空器决断高度为 3 265 ft，能见度为（1/2）mile，HAT 为 200 ft；LOC 进近标准：A/B 类航空器决断高度为 3 440 ft，能见度为（1/2）mile，最低下降高度为 375 ft;C/D/E 类航空器决断高度为 3 440 ft,能见度为(5/8) mile,HAT 为 375 ft,下滑角为 3°;飞越跑道入口高为 47 ft。

8.3.3 计划图的使用方法

美国 IFR / VFR 低空计划图旨在用于 IFR / VFR 飞行起飞前确定航路和制订飞行计划。该图包括从华盛顿特区到波士顿的东海岸以及洛杉矶/圣地亚哥地区的西海岸区域,信息包括低空 LF/MF 和 VHF、航线和里程、导航设施、机场、特殊用途的空域、城市、时区和主要排水系统等。计划图在飞行训练中应用较少,因此,本章不做详细分析。

复习思考题

1. 在国外航校进行飞行训练,需要使用哪几类航图?
2. FAA 航图可以分为哪些类型?
3. FAA 航图的基本布局包含几部分?请画图说明。
4. FAA 仪表进近图的标题栏包括哪些基本信息?
5. FAA 仪表进近图的平面图包括哪些基本信息?
6. FAA 仪表进近图的剖面图包括哪些基本信息?
7. FAA 仪表进近图着陆最低标准包括哪些基本信息?
8. 综合分析杰普逊航图和 FAA 航图有哪些异同?
9. 结合本章附录中的图 8.12～图 8.21,正确识读和应用 FAA 机场图、标准仪表离场图、标准仪表进场图和仪表进近图。

本章附录

图 8.12～图 8.21 为本章收录的部分 FAA 航图。

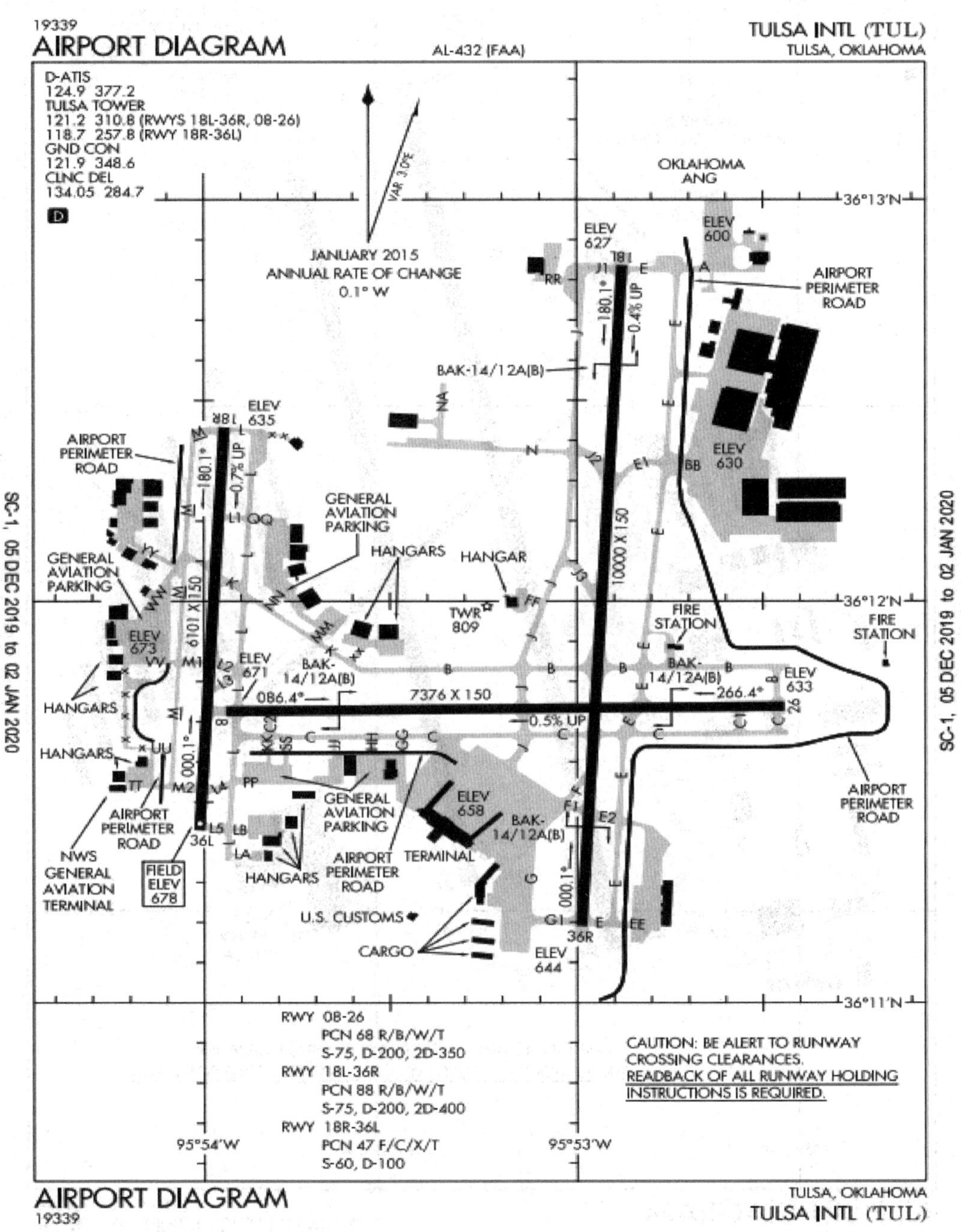

图 8.12　KTUL 机场图

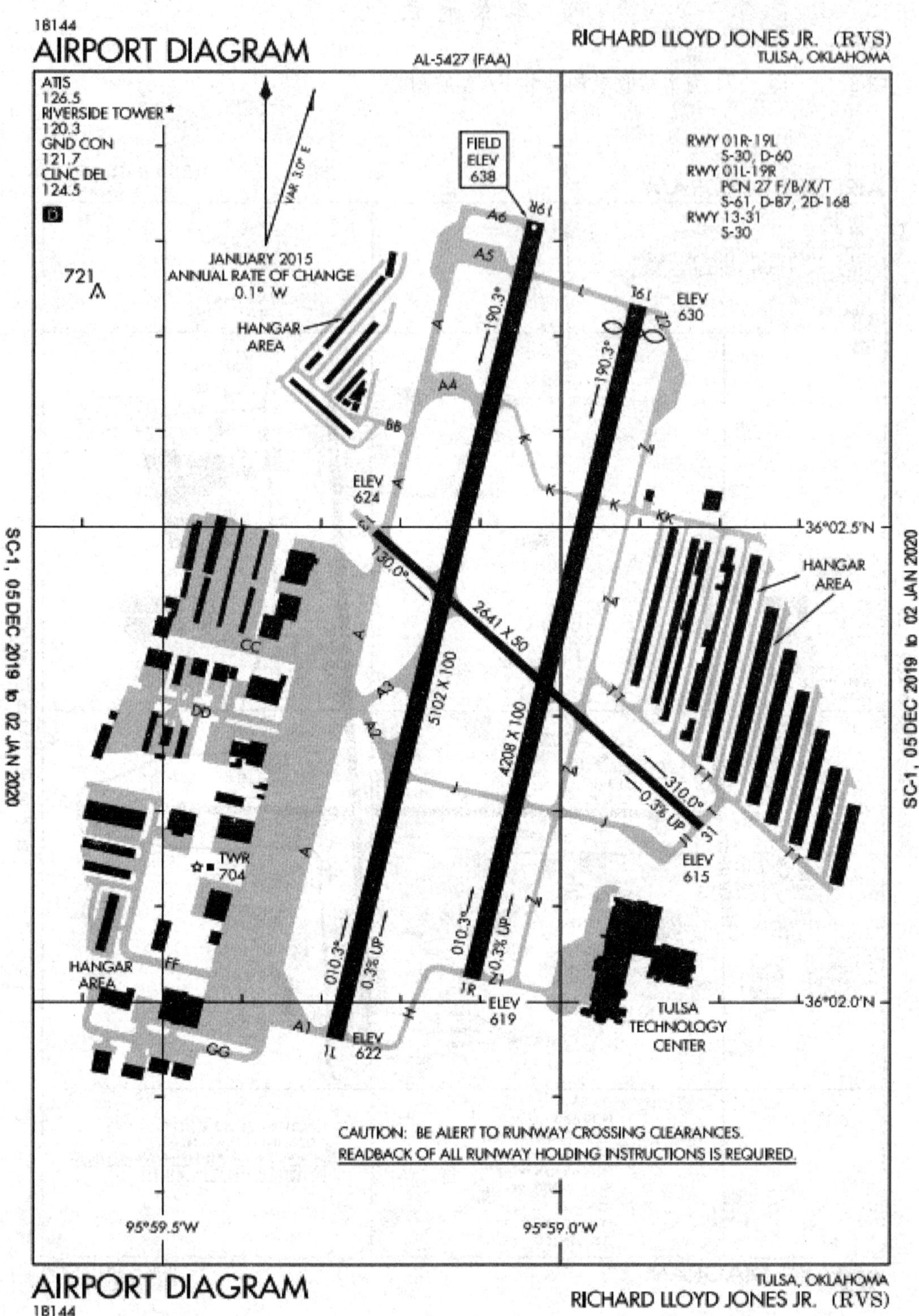

图 8.13　KRVS 机场图

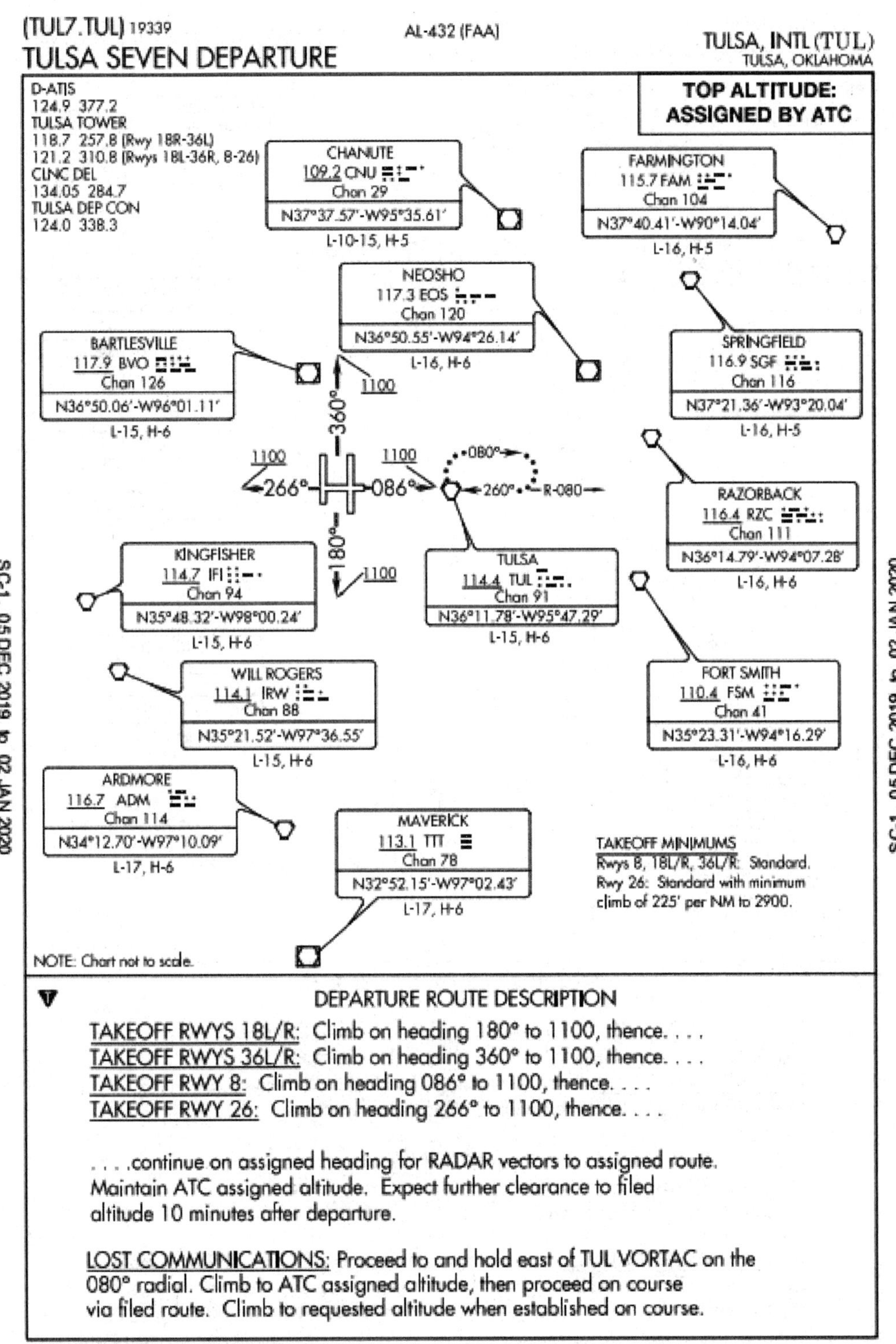

图 8.14　KTUL 离场程序图

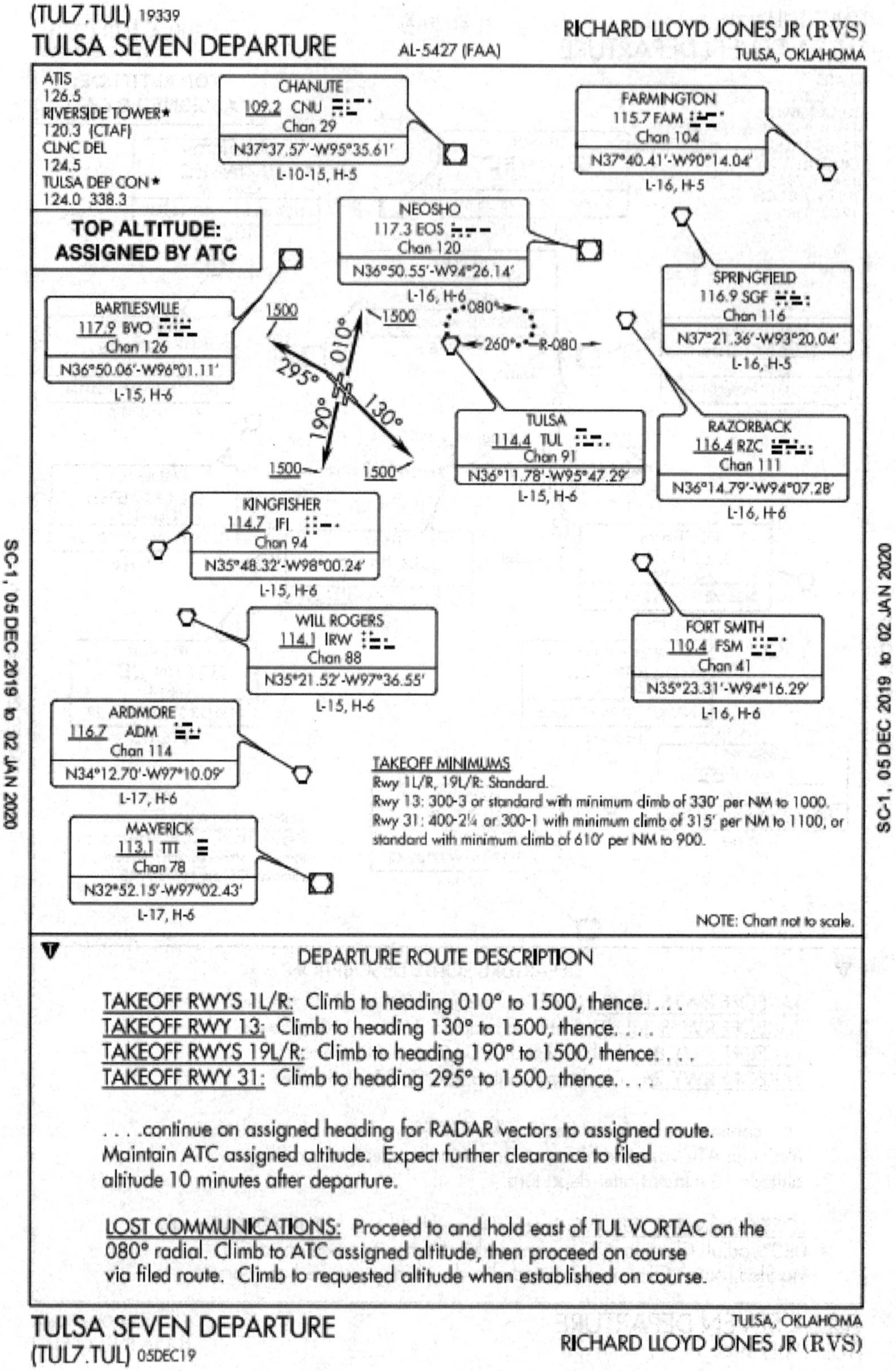
(TUL7.TUL) 19339
TULSA SEVEN DEPARTURE
AL-5427 (FAA)
RICHARD LLOYD JONES JR (RVS)
TULSA, OKLAHOMA
ATIS
126.5
RIVERSIDE TOWER★
120.3 (CTAF)
CLNC DEL
124.5
TULSA DEP CON★
124.0 338.3
TOP ALTITUDE:
ASSIGNED BY ATC
CHANUTE
109.2 CNU
Chan 29
N37°37.57′-W95°35.61′
L-10-15, H-5
FARMINGTON
115.7 FAM
Chan 104
N37°40.41′-W90°14.04′
L-16, H-5
NEOSHO
117.3 EOS
Chan 120
N36°50.55′-W94°26.14′
L-16, H-6
SPRINGFIELD
116.9 SGF
Chan 116
N37°21.36′-W93°20.04′
L-16, H-5
BARTLESVILLE
117.9 BVO
Chan 126
N36°50.06′-W96°01.11′
L-15, H-6
1500
1500
010°
295°
130°
190°
1500
1500
080°
260°
R-080
TULSA
114.4 TUL
Chan 91
N36°11.78′-W95°47.29′
L-15, H-6
RAZORBACK
116.4 RZC
Chan 111
N36°14.79′-W94°07.28′
L-16, H-6
KINGFISHER
114.7 IFI
Chan 94
N35°48.32′-W98°00.24′
L-15, H-6
WILL ROGERS
114.1 IRW
Chan 88
N35°21.52′-W97°36.55′
L-15, H-6
FORT SMITH
110.4 FSM
Chan 41
N35°23.31′-W94°16.29′
L-16, H-6
ARDMORE
116.7 ADM
Chan 114
N34°12.70′-W97°10.09′
L-17, H-6
MAVERICK
113.1 TTT
Chan 78
N32°52.15′-W97°02.43′
L-17, H-6
TAKEOFF MINIMUMS
Rwy 1L/R, 19L/R: Standard.
Rwy 13: 300-3 or standard with minimum climb of 330′ per NM to 1000.
Rwy 31: 400-2¼ or 300-1 with minimum climb of 315′ per NM to 1100, or standard with minimum climb of 610′ per NM to 900.
NOTE: Chart not to scale.
SC-1, 05 DEC 2019 to 02 JAN 2020
SC-1, 05 DEC 2019 to 02 JAN 2020
DEPARTURE ROUTE DESCRIPTION
TAKEOFF RWYS 1L/R: Climb to heading 010° to 1500, thence. . . .
TAKEOFF RWY 13: Climb to heading 130° to 1500, thence. . . .
TAKEOFF RWYS 19L/R: Climb to heading 190° to 1500, thence. . . .
TAKEOFF RWY 31: Climb to heading 295° to 1500, thence. . . .
. . . .continue on assigned heading for RADAR vectors to assigned route. Maintain ATC assigned altitude. Expect further clearance to filed altitude 10 minutes after departure.
LOST COMMUNICATIONS: Proceed to and hold east of TUL VORTAC on the 080° radial. Climb to ATC assigned altitude, then proceed on course via filed route. Climb to requested altitude when established on course.
TULSA SEVEN DEPARTURE
(TUL7.TUL) 05DEC19
TULSA, OKLAHOMA
RICHARD LLOYD JONES JR (RVS)

图 8.15 KRVS离场程序图

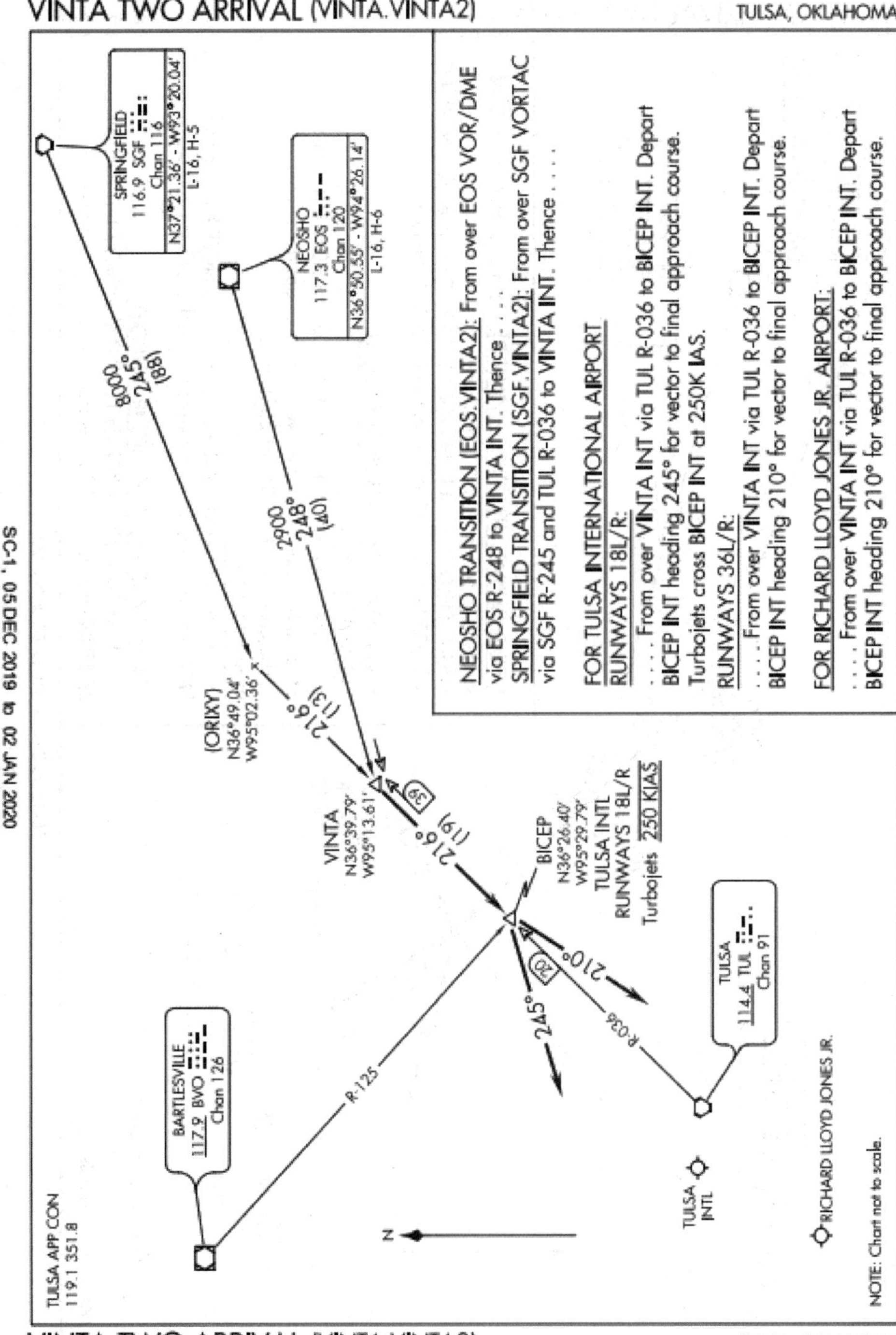

图8.16　KTUL进场程序图

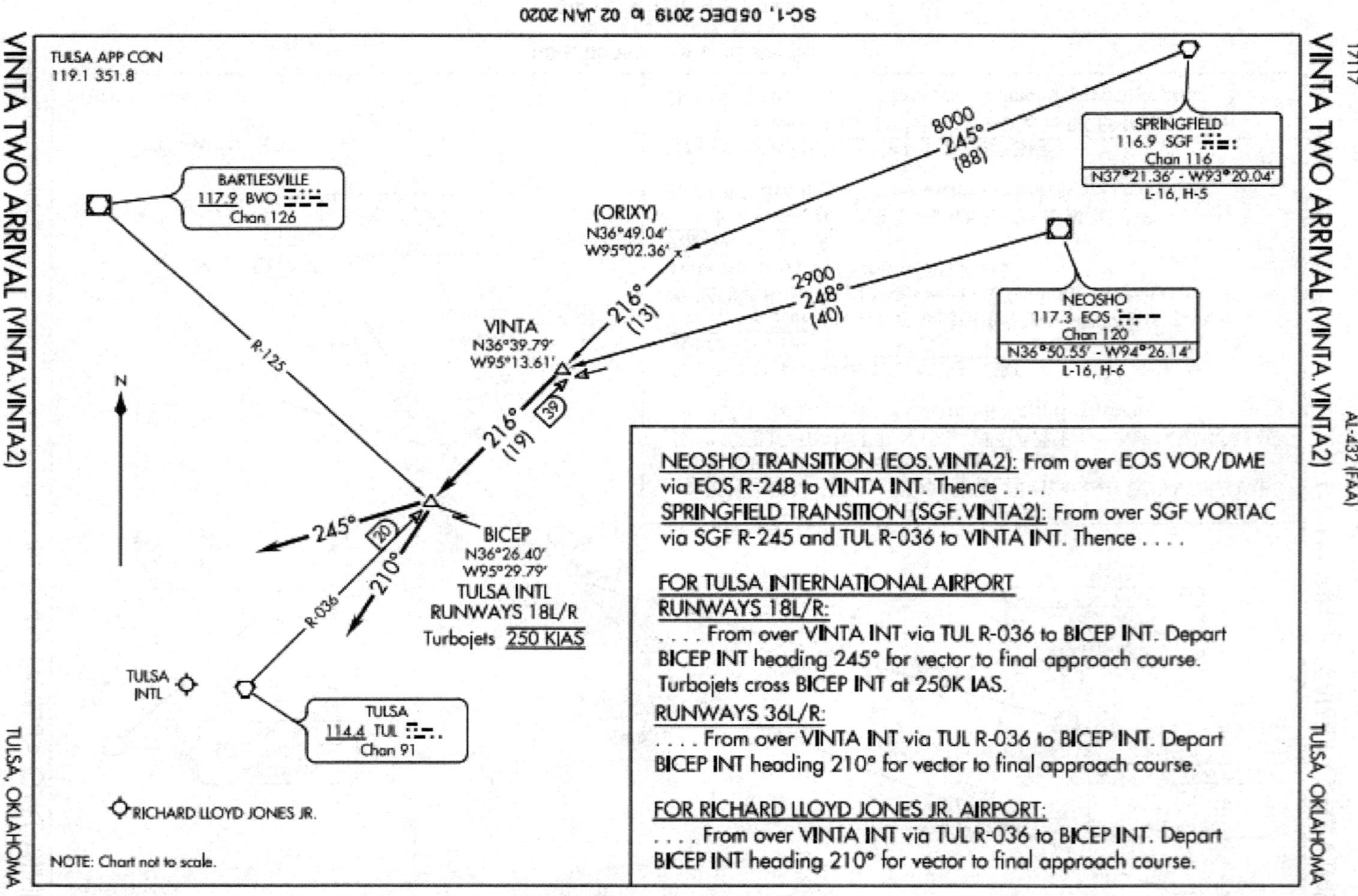

图8.17 KRVS进场程序图

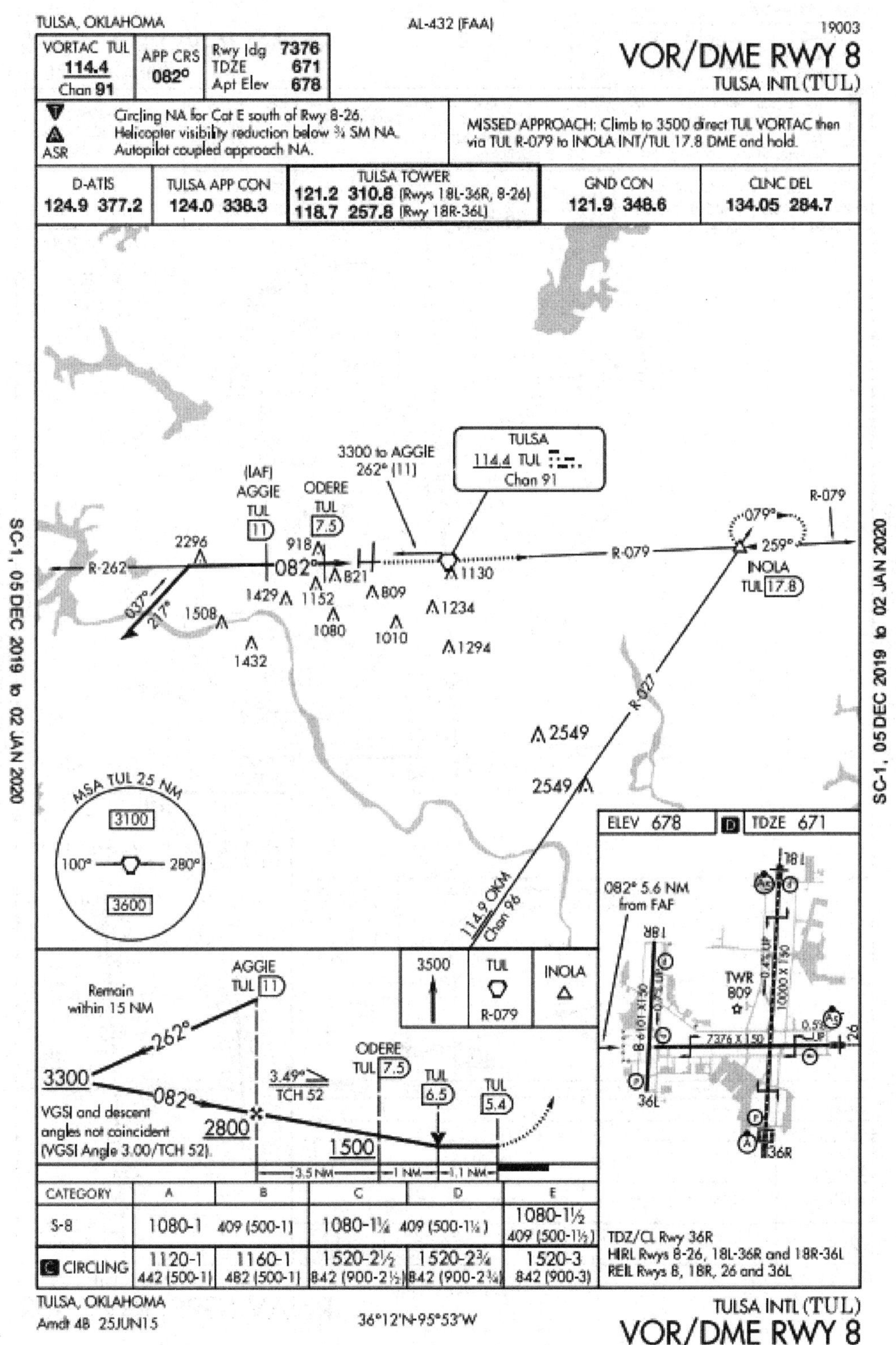

CATEGORY	A	B	C	D	E
S-8	1080-1	409 (500-1)	1080-1¼	409 (500-1¼)	1080-1½ 409 (500-1½)
CIRCLING	1120-1 442 (500-1)	1160-1 482 (500-1)	1520-2½ 842 (900-2½)	1520-2¾ 842 (900-2¾)	1520-3 842 (900-3)

图 8.18 KTUL VOR 进近图

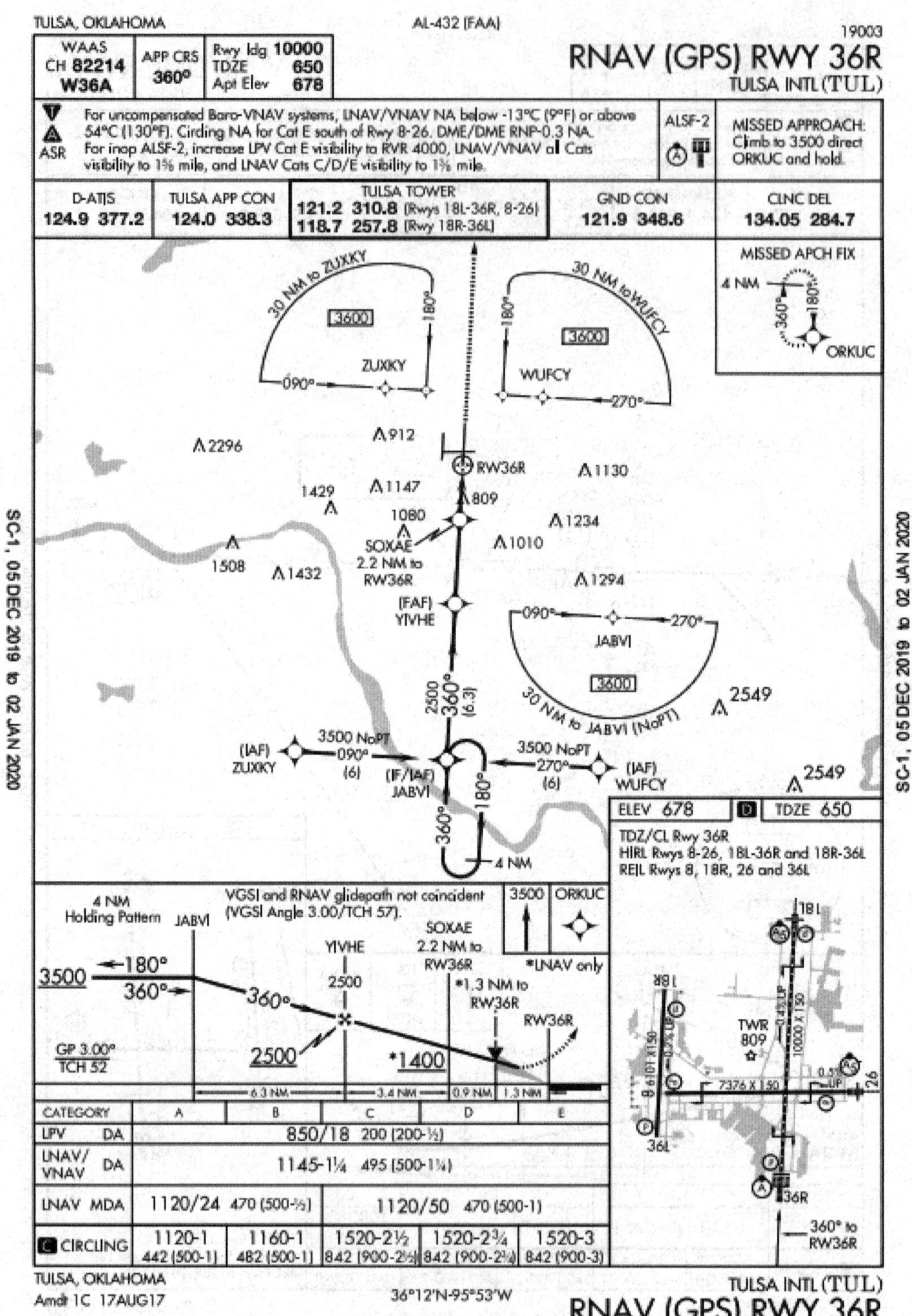

图 8.19 KTUL GPS 进近图

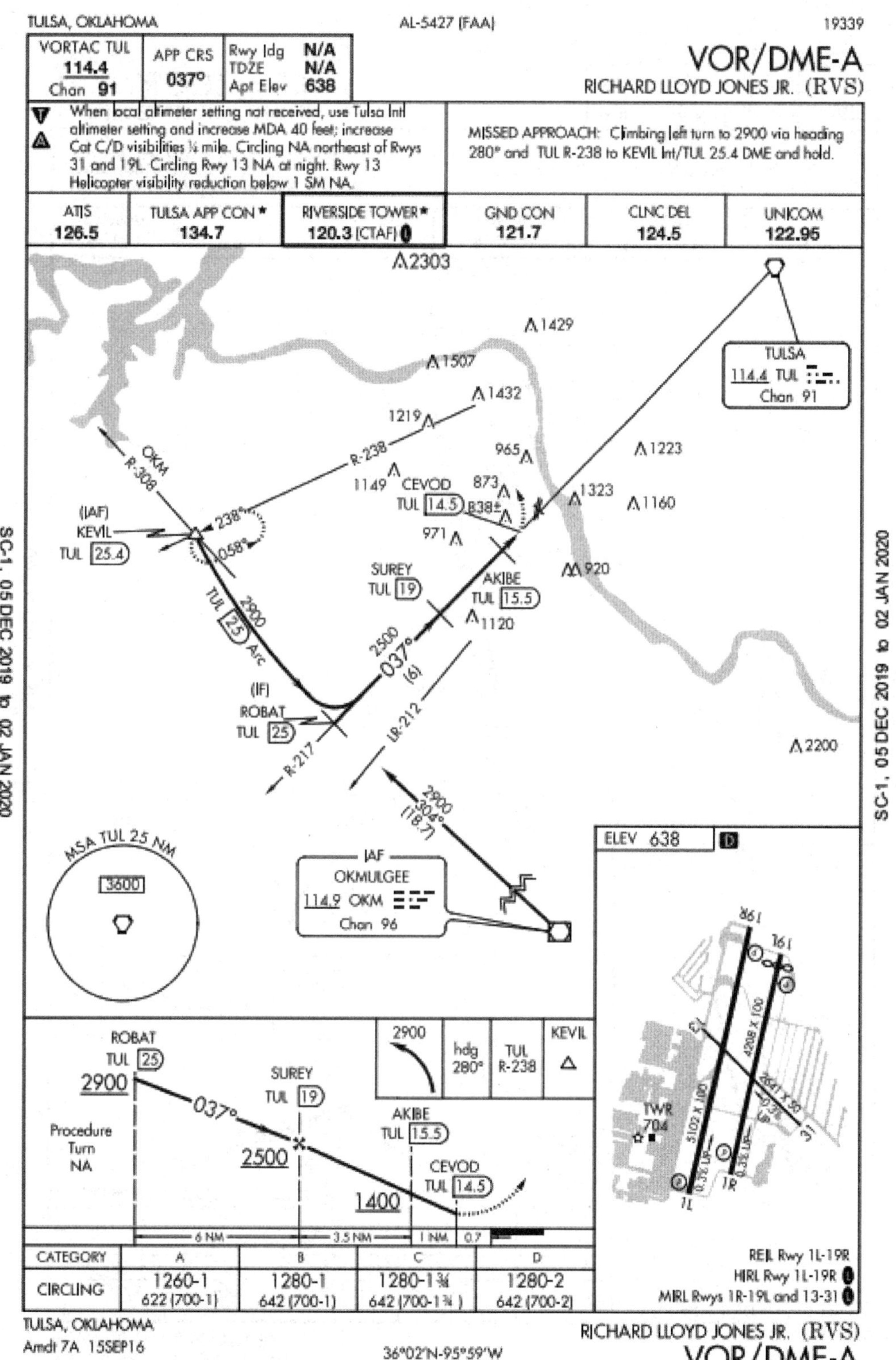

图 8.20　KRVS VOR DME 进近图

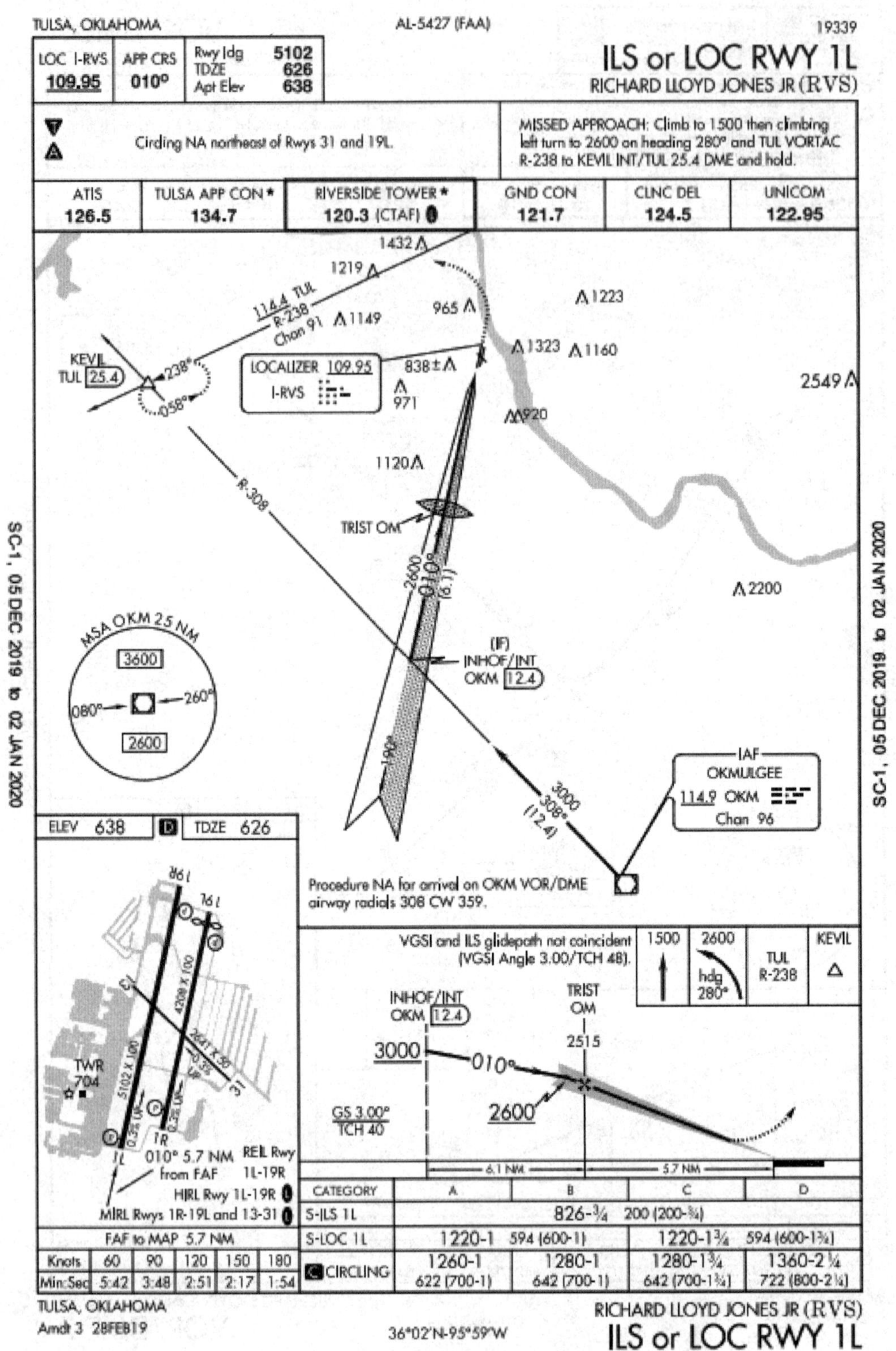

图 8.21　KRVS ILS 进近图

《杰普逊航路手册》中的简缩字(按字母顺序)

序　号	简缩字	英文名称	中文名称
1	A/A	Air to Air	空对空
2	AAF	Army Air Field	军用航空基础
3	AAIM	Aircraft Autonomous Integrity Monitoring	航空器自主完好性监控
4	AAIS	Automated Aerodrome Information Service	自动机场情报服务
5	AAL	Above Aerodrome Level	高出机场平面
6	AAS	Airport Advisory Service	机场咨询服务
7	AAU	Authorized Approach UNICOM	批准的进近联合通信
8	AB	Air Base	航空基础
9	ABM	Abeam	正切
10	ABN	Aerodrome Beacon	机场灯标
11	AC	Air Carrier	航空承运人
12	ACA	Arctic Control Area	极地管制区
13	ACA	Approach Control Area	进近管制区
14	ACAS	Airborne Collision Avoidance System	机载防撞系统
15	ACARS	Airborne Communications Addressing and Reporting System	航空器通信寻址报告系统
16	ACC	Area Control Center	区域管制中心
17	ACFT	Aircraft	航空器
18	ACN	Aircraft Classification Number	航空器等级序号
19	AD	Aerodrome	机场
20	ADA	Advisory Area	咨询区
21	ADF	Automatic Direction Finding	自动定向机
22	ADIZ	Air Defense Identification Zone	防空识别区
23	ADNL	Additional	附加或附加的、另外的
24	ADR	Advisory Route	咨询航路
25	ADS	Automatic Dependent Surveillance	自动相关监视
26	ADV	Advisory Area	咨询区
27	AEIS	Aeronautical Enroute Information Service	航空航路情报服务
28	AER	Approach End Runway	跑道进近端

续表

序　号	简缩字	英文名称	中文名称
29	AERADIO	Air Radio	航空无线电
30	AERO	Aerodrome	机场
31	AF Aux	Air Force Auxiliary Field	空军辅助机场
32	AFB	Air Force Base	空军基地
33	AFIS	Aerodrome Flight Information Service	机场飞行情报服务
34	AFLD	Airfield	机场
35	AFN	American Forces Network	美国军用网络
36	AFRS	Armed Forces Radio Stations	军用无线电
37	AFRU	Aerodrome Frequency Response Unit	机场频率应答组件
38	AFS	Air Force Station	空军航站
39	AFSS	Automated Flight Service Station	自动飞行服务站
40	A/G	Air to Ground	空对地
41	AGL	Above Ground Level	高于地面
42	AGNIS	Azimuth Guidance Nose-in-Stand	机头向内方向引导
43	AH	Alert Height	告警高
44	AHP	Army Heliport	军用直升机场
45	AIRAC	Aeronautical Information Regulation and Control	航行资料定期颁发制
46	AIREP	Air-Report	空中报告
47	AIS	Aeronautical Information Services	航行情报服务
48	ALA	Authorized Landing Area	批准的着陆区域
49	ALF	Auxiliary Landing Field	辅助降落场
50	ALS	Approach Light System	进近灯光系统
51	ALS	Low Intensity Approach Lights	低强度进近灯光
52	ALT	Altitude	高度
53	ALTN	Alternate	备降机场、备用、备份
54	AMA	Area Minimum Altitude	区域最低高度
55	AMSL	Above Mean Sea Level	高于平均海平面
56	ANGB	Air National Guard Base	航空国民警卫队基地
57	AOE	Airport/Aerodrome of Entry	机场/入境航站
58	AOM	Airport Operating Minimums	机场运行最低标准
59	AOR	Area of Responsibility	责任区
60	APAPI	Abbreviated Precision Approach Path Indicator	简易精密进近航道指示器
61	APC	Area Positive Control	区域绝对管制

续表

序　号	简缩字	英文名称	中文名称
62	APCH	Approach	进近
63	APP	Approach Control	进近管制
64	APT	Airport	航空港、机场
65	APV	Approach Procedures with Vertical Guidance	带垂直引导的进近程序
66	ARB	Air Reserve Base	航空备用基地
67	ARINC	Aeronautical Radio, Inc.	航空无线电台
68	ARO	ATS Reporting Office	机场报告员
69	ARP	Airport Reference Point	机场基准点
70	ARR	Arrival	进场、到达
71	ARTCC	Air Route Traffic Control Center	空中航路交通管制中心
72	ASDA	Accelerate Stop Distance Available	可用加速停止距离
73	ASOS	Automated Surface Observation System	自动场面观测系统
74	ASR	Airport Surveillance Radar	机场监视雷达
75	ATA	Actual Time of Arrival	实际到达时间
76	ATCAA	Air Traffic Control Assigned Airspace	空中交通管制指定空域
77	ATCC	Air Traffic Control Center	空中交通管制中心
78	ATCT	Air Traffic Control Tower	空中交通管制塔台
79	ATD	Actual Time of Departure	实际起飞时间
80	ATF	Aerodrome Traffic Frequency	机场交通频率
81	ATFM	Air Traffic Flow Management	空中交通流量管理
82	ATIS	Automatic Terminal Information Service	自动终端情报服务
83	ATND SKD	Attended Scheduled Hours	安排预定时间
84	ATS	Air Traffic Services	空中交通服务
85	ATZ	Aerodrome Traffic Zone	机场交通地带
86	AU	Approach UNICOM	进近联合通信
87	AUP	Airspace Utilization Plane	空域利用平面
88	AUTH	Authorized	批准的、授权的
89	AUW	All-up Weight	起飞全重
90	AUX	Auxiliary	辅助的
91	AVBL	Available	可用的
92	AWIB	Aerodrome Weather Information Broadcast	机场气象情报广播
93	AWIS	Aerodrome Weather Information Service	机场气象情报服务
94	AWOS	Automated Weather Observing System	自动气象观测系统
95	AWSS	Aviation Weather Sensor System	航空气象探测系统
96	AWY	Airway	航路
97	AZM	Azimuth	方位

续表

序　号	简缩字	英文名称	中文名称
98	BC	Back Course	气压式垂直导航
99	BCM	Back Course Marker	后航道
100	BCN	Beacon	灯标、信标
101	BCOB	Broken Clouds or Better	碎云与疏云
102	BCST	Broadcast	广播
103	BDRY	Boundary	边界
104	BLDG	Building	建筑物
105	BM	Back Marker	后航道指点标
106	BRG	Bearing	方位
107	B-RNAV	Basic RNAV	基本区域导航
108	BS	Broadcast Station (Commercial)	广播电台(商用)
109	C	ATC IFR Flight Plan Clearance Delivery Frequency	放行许可频率
110	CADIZ	Canadian Air Defense Identification Zone	加拿大防空识别区
111	CAE	Control Area Extension	管制区域扩展
112	CA/GRS	Certified AIR/Ground Radio Service	批准的空地无线电服务
113	CANPA	Constant Angle Non-Precision Approach	恒角非精密进近
114	CARS	Community Aerodrome Radio Station	共用机场无线电台
115	CAT	Category	类别、级别
116	CBA	Cross Border Area	交叉边界区
117	CDFA	Continuous Descent Final Approach	连续下降的最后进近
118	CDI	Course Deviation Indicator	航道偏离指示器
119	CDR	Conditional Route	条件航路
120	CDT	Central Daylight Time	中部白昼时间
121	CEIL	Ceiling	云高、云底高
122	CERAP	Combined Center/Radar Approach Control	雷达进近管制联合中心
123	CFIT	Controlled Flight Into Terrain	可控飞行撞地
124	CGAS	Coast Guard Air Station	海岸警卫队航空站
125	CGL	Circling Guidance Lights	盘旋引导灯
126	CH	Channel	频道、波导
127	CH	Critical Height	临界高
128	CHGD	Changed	变更的
129	CL	Centerline Lights	跑道中线灯

续表

序 号	简缩字	英文名称	中文名称
130	CMNPS	Canadian Minimum Navigation Performance Specification	加拿大最低导航性能规范
131	CMV	Converted Met Visibility	转换气象能见度
132	CNF	Computer Navigation Fix	计算机导航定位点
133	CO	County	州、县、郡
134	COMLO	Compass Locator	罗盘示位台
135	COMMS	Communications	通信
136	CONT	Continuous	连续的
137	CONTD	Continued	延续的
138	COORDS	Coordinates	坐标
139	COP	Change Over Point	转换点
140	CORR	Corridor	走廊
141	CP	Command Post	指挥所
142	CPDLC	Controller Pilot Data Link Communications	管制员飞行员数据联络通信
143	CPT	Clearance (Pre-Taxi Procedure)	许可(滑行前程序)
144	CRC	Cyclical Redundancy Check	循环冗余检查
145	CRP	Compulsory Reporting Point	强制报告点
146	CRS	Course	航道
147	CST	Central Standard Time	中部标准时间
148	CTA	Control Area	管制区
149	CTAF	Common Traffic Advisory Frequency	公共交通咨询频率
150	CTL	Control	管制
151	CTOT	Calculated Take-off Time	计算起飞时间
152	CTR	Control Zone	管制地带
153	CVFP	Charted Visual Flight Procedure	目视飞行程序图
154	CVFR	Controlled VFR	管制 VFR
155	D	Day	白天、昼间、日
156	DA	Decision Altitude	决断高度
157	DA (H)	Decision Altitude (Height)	决断高度(高)
158	D-ATIS	Digital ATIS	数字式 ATIS
159	DCL	Data Link Departure Clearance Service	数据链式离场许可服务
160	DCT	Direct	直飞、直达、直线飞行
161	DECMSND	Decommissioned	停止工作

续表

序 号	简缩字	英文名称	中文名称
162	DEG	Degree	度、度数
163	DEP	Departure Control	离场管制
164	DEPARTURE	Departure Procedure	离场程序
165	DER	Departure End of Runway	跑道起飞末端
166	DEWIZ	Distance Early Warning Identification Zone	远程早期预警识别地带
167	DF	Direction Finder	定向仪
168	DISPL THRESH	Displaced Threshold	内移的跑道入口
169	DIST	Distance	距离
170	DME	Distance Measuring Equipment	测距仪
171	DOD	Department of Defense	国防部
172	DOM	Domestic	国内的
173	DP	Departure Procedure	越障离场程序
174	DRCO	Dial-up Remote Communications Outlet	遥控通信引出线
175	E	East or Eastern	东或东方
176	EAT	Expected Approach Time	预计进近时间
177	ECOMS	Explanation of Common Minimum Specifications	共用最低标准规范的说明
178	EDT	Eastern Daylight Time	东部白昼时间
179	EET	Estimated Elapsed Time	预计航程(经过)时间
180	EFAS	Enroute Flight Advisory Service	航路飞行咨询服务
181	EFF	Effective	有效的、生效
182	EFVS	Enhanced Flight Vision System	增强飞行视觉系统
183	EH	Eastern Hemisphere	东半球
184	ELEV	Elevation	标高
185	EMAS	Emergency	紧急、应急
186	EMERG	Emergency	工程材料阻拦系统
187	ENG	Engine	发动机
188	EOBT	Estimated off Block Time	预计撤轮挡时间
189	EST	Eastern Standard Time	东部标准时间
190	EST	Estimated	预计的
191	ETA	Estimated Time of Arrival	预计到达时间
192	ETD	Estimated Time of Departure	预计起飞时间
193	ETE	Estimated Time Enroute	预计航路(飞行)时间

续表

序　号	简缩字	英文名称	中文名称
194	ETOPS	Extended Range Operation with two engine airplanes	双发延程飞行
195	EVS	Enhanced Vision System	增强视景系统
196	FAA	Federal Aviation Administration	(美国)联邦航空局
197	FACF	Final Approach Course Fix	最后进近航道定位点
198	FACF	Final Approach Capture Fix	最后进近截获定位点
199	FAF	Final Approach Fix	最后进近定位点
200	FAIL	Failure	失效
201	FANS	Future Air Navigation System	未来航行导航系统
202	FAP	Final Approach Point	最后进近点
203	FAR	Federal Aviation Regulation	联邦航空条例
204	FAS DB	Final Approach Segment Datablock	最后进近航段数据块
205	FAT	Final Approach Track	最后进近航迹
206	FATO	Finial Approach and Take-off Air	最后进近和起飞区
207	FCP	Final Control Point	最后控制点
208	FIA	Flight Information Area	飞行情报区
209	FIC	Flight Information Center	飞行情报中心
210	FIR	Flight Information Region	飞行情报区
211	FIS	Flight Information Service	飞行情报服务
212	FL	Flight Level (Altitude)	飞行高度层(高度)
213	FLD	Field	机场、场地
214	FLG	Flashing	闪光
215	FLT	Flight	飞行、航班
216	FM	Fan Marker	扇形指点标
217	FMS	Flight Management System	飞行管理系统
218	FMC	Flight Management Computer	飞机管理计算机
219	FPM	Feet Per Minute	英尺/分
220	FRA	Free Route Airspace	自由航线空域
221	FPR	Flight Planning Requirements	飞行计划要求
222	FREQ	Frequency	频率
223	FSS	Flight Service Station	飞行服务站
224	FT	Feet	英尺
225	FTS	Flexible Track System	可选航迹系统

续表

序 号	简缩字	英文名称	中文名称
226	G	Guards only (radio frequencies)	只守听(无线电频率)
227	GA	General Aviation	通用航空
228	GBAS	Ground-Based Augmentation System	陆基增强系统
229	GCA	Ground Controlled Approach (radar)	地面管制进近(雷达)
230	GCO	Ground Communications Outlet	地面通信分站
231	GEN	General	通用
232	GLONASS	Global Orbiting Navigation Satellite System	全球轨道导航卫星系统
233	GLS	Global Navigation Satellite System [GNSS] Landing System	GNSS着陆系统
234	GMT	Greenwich Mean Time	格林尼治平时
235	GND	Ground Control	地面管制
236	GND	Surface of the Earth (either land or water)	地球表面(包括地面和水面)
237	GNSS	Global Navigation Satellite System	全球导航卫星系统
238	GP	Glide Path	下滑道
239	GPA	Glidepath Angle	下滑角
240	GPS	Global Positioning System	全球定位系统
241	GPWS	Ground Proximity Warning System	近地告警系统
242	GS	Glide Slope	下滑台
243	G/S	Ground Speed	地速
244	GWT	Gross Weight	全重
245	H	Non-directional Radio Beacon or High Altitude	高空
246	H24	24 Hour Service	24小时服务
247	HAA	Height Above Airport	高于机场的高
248	HALS	Height Above Landing System	高于着陆系统的高
249	HAS	Height Above Site	高于站点的高
250	HAT	Height Above Touchdown	高于接地地带的高
251	HC	Critical Height	临界高
252	HDG	Heading	航向
253	HF	High Frequency (3-30 MHz)	高频(3～30 MHz)
254	HGS	Head-up Guidance System	飞机平视引导系统
255	HI	High (altitude)	高(高度)
256	HI	High Intensity (lights)	高强度(灯光)
257	HIALS	High Intensity Approach Light System	高强度进近灯光系统
258	HIRL	High Intensity Runway Edge Lights	高强度跑道边灯

续表

序　号	简缩字	英文名称	中文名称
259	HIRO	High Intensity Runway Operation	高强度跑道运行
260	HIWAS	Hazardous Inflight Weather Advisory Service	飞行中的危险天气咨询服务
261	HJ	Sunrise to Sunset	从日出到日没
262	HN	Sunset to Sunrise	从日没到日出
263	HO	By Operational Requirements	按要求运行
264	hPa	Hectopascal (one hectopascal = one millibar)	百帕(1百帕=1毫巴)
265	HR	Hours (period of time)	小时(时间段)
266	HS	During Hours of Scheduled Operations	在定期航班运行期间
267	HST	High Speed Taxi-way Turn-off	高速脱离滑行道
268	HUDLS	Head-up Display Landing System	飞机平视显示着陆系统
269	HX	No Specific Working Hours	无特定的工作时间
270	Hz	Hertz (cycles per second)	赫兹(每秒的周期数)
271	I	Island	岛
272	IAC	Instrument Approach Chart	仪表进近图
273	IAF	Initial Approach Fix	起始进近点
274	IAML	Integrity Monitor Alarm	完好性监视告警
275	IAP	Instrument Approach Procedure	仪表进近程序
276	IAS	Indicated Airspeed	指示空速
277	IATA	International Air Transport Association	国际航空运输协会
278	IAWP	Initial Approach Way Point	起始进近航路点
279	IBN	Identification Beacon	识别灯标
280	ICAO	International Civil Aviation Organization	国际航空运输协会
281	IDENT	Identification	识别代码、识别标志
282	IF	Intermediate Fix	中间进近定位点
283	IFBP	Inflight Broadcast Procedure	飞行中播报程序
284	IFR	Instrument Flight Rules	仪表飞行规则
285	IGS	Instrument Guidance System	仪表引导系统
286	ILS	Instrument Landing System	仪表着陆系统
287	IM	Inner Marker	内指点标
288	IMAL	Integrity Monitor Alarm	完好性监视告警
289	IMC	Instrument Meteorological Conditions	仪表气象条件
290	IMTA	Intensive Military Training Area	密集的军事训练区
291	INDEFLY	Indefinitely	不定的、不明确的
292	IN、INS	Inches	英寸
293	INFO	Information	信息、情报、资料
294	INOP	Inoperative	不工作

续表

序　号	简缩字	英文名称	中文名称
295	INS	Inertial Navigation System	惯性导航系统
296	INT	Intersection	交叉点
297	INTL	International	国际的
298	IORRA	Indian Ocean Random RNAV Area	印度洋任意RNAV区
299	IR	Instrument Restricted Controlled Airspace	仪表限制管制空域
300	IS	Islands	群岛
301	ITWS	Integrated Terminal Weather System	一体化终端气象服务系统
302	I/V	Instrument/Visual Controlled Airspace	仪表/目视管制空域
303	JAA	Joint Aviation Authorities	联合航空组织(欧洲)
304	JAR-OPS	Joint Aviation Requirements-operations	联合航空运行规则
305	KGS	Kilograms	千克
306	kHz	Kilohertz	千赫兹
307	KIAS	Knots Indicated Airspeed	以节表示的指示空速
308	KM	Kilometers	千米
309	KMH	Kilometer(s) per Hour	千米/小时
310	KT	Knots	节
311	KTAS	Knots True Airspeed	以节表示的真空速
312	L	Locator(Compass)	示位台(罗盘)
313	LAA	Local Airport Advisory	当地机场咨询服务
314	LAAS	Local Area Augmentation System	局域增强系统
315	LACFT	Large Aircraft	大型航空器
316	LAHSO	Land and Hold Short Operations	着陆短距运行
317	LAT	Latitude	纬度
318	LBCM	Locator Back Course Marker	带示位台的后航道指点标
319	LBM	Locator Back Marker	带示位台的后指点标
320	LBS	Pounds (Weight)	磅(重量)
321	LCG	Load Classification Group	载荷等级组
322	LCN	Load Classification Number	载荷等级数
323	Lctr	Locator (Compass)	示位台(罗盘)
324	LDA	Landing Distance Available	可用着陆距离
325	LDA	Localizer type Directional Aid	航向台式定位设施
326	LDI	Landing Direction Indicator	着陆方向标
327	LDIN	Lead-in Light System	引入灯光系统

续表

序　号	简缩字	英文名称	中文名称
328	LGTH	Length	长度
329	LIM	Locator Inner Marker	带示位台的内指点标
330	LIRL	Low Intensity Runway Light	低强度跑道灯
331	LLWAS	Low Level Wind Shear Alert System	低空风切变警告系统
332	LMM	Locator Middle Marker	带示位台的中指点标
333	LNAV	Lateral Navigation	横向导航
334	LNDG	Landing	着陆
335	LO	Locator at Outer Marker Site	远台
336	LOC	Localizer	航向台
337	LOM	Locator Outer Marker	带示位台的外指点标
338	LONG	Longitude	经度
339	LPV	Localizer Performance with Vertical Guidance	带垂直引导的 WAAS 进近程序
340	LSALT	Lowest Safe Altitude	最低安全高度
341	LT	Local Time	当地时间
342	LTP	Landing Threshold Point	着陆入口点
343	LTS	Lights	灯光
344	LVP	Low Visibility Procedures	低能见度程序
345	LWIS	Limited Weather Information System	特定天气情报系统
346	M	Meters	米
347	MAA	Maximum Authorized Altitude	最高批准高度
348	MAG	Magnetic	磁的
349	MAHF	Missed Approach Holding Fix	复飞等待定位点
350	MALS	Medium Intensity Approach Light System	中强度进近灯光系统
351	MALSF	Medium Intensity Approach Light System with Sequenced Flashing Lights	有顺序闪光灯的中强度进近灯光系统
352	MALSR	Medium Intensity Approach Light System with Runway Alignment Indicator Lights	有对准跑道指示灯的中强度进近灯光系统
353	MAP	Missed Approach Point	复飞点
354	MAX	Maximum	最大
355	MB	Millibars	毫巴
356	MBZ	Mandatory Broadcast Zone	强制广播地带
357	MCA	Minimum Crossing Altitude	最低穿越高度
358	MCAF	Marine Corps Air Facility	海军陆战队航空设施
359	MCAS	Marine Corps Air Station	海军陆战队航空站
360	MCTA	Military Controlled Airspace	军事管制空域

续表

序号	简缩字	英文名称	中文名称
361	MDA	Minimum Descent Altitude	最低下降高度
362	MDA (H)	Minimum Descent Altitude (Height)	最低下降高度(高)
363	MDT	Mountain Daylight Time	山区白昼时间
364	MEA	Minimum Enroute Altitude	最低航路高度
365	MEHT	Minimum Eye Height Over Threshold	跑道入口之上的最低眼高
366	MEML	Memorial	记忆的、备忘录
367	MET	Meteorological	气象
368	MF	Medium Frequency (300-3 000 kHz) also Mandatory Frequency	强制频率(300～3 000 kHz)
369	MFA	Minimum Flight Altitude	最低飞行高度
370	MHA	Minimum Holding Altitude	最低等待高度
371	MHz	Megahertz	兆赫兹
372	MI	Medium Intensity (lights)	中强度(灯光)
373	MIALS	Medium Intensity Approach Light System	中强度进近灯光系统
374	MIL	Military	军事、军用
375	MIM	Minimum	最低、最小
376	MIN	Minute	分钟、分
377	MIPS	Military Instrument Procedure Standardization	军用仪表程序标准化
378	MIRL	Medium Intensity Runway Edge Lights	中强度跑道边灯
379	MKR	Marker Radio Beacon	无线电指点标
380	MLS	Microwave Landing System	微波着陆系统
381	MM	Middle Marker	中指点坐标
382	MNM	Minimum	最低、最小
383	MNPS	Minimum Navigation Performance Specifications	最低导航性能规范
384	MOA	Military Operation Area	军事活动区
385	MOCA	Minimum Obstruction Clearance Altitude	最低超障高度
386	MORA	Minimum Off-Route Altitude (Grid or Route)	最低偏航高度(网格或航路)
387	MRA	Minimum Reception Altitude	最低接收高度
388	MROT	Minimum Runway Occupancy Time	最低跑道占用时间
389	MSA	Minimum Safe Altitude	最低安全高度
390	MSL	Mean Sea Level	平均海平面
391	MST	Mountain Standard Time	山区标准时间
392	MTA	Military Training Area	军事训练区
393	MTAF	Mandatory Traffic Advisory Frequency	强制交通咨询频率
394	MTCA	Minimum Terrain Clearance Altitude	最低地形超障高度
395	MTMA	Military Terminal Control Area	军事终端管制区

续表

序号	简缩字	英文名称	中文名称
396	MTOW	Maximum Take-off Weight	最大起飞重量
397	MUN	Municipal	城市的、市政的
398	MVA	Minimum Vectoring Altitude	最低雷达引导高度
399	N	Night, North or Northern	夜间、北或北方
400	NA	Not Authorized	未批准、不允许
401	NAAS	Naval Auxiliary Air Station	海军辅助航空站
402	NADC	Naval Air Development Center	海军航空发展中心
403	NAEC	Naval Air Engineering Center	海军航空工程中心
404	NAF	Naval Air Facility	海军航空设施
405	NALF	Naval Auxiliary Landing Field	海军辅助降落机场
406	NAP	Noise Abatement Procedure	减噪程序
407	NAR	North American Routes	北美航线
408	NAS	Naval Air Station	海军航空站
409	NAT	North Atlantic Traffic	北大西洋交通
410	NAT/OTS	North Atlantic Traffic/Organized Track System	北大西洋交通/编组航迹系统
411	NATL	National	国家的
412	NAVAID	Navigational Aid	导航设施
413	NavData	Navigation Data	导航数据
414	NCA	Northern Control Area	北部管制区
415	NCRP	Non-Compulsory Reporting Point	非强制报告点
416	NDB	Non-Directional Beacon/ Radio Beacon	无方向性信标/无线电信标
417	NE	Northeast	东北
418	NM	Nautical Mile(s)	海里
419	No	Number	数字、序号、号码
420	NoPT	No Procedure Turn	无程序转弯
421	NOTAM	Notices to Airmen	航行通告
422	NOTSP	Not Specified	未特别指定(规定)的
423	NPA	Non-Precision Approach	非精密进近
424	NW	Northwest	西北
425	NWC	Naval Weapons Center	海军武器中心
426	O/A	On or About	在……或大约
427	OAC	Oceanic Area Control	海洋区域管制
428	OAS	Obstacle Assessment Surface	障碍物评价面

续表

序　号	简缩字	英文名称	中文名称
429	OCA	Oceanic Control Area	海洋管制区
430	OCA (H)	Obstacle Clearance Altitude (Height)	超障高度(高)
431	OCL	Obstruction Clearance Limit	超障限制
432	OCNL	Occasional	偶然的、不定的
433	OCTA	Oceanic Control Area	海洋管制区
434	ODALS	Omni-Directional Approach Light System	全向进近灯光系统
435	ODP	Obstacle Departure Procedure	障碍物离场程序
436	OFZ	Obstacle Free Zone	无障碍物区
437	OM	Outer Marker	外指点标
438	OPS	Operations or Operates	运行、工作或操作、运转
439	O/R	On Request	按要求、按申请
440	OROCA	Off Route Obstacle Clearance Altitudes	偏航超障高度
441	O/T	Other Times	其他时间
442	OTR	Oceanic Transition Route	海洋过渡航路
443	OTS	Out-of-Service	停止工作、不工作
444	PA	Precision Approach	精密进近
445	PAL	Pilot Activated Lighting	飞行员启动灯光
446	PANS-OPS	Procedures for Air Navigation Services-Aircraft Operations	空中航行服务程序——航空器运行
447	PAPI	Precision Approach Path Indicator	精密进近航道指示器
448	PAR	Precision Approach Radar	精密进近雷达
449	PARK	Parking	停机
450	PCL	Pilot Controlled Lighting	飞行员控制灯光
451	PCN	Pavement Classification Number	地面等级序号
452	PCZ	Positive Control Zone	绝对管制地带
453	PDC	Pre-Departure Clearance	起飞前许可
454	PDG	Procedure Design Gradient	程序设计梯度
455	PDT	Pacific Daylight Time	太平洋白昼时间
456	PERF	Performance	性能
457	PERM	Permanent	永久的
458	PinS	Point in Space	空间内的点
459	PISTON	Piston Aircraft	活塞式航空器
460	PJE	Parachute Jumping Exercise	跳伞训练
461	PLASI	Pulsating Visual Approach Slope Indicator	闪光目视进近坡度指示器
462	PNR	Prior Notice Required	需要预先通知
463	POFZ	Precision Obstacle Free Zone	精密无障碍区

续表

序　号	简缩字	英文名称	中文名称
464	PPO	Prior Permission Only	仅限预先许可
465	PPR	Prior Permission Required	要求预先许可
466	PRA	Precision Radar Approach	精密雷达进近
467	PRM	Precision Radar Monitor	精密雷达监视
468	P-RNAV	Precision RNAV	精密 RNAV
469	PROC	Procedure	程序
470	PROP	Propeller Aircraft	螺旋桨航空器
471	PSP	Pierced Steel Planking	穿孔钢板
472	PST	Pacific Standard Time	太平洋标准时间
473	PTO	Part Time Operation	部分时间工作
474	PVT	Private Operator	私人经营者、私营
475	QDM	Magnetic bearing to facility	向台磁方位
476	QDR	Magnetic bearing from facility	背台磁方位
477	QFE	Height above airport elevation (or runway threshold elevation) based on local station pressure	按场面气压确定的高于机场标高(或跑道入口标高)的高
478	QNE	Altimeter setting 29.92" Hg or 1 013.2 Mb.	气压高度表拨正指 29.92 英寸汞柱或 1 013.2 毫巴
479	QNH	Altitude above sea level based on local station pressure	以当地场站气压为基础测定的高于海平面的高度
480	RA	Radio Altimeter	无线电高度表
481	RAI	Runway Alignment Indicator	跑道对准指示器
482	RAIL	Runway Alignment Indicator Lights	跑道对准指示灯
483	RAIM	Receiver Autonomous Integrity Monitoring	接收机自主完好性监控
484	RAPCON	Radar Approach Control	雷达进近管制
485	RAIM	Receiver Autonomous Integrity Monitoring	接收机自主完好性监控
486	RAPCON	Radar Approach Control	雷达进近管制
487	RASS	Remote Altimeter Source	来自远处的高度表拨正值
488	RCAG	Remote Communications Air Ground	地空遥控通信
489	RCC	Rescue Coordination Center	救援协调中心
490	RCL	Runway Center Line	跑道中线
491	RCLM	Runway Center Line Markings	跑道中线标志
492	RCO	Remote Communications Outlet	遥控通信分站
493	REF	Reference	参考、基准
494	REIL	Runway End Identifier Lights	跑道端识别灯

续表

序 号	简缩字	英文名称	中文名称
495	REP	Reporting Point	报告点
496	RESA	Runway End Safety Area	跑道端安全区
497	REV	Reverse	相反、倒转
498	REP	Ramp Entrance Point	机坪进入点
499	RL	Runway (edge) Lights	跑道(边)灯
500	RNAV	Area Navigation	区域导航
501	RNP	Required Navigation Performance	所需导航性能
502	RNP AR	Required Navigation Performance Authorization Required	要求特殊授权的所需导航性能运行
503	RNPC	Required Navigation Performance Capability	所需导航性能能力
504	ROC	Rate of Climb	爬升率
505	RON	Remain Overnight	留宿
506	RPI	Reference Path Indicator	基准路径指示
507	RPT	Regular Public Transport	定期公共运输
508	RSA	Runway Safety Area	跑道安全区
509	RTE	Route	航路
510	RTF	Radio Telephone	无线电话
511	RTS	Return to Service	恢复工作
512	RVR	Runway Visual Range	跑道视程
513	RVSM	Reduced Vertical Separation Minimum	缩小垂直间隔
514	RVV	Runway Visibility Values	跑道能见度值
515	RW	Runway	跑道
516	RWSL	Runway Status Lights	跑道状态灯光
517	RWY	Runway	跑道
518	S	South or Southern	南或南方
519	SAAAR	Special Aircrew and Aircraft	要求特殊的机组和飞机授权
520	SALS	Short Approach Light System	短距进近灯光系统
521	SALSF	Short Approach Light System with Sequenced Flashing Lights	有顺序闪光灯的短距进近灯光系统
522	SAP	Stabilized Approach	稳定进近
523	SAR	Search and Rescue	搜寻与救援
524	SATCOM	Satellite voice air-ground calling	卫星话音空地呼叫
525	SAWRS	Supplementary Aviation Weather Reporting Station	辅助的航空气象报告站

续表

序　号	简缩字	英文名称	中文名称
526	SBAS	Satellite-Based Augmentation System	星基增强系统
527	SCA	Southern Control Area	南部管制区
528	SCOB	Scattered Clouds or Better	少云或疏云
529	SDF	Simplified Directional Facility	简易方向引导设施
530	SE	Southeast	东南
531	SEC	Seconds	秒
532	SELCAL	Selective Call System	选择呼叫系统
533	SFC	Surface of the Earth(Either Land or Water)	地表(或土地或水)
534	SFL	Sequenced Flashing Lights	顺序闪光灯
535	SFL-V	Sequenced Flashing Lights—Variable light intensity	顺序闪光灯——光强可调
536	SID	Standard Instrument Departure	标准仪表离场
537	SIWL	Single Isolated Wheel Load	当量单轮荷载
538	SKD	Scheduled	定期的
539	SLP	Speed Limiting Point	速度限制点
540	SM	Statute Miles	英里
541	SMA	Segment Minimum Altitude	航段最低高度
542	SMGCS	Surface Movement Guidance and Control System	场面活动引导和管制系统
543	SMSA	Segment Minimum Safe Altitude	航段最低安全高度
544	SOC	Start of Climb	起始爬升点
545	SODALS	Simplified Omnidirectional Approach Lighting System	简易全向进近灯光系统
546	SPAR	French Light Precision Approach Radar	法国轻型精密进近雷达
547	SRA	Special Rules Area	特殊规则区
548	SRA	Surveillance Radar Approach	监视雷达进近
549	SRE	Surveillance Radar Element	监视雷达单元
550	SR-SS	Sunrise-Sunset	日出-日落
551	SSALF	Simplified Short Approach Light System with Sequenced Flashing Lights	有顺序闪光灯的简易短距进近灯光系统
552	SSALR	Simplified Short Approach Light System with Runway Alignment Indicator Lights	有对准跑道指示灯的简易短距进近灯光系统
553	SSALS	Simplified Short Approach Light System	简易短距进近灯光系统
554	SSB	Single Sideband	单边带
555	SSR	Secondary Surveillance Radar (in U. S. A. ATCRBS)	二次监视雷达(美国为 ATCRBS)
556	STAR	Standard Terminal Arrival	标准终端进场航线

续表

序号	简缩字	英文名称	中文名称
557	STD	Indication of an altimeter set to 29.92" Hg or 1 013.2 Mb without temperature correction	表示高度表拨正值29.92英寸汞柱或1 013.2毫巴,未修正温度
558	Std	Standard	标准的、标准
559	ST-IN	Straight-in	直线进近着陆
560	STOL	Short Take-off and Landing	短距起飞和着陆
561	SUPP	Supplemental/Supplementary	补充的、附加的
562	SW	Single Wheel Landing Gear	单轮起落架
563	SW	Southwest	西南
564	SYS	System	系统
565	°T	True (degrees)	真向(度)
566	T	Terrain clearance altitude—(MOCA)	高于地形高度——(MOCA)
567	T	Transmits only (radio frequencies)	仅发射(无线电频率)
568	T-VASI	Tee Visual Approach Slope Indicator	T型目视进近坡度指示器
569	TA	Transition Altitude	过滤高度
570	TAA	Terminal Arrival Area	终端进场区
571	TACAN	Tactical Air Navigation (bearing and distance station)	塔康战术导航(提供方位和距离的台站)
572	TAR	Terminal Area Surveillance Radar	终端区域搜索雷达
573	TAS	True Air Speed	真空速
574	TCA	Terminal Control Area	终端管制区
575	TCAS	Traffic Alert and Collision Avoidance System	交通告警和防撞系统
576	TCH	Threshold Crossing Height	飞越跑道入口高
577	TCTA	Transcontinental Control Area	跨大陆管制区
578	TDWR	Terminal Doppler Weather Radar	终端多普勒气象雷达
579	TDZ	Touchdown Zone	接地地带
580	TDZE	Touchdown Zone Elevation	接地地带标高
581	TEMP	Temporary	临时、暂时
582	TERPS	United States Standard for Terminal Instrument Procedure	美国终端区仪表程序设计标准
583	THR	Threshold	跑道入口
584	TIBA	Traffic Information Broadcast by Aircraft	航空器播发的交通信息
585	TL	Transition Level	过滤高度层
586	TMA	Terminal Control Area	终端管制区
587	TML	Terminal	终端区,候机楼
588	TMN	Terminates	停止、结束、终止
589	TMZ	Transponder Mandatory Zone	强制应答地带
590	TNA	Transition Area	过渡区

续表

序　号	简缩字	英文名称	中文名称
591	TODA	Take-off Distance Available	可用起飞距离
592	TNA	Transition Area	过渡区
593	TORA	Take-off Run Available	可用起飞滑跑距离
594	TP	Turning Point	转弯点
595	TRA	Temporary Reserved Airspace	暂时保留空域
596	TRACON	Terminal Radar Approach Control	终端雷达进近管制
597	TRANS	Transition(s)	过滤
598	TRANS ALT	Transition Altitude	过滤高度
599	TRANS LEVEL	Transition Level	过滤高度层
600	TRCV	Tri-Color Visual Approach Slope Indicator	三色目视进近坡度指示器
601	TSA	Temporary Segregated Area	暂时隔离区
602	TVOR	Terminal VOR	终端区 VOR
603	TWEB	Transcribed Weather Broadcast	录制的天气广播
604	TWIP	Terminal Weather Information for Pilots	为飞行员提供的终端气象信息
605	TWR	Tower (Aerodrome Control)	塔台(机场管制)
606	TWY	Taxiway	滑行道
607	U	Unspecified	未指明的,未详细说明的
608	U	UNICOM	航空咨询服务
609	UAS	Unmanned Aerial System	无人机系统
610	UAV	Unmanned Aerial Vehicle	无人驾驶飞行器
611	UFN	Until Further Notice	至进一步通知
612	UHF	Ultra High Frequency (300-3 000 MHz)	超高频(300～3 000 MHz)
613	UIR	Upper Flight Information Region	高空飞行情报区
614	UNCTL	Uncontrolled	非管制的
615	UNICOM	Aeronautical Advisory Service	航空咨询服务
616	UNICOM(A)	Automated UNICOM	自动航空咨询服务
617	UNL	Unlimited	无限制的、无限
618	U/S	Unserviceable	不工作、不能使用
619	USAF	US-Air Force	美国空军
620	USB	Upper Sideband	上边带
621	USN	US-Navy	美国海军
622	UTA	Upper Control Area	高空管制区
623	UTC	Coordinated Universal Time	世界协调时
624	VAL	Vertical Alert Limit	垂直警戒限
625	VAR	Magnetic Variation	磁差
626	VASI	Visual Approach Slope Indicator	目视进近坡度指示器

续表

序 号	简缩字	英文名称	中文名称
627	VDA	Vertical Descent Angle	垂直下降的角度
628	VDP	Visual Descent Point	目视下降点
629	VE	Visual Exempted	目视除外
630	VFR	Visual Flight Rules	目视飞行规则
631	VGSI	Visual Glide Slope Indicator	目视下滑坡度指示器
632	VHA	Volcanic Hazard Area	火山危险区
633	VHF	Very High Frequency (30-300 MHz)	甚高频(30～300 MHz)
634	VIS	Visibility	能见度
635	VMC	Visual Meteorological Conditions	目视气象条件
636	VNAP	Vertical Noise Abatement Procedures	垂直减噪程序
637	VNAV	Vertical Navigation	垂直导航
638	VOR	VHF Omni-directional Range	甚高频全向信标
639	VOLMET	Meteorological Information for Aircraft Flight	飞行中的气象情报
640	VORTAC	VOR and TACAN co-located	VOR 和塔康安装在同一位置
641	VOT	Radiated Test Signal VOR	VOR 测试台
642	VV	Vertical Visibility	垂直能见度
643	V/V	Vertical Velocity or Speed	垂直速率或速度
644	W	West or Western	西或西方
645	WAAS	Wide Area Augmentation System	广域增强系统
646	WATIR	Weather and Terminal Information Reciter	天气和终端信息播报员
647	WH	Western Hemisphere	西半球
648	WGS-84	World Geodetic System of 1984	1984 世界大地测量系统
649	W/o	Without	没有
650	W/P	Area Navigation (RNAV) Way Point	区域导航(RNAV)航路点
651	WSP	Weather System Processor	气象系统处理器
652	WX	Weather	天气、气象
653	X	On Request	按申请、按要求
654	Z	Zulu Time	格林尼治平时
655	Z	Coordinated Universal Time (UTC)	世界协调时(UTC)

参考文献

[1] 方学东,由扬.杰普逊航图教程[M].北京:中国民航出版社,2008.
[2] 张焕.仪表飞行程序[M].成都:西南交通大学出版社,2004.
[3] 朱代武,何光勤.目视和仪表飞行程序设计[M].2版.成都:西南交通大学出版社,2013.
[4] Jeppsen Company. Introduction to Jeppesen navigation charts. 2015.
[5] Jeppsen Company. JEPPESEN AIRLINE CHART SERIES .(2016-03-03). http://www.jeppesen.com.
[6] 侯红英. 航图[EB/OL].(2012-03-26). http://wenku.baidu.com/view/02152a3f87c24028915fc393.html? from=search.
[7] 佚名. JEPPSEN 航图教材[EB/OL].(2014-03-09). http://wenku.baidu.com/view/a775096458fb770bf78a557e.html? from=searc.
[8] FAA. Technical characteristics of the NAVSTAR GPS[M]. Washington:FAA,1991.
[9] FAA. Federal aviation regulations aeronautical information manual[M]. Washington:FAA,2012.
[10] FAA. Pilot's Handbook of Aeronautical Knowledge[M]. Washington:FAA,2009.
[11] Aerosim Flight Academy. CIRRUS SR20 FLIGHT STANDARDS MANUAL[M]. Washington:FAA,2011.
[12] FAA. Instrument Flying Handbook[M]. Washington:FAA,2001.
[13] 袁建平,方群,郑谔. GPS 在飞行器定位导航中的应用[M].西安:西北工业大学出版社,2000.
[14] 康永,许哲,王大中.民用航空导航技术现状与发展趋势分析[J].现代导航,2012(6):428-432.
[15] 张芳. GPS 的发展及在航空导航中的应用[D].广汉:中国民用航空飞行学院,2005.
[16] 徐绍诠. GPS 测量原理与应用[M]. 武汉:武汉大学出版社,2003.
[17] 王鹏飞.中国民航 RAIM 预测系统研究[D].北京:北京邮电大学,2012.
[18] 谭朝阳.航空公司飞行安全风险评价研究[D].广汉:中国民用航空飞行学院,2012.
[19] 张建华.基于全球卫星定位系统的绵阳机场飞行程序研究[D].广汉:中国民用航空飞行学院,2009.
[20] 高鸿.小议非精密进近[J].成都航空职业技术学院学报,2012,28(2):56-58.
[21] 洪兰收.非精密进近程序的飞行安全[J].中外企业家,2013(6):267.
[22] 黄宇,吴峰.复飞标准及程序在非精密进近中的应用[J].中国民航飞行学院学报,2002,13(1):10-12.
[23] 陈肯.基于一套 VOR/DME 机场空域飞行程序设计的研究[D].成都:西南交通大学,2003.
[24] 赵爽.国外卫星导航增强系统发展概览[J].卫星应用,2015(4):34-38.

[25] 熊辉.ILS精密进近程序三维保护区自动生成及动态呈现研究[D].广汉:中国民用航空飞行学院,2014.

[26] 张文宇.雷暴对飞行的影响及其分析[J].成都航空职业技术学院学报,2010(3):47-49.

[27] 张秋荣.低云对飞行安全的影响[J].空中交通管理,2002(5):52-54.

[28] 陈汉.飞行学员进近阶段易犯错误分析[J].科技资讯,2012(15):218-220.

[29] 卓海波.浅析美国国内航图的分类和应用[J].空中交通管理,2001(3):39-40.

[30] FAA. Pilot's Handbook of Aeronautical Knowledge[M]. Washington:FAA,2016.

[31] FAA. Aeronautical Chart User's Guide[M]. Washington:FAA,2017.

[32] FAA. Aeronautical Information Manual[M]. Washington:FAA,2012.

[33] 何光勤,陈华群,黄邦菊.仪表飞行程序[M].北京:中国民航出版社,2016.

[34] 李明娟.航图理论教学模式与航校飞行训练实践的差异性研究[J].教育教学论坛,2018(16):88-89.

[35] ICAO. Doc 8168, Procedures for Air Navigation Services—Aircraft Operations Volume II, Construction of Visual and Instrument Flight Procedures [M]. Montreal: ICAO,2014.

[36] ICAO. Doc 9613—Performance Based Navigation (PBN) Manual(FourthEdition)[M]. Montreal:ICAO,2013.